生命质量研究导论
——测定·评价·提升

Introductions on Quality of Life Research
—Measurements · Assessments · Improvements

万崇华　禹玉兰　谭健烽　孟　琼　黄新萍　著

科 学 出 版 社
北　京

内 容 简 介

本书全面系统地介绍了生命质量研究的各个方面，从生命质量理论的研究入手，再扩展到目前最常用的量表系列的研制情况，最后落脚到生命质量的提升，内容包括测评理论与提升两大部分。其中，第一部分包括生命质量的概念、构成、发展趋势，生命质量测定方法、评价方法，量表及量表体系研制方法、常见测定量表、得分解释等章节；第二部分从身、心、灵、社四个方面重点介绍了生命质量的提升。附录尚给出了常用的生命质量测定量表，便于查阅使用。本书让读者从不同角度、由理论到实践地对生命质量研究有全面的了解。

本书兼具专著和教材性质，既体现专著的深度广度，又力求简明扼要、通俗易懂、简单实用，可作为生命质量研究的理论教材。

图书在版编目（CIP）数据

生命质量研究导论：测定・评价・提升 / 万崇华等著. —北京：科学出版社，2016.3

ISBN 978-7-03-029148-6

Ⅰ.①生… Ⅱ.①万… Ⅲ.①生命–质量–研究 Ⅳ.①R195.3

中国版本图书馆 CIP 数据核字(2016)第 039534 号

责任编辑：朱　华／责任校对：张怡君

责任印制：李　彤／封面设计：陈　敬

科学出版社 出版

北京东黄城根北街 16 号

邮政编码：100717

http://www.sciencep.com

北京凌奇印刷有限责任公司 印刷

科学出版社发行　各地新华书店经销

*

2016 年 3 月第　一　版　开本：787×1092　1/16

2022 年 8 月第五次印刷　印张：16 1/4

字数：382 000

定价：98.00 元

（如有印装质量问题，我社负责调换）

本书获多项国家自然科学基金（30360092，30860248，71373058，81273185，81402771，81460519）、广东省高等学校人才引进专项资金、广东省扬帆计划培养高层次人才专项资金以及东莞市医疗卫生单位科技计划重点项目（2011105102008）等的资助！

作 者 介 绍

万崇华，男，1964年生，医学博士，医学/管理学双硕士，博士/博士后导师，1999年破格晋升教授。曾任昆明医学院公共卫生学院副院长、云南省中青年学术技术带头人和云南省高等学校教学科研带头人、云南省政协委员和民进云南省委员会常务委员。现任广东医学院生命质量与应用心理研究中心主任、人文与管理学院院长，心理学一级学科带头人。

国际生命质量研究会（ISOQOL）委员、世界华人生活质量研究学会（WACQOL）副会长，中国信息学会卫生统计教育专业委员会常委、广东省卫生经济学会卫生资源配置与绩效评价专委会副主任委员、广东省医学会行为与心身医学分会副主任委员。

主要从事流行病与卫生统计学、社会医学与卫生管理两个学科的教学科研工作。主持国家自然科学基金课题4项，国家973、科技支撑计划及基础专项子课题各1项，省部级课题多项。以第一作者或通讯作者发表论文200多篇（其中英文SCI刊物20多篇），主著（编）专著教材8部。主持“癌症患者生命质量测定量表体系”和“慢性病患者生命质量测定量表体系”的研制。获国家级教学成果二等奖1项，省教学成果一等奖和二等奖各1项，省科技进步奖三等奖3项，获国家版权证书9项。

禹玉兰，女，副教授。1977年生，2000年毕业于湖南师范大学心理学系，获理学学士，2006年毕业于华南师范大学心理学系应用心理学专业，获硕士学位。现任广东医学院健康社会学系副系主任。从事生命质量和积极心理学（尤其是幸福感）的教学和科研工作。担任《心理咨询学》《心理治疗学》《心理健康》《积极心理学》等课程的教学工作。主持广东省教育课题“积极心理学取向的大学生心理健康教育模式研究”、作为主要成员参与了多个国家自然科学基金面上项目。近5年以第一作者发表论文18篇。副主编《生命彩虹——追寻幸福踪迹》《心理咨询学》《当代大学生心理健康教育》等教材，参编《生命文化教育导论》《大学生心理健康教育和心理素质训练》等教材。获第六届广东省教育教学成果二等奖1项和第六届广东医学院教育教学成果一等奖1项；获东莞市优秀科技论文奖2项以及东莞市先进科普工作者1项。

谭健烽，男，临床与咨询心理学高级实验师，1980年8月出生。2004年毕业于广东医学院临床医学辅修医学心理学专业，获医学学士学位。2009年毕业于华南师范大学应用心理学专业，获心理学硕士。2014年至今，澳门城大大学应用心理学博士在读。从事生命质量与心理测评、心理咨询与治疗的教学与科研工作。现任广东医学院心理与行为医学实验中心主任。担任《心理咨询与治疗》《沙盘游戏治疗》《生命与疾病的文化史》《生命关怀与临终关怀》《人格与疾病》等课程教学。主持广东省课题"城市化进程中失地农民生存质量与幸福感及其影响因素研究"、作为主要成员参与了多个国家自然科学基金面上项目。近5年以第一作者发表论文18篇（SSCI收录3篇）。副主编《当代大学生心理健康教育》教材，参编《中华医学统计百科全书——健康测量分册》。

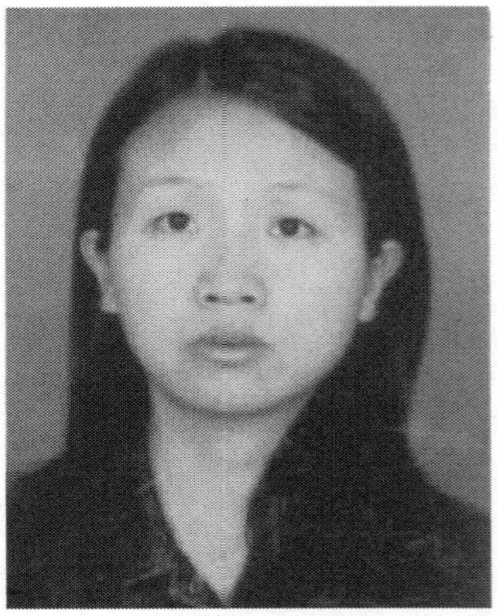

孟琼：女，副教授，1978年8月出生。2002年毕业于昆明医学院预防医学专业，获医学学士学位，2005年毕业于昆明医学院社会医学与卫生事业管理专业，获医学硕士学位，目前就读于华西医科大学卫生统计与流行病学专业，攻读博士学位。2005年毕业后留昆明医科大学公共卫生学院流行病学与卫生统计学系任教，从事卫生统计学与流行病学的教学及科研工作。主要研究方向为生命质量与现代心理测评、概化理论的应用、卫生筹资公平性。近五年来主持昆明医科大学教研教改课题2项，云南省教育厅项目1项，参加国家自然科学基金资助项目1项，国家软科学基金资助项目1项，云南省自然科学基金资助项目1项，云南省卫生厅资助项目1项。共参加撰写专著4部，共发表文章52篇，其中第一作者8篇（1篇为SCI收录的共享作者），参与5本教材编写（其中1本为副主编）。获昆明医科大学青年教师讲课比赛三等奖2次，云南省多媒体软件大赛一等奖1项（排名第四），获云南省科技进步奖三等奖1项（排名第七），获国家版权证书1个（排名第六）。

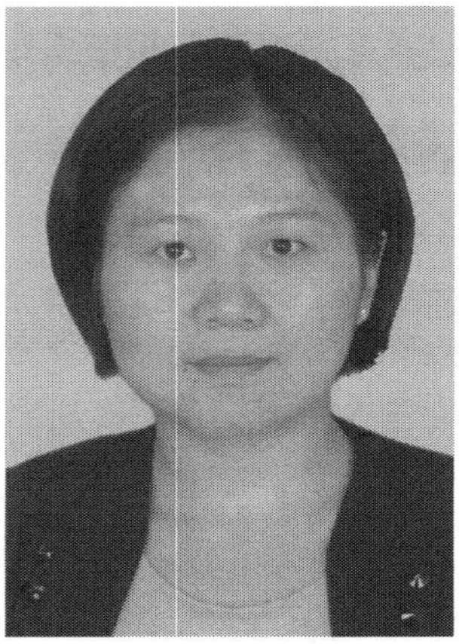

黄新萍，女，1986年10月出生，硕士。目前在东莞市第八人民医院（东莞市儿童医院）从事科研管理工作。主要研究方向是慢性病患者生命质量量表研制及其应用。曾参与东莞市项目《严重或常见慢性病生命质量的临床应用与作用机制研究》《东莞市居民生命质量与幸福感及其影响因素研究》等，并参加《卫生资源配置与区域卫生规划的理论与实践》等的撰写。

前　言

伴随着疾病谱的改变，威胁人类生存的主要疾病是难以治愈的癌症和心脑血管等慢性病。此外，随着经济和社会的发展，人口压力增大、工作生活竞争加剧，所谓的“现代社会病”和亚健康状态日益严重并受到了广泛的关注。另一方面，由于健康观和医学模式转变，人们对健康的要求不断提高，对健康的定义也从原有的身体的无疾病转变为身体、心理及社会适应均要求达到良好。新医学模式下强调的心理完好和社会适应性以及“以患者为中心”的人本理念要求从患者角度提供疗效证据。传统的关注生命的保存与局部躯体功能改善的一些方法和评价指标体系面临严重挑战：①未能表达健康的全部内涵；②未能体现具有生物、心理和社会属性的人的整体性和全面性；③未体现以人为本的治“人”而非治“病”理念；④未能反映现代人更看重活得好而不是活得长的积极心态。鉴于此，人们纷纷将对生物学客观指标的关注转为对生命质量的关注，日益重视这具有整体性、综合性和体现以人为本的指标的研究。

生命质量（quality of life，QOL），又称生活质量或生存质量等。其研究起源可追溯于20世纪20～30年代，兴起于50～60年代，70年代末期后在医学领域备受瞩目，并在80年代形成新的研究热潮，目前仍呈方兴未艾之势。WHO生命质量研究组将生命质量定义为“不同文化和价值体系中的个体对与他们的目标、期望、标准以及所关心的事情有关的生存状况的体验”。尽管对生命质量的内涵、构成等尚存很多争议，但大量的学者投身于此领域，丰富和繁荣了生命质量的研究。为了较系统全面地介绍生命质量的理论和应用情况，我们集多年的研究成果和经验，总结撰写了本书，力图兼具专著和教材性质。一方面，体现专著的深度、广度、知识性和学术水平；另一方面，力求简明扼要、通俗易懂、简单实用，并尽量使用表格对比、图形展示、案例分析等突出教材性质。

全书分为11章，其中理论部分对生命质量的概念、构成、发展趋势、常见测定量表、量表及量表体系开发方法、量表的测量学特性评价、得分的评价与解释等进行了较系统的概括介绍，实践部分从生命质量的构成要素“身心灵社”等方面重点介绍了生命质量的提升。本书从生命质量理论的研究入手，再扩展到目前最常用的量表系列的研制情况，最后落脚到生命质量的提升，让读者从不同角度、由理论到实践地对生命质量研究有较全面深入的认识。

本书编撰分工如下：第一章生命质量研究概况由万崇华和黄新萍撰写；第二章生命质量测定方法由孟琼撰写；第三章生命质量量表研制方法由万崇华撰写；第四章量表测量学特性评价方法由万崇华撰写；第五章生命质量评价方法由万崇华和禹玉兰撰写；第六章常用的生命质量测定量表由孟琼撰写；第七章

生命质量研究的应用由黄新萍撰写；第八章生命质量的提升——身体健康由禹玉兰撰写；第九章生命质量的提升——心理健康由禹玉兰撰写；第十章生命质量的提升——精神健康由谭健烽撰写；第十一章生命质量的提升——社会环境健康由谭健烽撰写。万崇华和禹玉兰负责全书的统稿任务。

在本书编撰和相关的课题研究中，国内外很多生命质量研究领域的专家学者给予了大力的支持帮助，如方积乾、梁国辉、林露娟、方以德、黄韵婷、丁明丽、黄婉霞、刘凤斌、郝元涛、David Cella、Neil Aaronson，John Ware、Fabio Efficace、Gary Lyman、Dennis Revicki、Mona Martin、Benjamin Arnold，等。很多课题参与者和研究生付出了辛勤的努力。同时,得到了世界华人生存质量研究学会（WACQOL）、广东省医学会行为与心身医学分会以及广东医科大学很多领导和老师的帮助支持。科学出版社领导与责任编辑精心策划和核对修改，确保该书如期完成。谨对他们无私的帮助和支持致以衷心的感谢!

尽管全体作者尽心尽力反复讨论修改，但限于水平和时间，仍难免有疏漏及不妥之处，敬请广大读者和同行专家批评指正。

万崇华

2016年1月于广东医科大学

目　　录

第二篇　实践篇（提升）

第一篇　理论篇（测定、评价）

第一章　生命质量研究概况

学习目标

通过本章的学习，了解生命质量研究的发展历史及现状，掌握生命质量的概念和构成以及生命质量的测评与应用概况。

案例 1-1

哲学家与渔夫

有一天，一位哲学家见到一位渔夫在海滩上晒太阳，便奇怪地问：“你怎么不去捕鱼？”

渔夫说：“我已经回来了。”

哲学家说：“为什么不多捕一船？”

渔夫答：“我们吃喝够用了。”

哲学家说：“多捕鱼可以多存钱呀。”

渔夫摇头道：“存钱干什么？”

哲学家说道：“如果你每天多捕一船鱼，十五年后就会买很多船。”

渔夫懒洋洋地说：“那又怎么样？”

哲学家说道：“你就可以请很多人帮你捕鱼。”

渔夫眼睛都懒得睁开了：“之后呢？”

哲学家说道：“你就可以开一家很大的公司呀，再上市，发展成一家跨国公司。”

渔夫：“哦？”

哲学家认真地说：“那时，你就可以让人帮你打理公司，而你呢就可以每天出海随随便便打几条小鱼，安安稳稳地躺在海边晒太阳了。”

渔夫说：“我现在已经安安稳稳地躺在这个海边晒太阳了。”

讨论：

从这个故事中，你看到哲学家与渔夫的追求有什么不同？

谁生活得更好？谁的生命质量高？

生命质量高低由谁评价？

第一节　生命质量研究的历史及现状

一、生命质量研究的历史

生命质量（quality of life，QOL），又称生活质量或生存质量等。一般认为，经济学家加尔布雷思（J.K.Galbraith）1958 年在其所著的《富裕社会》一书中首次正式提出这一概念。但有关这方面的实践和研究其实要早得多，可以说人们一直在自觉和不自觉地追寻生命质量的提高和生活水平的改善，20 世纪 30 年代已经有专门的生命质量专著问世。在很大程度上说，人类整个的发展史就是不断地适应自然、改造自然，同时也改善自我、完善自我，从而提高生命质量的历史。

生命质量作为一个专门的术语并引出一片广阔的研究领域可追溯于 20 世纪 20 年代，兴起于 50～60 年代，70 年代末期后在医学领域备受瞩目，并在 80 年代形成新的研究热潮，目前仍呈方兴未艾之势。

可以将生命质量研究的历史大致分为三个时期：20 世纪 20～50 年代的酝酿阶段，50～60 年代的兴起阶段，70 年代后的发展融合阶段。

1. 酝酿阶段　生命质量的研究可追溯到 20 世纪 20 年代的美国，最先是作为一个社会学指标来使用。当时经济复苏后的美国社会并未因经济的巨大增长而实现人们梦寐以求的生活安康、社会和谐，反而出现了世风日下、犯罪增加、社会动荡的局面。因此，人们要求建立除单纯经济指标外的其他社会指标，以便更全面地反映社会发展水平和人民生活好坏。在此背景下，开始了社会指标体系的研究。早在 1929 年，Ogburn 就对生活质量的研究表示了极大兴趣（Ogburn，1929），在他领导下，胡佛研究中心 1933 年发表了两本《近期美国动向》专著，讨论和报告美国各个生活方面的动向。此后，这方面的研究日益增多，并逐渐发展成两大主流：社会指标研究和生活质量研究。

2. 兴起阶段　20 世纪 50～60 年代生活质量研究的逐渐兴起，涌现了不少研究。1957 年，Gurin 等（1960）对美国民众的精神健康和幸福感进行了全国抽样调查研究。1961 年，Ogburn 主持了全美的精神健康状况监测（Bradburn，1969）发现良好适应状态（well-being）与两个独立状态（正向与负向情感，positive and negative feelings）有关。

进入 20 世纪 60 年代后，生活质量研究在政治领域被承认，因而在美国各地蓬勃发展起来。很多学者开始了这方面的研究，并发表了相关的论著。如 Cantril（1965）进行了包括美国在内的 13 个国家关于生活满意度（life satisfaction）和良好感觉的比较研究。Campbell 等（1976）采用 Cantril 量表对美国生活总的满意度及 13 个具体方面的满意度进行了调查分析。

自 1966 年 Bauer 主编的《社会指标》（social indicators）论文集发表后，社会指标研究领域大致形成客观指标和主观生活两大流派。客观社会指标派，主要用一些社会及其环境的客观条件指标来反映社会发展水平，如人口数量、出生率、死亡率、收入与消费水平、受教育程度、就业率、卫生设施和应用程度等。其二是主观生活质量派，强调个人对社会及其环境的主观感受，比如对生活各个方面（家庭、工作、闲暇等）的感受。因此，生活质量的研究有三个主要方向（林南等，1985）：①生活感受有哪些方面比较重要（生活质量的结构）；②生活感受哪些因素影响（生活质量的导因）；③生活感受对哪些意识行为有影响（生活质量的效果）。

3. 发展融合阶段　随着社会领域生活质量研究的鼎盛以及医学本身的发展，20 世纪 70 年代末医学领域广泛开展了生命质量的研究工作，并逐渐形成一个研究热潮。至今，与社会领域的研究并驾齐驱，且已经相互融合。

实际上，医学界人士也一直在探讨生命质量测评问题。早在 20 世纪 40 年代末，Karnofsky（1948）就提出了著名的 KPS 量表。只是当时医学中尚以传染病较多，危害也较大，因而未引起足够重视。随着医学水平和人民生活水平的提高，威胁人类生存的主要疾病已经从传染病过渡到癌症和心脑血管等慢性病。对于慢性病和癌症很难用治愈率来评价治疗效果，生存率的作用也很有限，因此迫切需要综合的评价指标。

此外，随着医学模式向生物—心理—社会的转变，健康已不再是简单的没有疾病或虚弱状态，而是身体上、精神上和社会活动的完好状态。因此传统的仅关注生命的保存与局部躯体功能改善的一些方法和评价指标体系面临严重挑战：①未能表达健康的全部内涵；②未能体现具有生物、心理和社会属性的人的整体性和全面性；③未体现以人为本的治“人”而非治“病”理念；④未能反映现代人更看重活得好而不是活得长的积极心态。鉴于此，人们纷纷将对生物学客观指标的关注转为对生命质量的关注，日益重视这些具有整体性、综合性和体现以人为本的指标的研究。广大的医学工作者进行了生命质量测评的探讨，并提出了与健康有关的生命质量概念 HRQOL（health-related quality of life）（Hays 等，1993）。大体上说，70 年代主要是引入和探索期，借用大量的一般人群评定量表来对患者的生命质量进行测定；80 年代后则转向特定的肿瘤与慢性病的测评，并研制出了大量的面向疾病的特异性测定量表。目前已经有很多量表应用于临床中，例如癌症相关系列的量表。目前不仅开发了慢性病相关的系列生命质量量表，还开发了一些其他疾病的量表，如过敏性食物中毒、慢性皮肤病、儿童相关疾病（注意缺陷或多动障碍症、儿童哮喘）等疾病。

视窗 1-1

生命质量研究历史

1. 酝酿阶段　生命质量作为一个专门的术语并引出一片广阔的研究领域则始于 20 世纪 20～30 年代。

2. 兴起阶段　20 世纪 50～60 年代已是生活质量研究逐渐兴起。

3. 发展融合阶段　20 世纪 70 年代后，社会学、医学等领域的研究相互融合发展。在医学领域，70 年代主要是引入和探索期，借用大量的一般人群评价量表来对病人的生命质量进行测定；80 年代后则转向特定的肿瘤与慢性病的测评，并研制出了大量的面向疾病的特异性测定量表。

二、生命质量研究的现状

无论社会学还是医学领域，目前的研究均已达到较高水平，应用甚广，几乎涉及人类生活的各个方面，发表的论文数也日益增长。据笔者查 PUBMED，标题中有 Quality of Life 一词的文章 1966～1969 年仅有 3 篇，1970～1979 年有 185 篇（平均每年 18.5 篇），1980～1989 年有 916 篇（平均每年 91.6 篇），1990 年后每年均有 200～900 篇，2001 年后每年均有 1000 多篇，到 2010 年后每年有 3000 多篇；标题或摘要或主题词中涉及生命质量的更多，逐年有明显的增长趋势（详见表 1-1）。

表 1-1　医学领域有关生命质量研究的文献分布*

年份（代）	标题中有 QOL 的篇数		标题/摘要/主题词中有 QOL 的篇数	
1966～1969	3	（0.01）	9	（0.00）
1970～1979	185	（0.39）	1381	（0.64）
1980～1989	916	（1.95）	6223	（2.89）
1990～1999	5830	（12.40）	27512	（12.77）
2000～2005	9383	（19.95）	42751	（19.84）
2006	2252	（4.79）	10427	（4.84）
2007	2630	（5.59）	11734	（5.45）
2008	2777	（5.90）	12796	（5.94）
2009	2951	（6.27）	13724	（6.37）
2010	3242	（6.89）	14861	（6.90）
2011	3775	（8.03）	16706	（7.75）
2012	4048	（8.61）	18042	（8.37）
2013	4440	（9.44）	18307	（8.50）
2014	4602	（9.78）	20971	（9.73）
合计	47034	（100.00）	215444	（100.00）

* 括号中的数字为各项数占所查总文献数的百分比

1994 年，经过 2 年多的酝酿和筹备，国际生存质量研究会 ISOQOL（International Society for Quality of Life Research）正式成立，每年召开一次国际学术会议对有关问题进行探讨，并发行了相应的生存质量研究通讯（Quality of Life Newsletter）。1992 年，出版了专业杂志《生存质量研究》（Quality of Life Research）；2003 年，又一专业杂志《健康与生存质量结局》（Health and Quality of Life Outcomes）创刊。

1985 年美国 FDA 已经明确规定将生命质量作为抗癌新药评价的必须项目之一。由 20 多个国家和地区参加的欧洲癌症治疗研究组织 EORTC（European Organization for Research and Treatment of Cancer）也要求癌症疗效评价中必须包括 QOL，并创立了 QOL 研究组。毫无疑问，生命质量的提高是医药卫生的主要目标以及社会与政府工作的目标。

我国医学界对生命质量领域的涉足始于 20 世纪 80 年代中期，开始主要是通过一些翻译的量表进行某些病种（如乳腺癌、肺癌等）的测定。随后，也开展了一些量表的研制与推广应用。早在上世纪 90 年代，罗健、孙燕等专门针对癌症患者开发了中国癌症患者化学生物治疗生活质量量表 QLQ-CCC（Quality of Life Questionnaire for Chinese Cancer patients with Chemobiotherapy），万崇华等开始系统的研制癌症患者生命质量测定量表体系 QLICP（Quality of Life Instruments for Cancer Patients）。医学领域在此方面最早的研究专著《生命质量的测定与评价方法》（万崇华，1999）和《生存质量测定方法及应用》（方积乾等，2000）也相继问世。进入 21 世纪后，研究与应用日益增多，刘凤斌等开展了中医领域的生存质量量表开发，万崇华等系统地开发慢性病患者生命质量测定量表体系 QLICD（Quality of Life Instruments for Chronic Diseases）。同时，也出版了一些专著，如

《医学生存质量评估》（郑良成等主编，北京：军事医学科学出版社，2005）；《癌症患者生命质量测定与应用》（万崇华等著，北京：科学出版社，2007）；《生命质量测评在肿瘤临床中的应用》（汤学良等著，昆明：云南科技出版社，2009）；《慢性病患者生命质量测评与应用》（万崇华等著，北京：科学出版社，2015）。

2000 年，在广州举行了我国第一届全国生存质量研讨会。此后，2002 年在深圳，2004 年、2008 和 2012 年在广州均举行了全国生存质量研讨会。尤其在 2008 年的大会上同时成立了国际生存质量研究会下的亚洲华人分会 ISOQOL-ACC（International Society for Quality of Life Research-Asian Chinese Chapter）并举行了第一届年会，同时确定每两年举行一次 ISOQOL-ACC 及全国的会议。2010 年 12 月在香港举行了 ISOQOL-ACC 第二届会议。2014 年 8 月在广州成立了世界华人生命质量研究学会 WACQOL（World Association for Chinese Quality of Life）并举办了第一届世界华人生存质量学会暨第六届全国生存质量学术交流会。这些学会的成立及其学术研讨会的举办极大地推动了我国生命质量研究的开展。

尽管如此，仍有大量的问题有待解决。概括起来，主要有四方面的问题：

1. 生命质量的概念和构成方面 生命质量的概念和构成已经有了很大的发展，但不同学科、不同人员视角不同，对其认识各异。因而争论不休，至今没有一个完全公认的定义。在我国，生命质量研究起步较晚，经过几十年的发展，人们对生命质量有了一定的了解，但是应用还不广，翻译的资料众说纷纭。

2. 生命质量的测定方面 生命质量的测定方法已探讨较多，比较成熟。但仍存在不少问题，比如量表制定中，条目如何筛选以及如何评价筛选方法；反应尺度怎样确定；反应度的评价亟待解决；测定中的样本含量等等。尤其是，尽管一些现代测量理论如项目反应理论（杨铮等，2012）、概化理论（潘海燕等，2012）已经用于量表研制，如何很好应用现代测量理论，值得深入探讨。

3. 生命质量评价与解释方面 生命质量的评价仍是一个薄弱的环节，生命质量资料具有复杂性（多时点性、多终点性、主观性、隐含性等），一般的统计方法难以解决。其中纵向测评资料的分析方法更是鲜有报道或者难度较大，尤其是生命质量与数量（时间）结合的分析方法亟待研究，严重阻碍了纵向测评的开展。更重要的是生命质量得分的合理解释较为困难。越来越多的学者认识到仅根据治疗前后量表得分差异的假设检验 P 值来判断疗效是不科学的，只要样本例数足够大，P 值一般都会显示统计学意义，但是并不能说明有临床意义。因此，量表应用中的一个关键问题就是其得分要改变多少才具有临床意义。最小临床重要性差异 MCID（minimal clinical important difference）也称最小临床有意义差异或最小临床重要性变化 MCIC（minimal clinically important changes）或临床有意义变化 CMC（clinically meaningful changes）或临床显著性变化 CSC（clinically significant changes），指各种量表测量得分要改变多少才具有临床意义，是应用中急需解决的重要问题，已成为量表研制与应用研究的国际热点。

最小临床重要性差异 MCID 制定方法已经提出了基于得分分布的方法（distribution-based methods）和基于锚定位方法（anchor-based methods）（Sprangers，2002；Wyrwich，2005；de Vet HC，2007）并得到了一些应用，如 Puhan 等（2008）应用慢性呼吸疾病问卷（CRQ）评估了 COPD 患者的生命质量情况并计算其 MCID，结果显示 CRQ 情感、掌控领域分别是 1.41（95% CI 1.18～1.63）和 1.57（1.37～1.76）及其总分的是 1.68（1.48～1.87）和 1.60（1.38～1.82）。Stargardt 等（2009）在 2 型糖尿病重要差异研究中采用药物治疗

满意度问卷 HFS-Ⅱ并评价临床显著差异，两种方法测定计算的 MCID 分别为 2.0～5.8 及 3.6～3.9。

目前，MCID 制定的方法尚未得到完全认可和统一，且不同疾病的“锚”及 MCID 如何确定需要具体研究。显然，研制出特定疾病 QOL 量表的 MCID，不仅便于推广 QOL 应用，也为临床上大量使用的量表制定 MCID 提供了方法依据。

4. 应用方面 在应用方面存在的主要问题是：①是否所有疾病和现象都需进行生命质量评定？②是否每种疾病都要制定专一的量表还是可制定一个共性量表外加一些特异条目？③在众多的已有的量表中如何选择性地应用？④如何根据研究目的进行很好的设计。

视窗 1-2

国际生命质量研究会 ISOQOL 历届年会情况

1st，1994，Brussels

2nd，1995，Montreal

3rd，1996，Manila

4th，1997，Vienna，Quality of life evaluation in general as well as in specific groups，using standardized and specialized instruments

5th，1998，Baltimore，New methods and innovations in QOL assessment

6th，1999，Barcelona，Measurement，valuation and interpretation of change in Health-Related Quality of Life：Time for Critical Review

7th，2000，Vancouver，The “Interpretation of HRQOL measures” and the “Determination/measurement of a meaningful change in HRQOL”

8th，2001，Amsterdam，HRQL in Daily Clinical Practice，Health-related Quality of Life（HRQL）and Mental Health，Psychosocial Modeling of HRQL Outcomes，and HRQL，Happiness，and Social Indicators Research

9th，2002，Orlando，Theoretical Models of QOL，Methodological Advances in QOL，and Linking QOL and Clinicians

10th，2003，Prague，Methodological and Theoretical Topics in QOL，Disease-Specific Applications of QOL Research，QOL in Special Populations，QOL in Specific Research Settings

11th，2004，Hong Kong，Harmonizing International Health-Related Quality of Life（HRQOL）Research

12th，2005，San Francisco，Building Bridges to Enhance Quality of Life

13th，2006，Lisbon，HRQOL Research：Making an Impact in the Real World

14th，2007，Toronto，Health Related QOL Research：From Measurement to Understanding

15th，2008，Montevideo，Research and Action：good quality of life and equity in Health access

16th，2009，New Orleans，Integrating HRQOL in Health Care Policy，Research，and Practice

17th，2010，London，Translating Quality of Life Measurement into Decision Making

18th，2011，Dever，Colorado，Pushing the Boundaries：Frontiers of Quality of Life Research

19th，2012，Budapest，The Journey of Quality of Life Research：A Path Towards Personalized Medicine

20th，2013，Miami，Florida，Energizing the Science of Quality of Life Research：Where Have We Been and Where Can We Go

21th，2014，Berlin，Quality of Life：Advancing Measurement Science and Transforming Health care

22th，2015，Vancouver，Dedicated to the Promotion of excellence in the science of Health- related Quality of Life

第二节　生命质量的概念与构成

案例 1-2

生命质量的高低、好坏由谁说了算？

案例漫画，图 1-1。

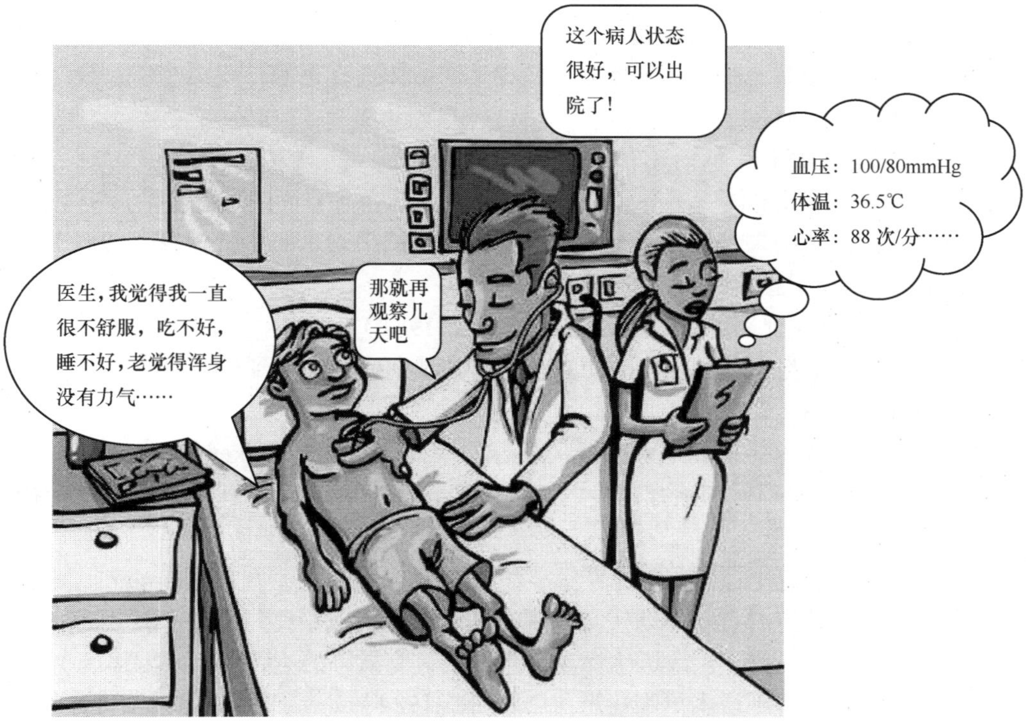

图 1-1　无奈的医生

结合上图讨论：

1. 个体的生命质量是由个体直接作出判断，还是由第三方人员或者组织作出判断？

2. 个体的生命质量的指标是主观的还是客观的？

一、生命质量的概念

迄今为止对生命质量的内涵尚存很多争议。主要表现在：

（1）生命质量的本质是什么？是否可测量？

（2）生命质量包括哪些方面？尤其是否包括客观指标？

多年来，不少学者对此进行了探讨，但往往从自己的专业或角度出发，因而各有不同的理解及回答，从而导致了生命质量的多义性并呈现出不同的层次。

首先，一些学者根本否定生命质量的测评。这主要是一些社会学者和泛政治主义者。在他们看来生命质量的测评将不同人的质量分为高低，是对人人平等的社会价值观念的否定，因而是不道德的，也是不能被接受的。

其次，有些人认为生命质量是一个虚无缥缈的、不可捉摸的概念，给生命质量下什么定义似乎取决于完全的主观判断，因而生命质量是不可测的。甚至连在生命质量研究领域作出过显著成绩的 Aaronson 也发出这样的感叹“生命质量是个飘浮不定、难于捉摸的客观存在”（Aaronson，1989）。

值得庆幸的是，多数学者认为生命质量是可测的，而且很有必要进行测定。正因如此，大量的学者投入到生命质量的研究中，并提出了数以百计的生命质量概念。比如：

Andrews：良好的感觉（Andrews 等，1976）。

Cribb：对现时生活的满意程度（Cribb，1985）。

Holmes：生命质量意味着一种幸福，是在生活中体现真正的自我，摆脱虚伪、泰然处世的状态（Holmes，1960）。

Dubos：对自己每日生活活动有深切的满足感（Dubos，1976）。

Levi：对由个人或群体所感受到的躯体、心理、社会各方面的良好生活适应状态的一种综合测量，而测量结果是用幸福感、满意感或满足感来表示的（Levi 等，1987）。

Szalai：对生存满意的综合评价（Szalai，1980）。

Fayos：患者自我管理生活的能力（Fayos 等，1981）。

Cella：生命质量是患者对现在的功能状态与其预期或认为可到达的功能状态相比时产生的赞同感和满足感（Cella 等，1988）。

Shumaker：个体对生活和个人良好状态的总体满足感（Shumaker 等，1990）。

Schipper：患者对疾病与治疗产生的躯体、心理和社会反应的一种实用的、日常的功能描述（Schipper，1990）。

Hornquist：对特定生存需要（外界标准和个体感觉）的满意程度（Hornquist，1982）。

Calman：某一特定时点个体期望与其现时体验的差别或距离，这种差别可随时间而改变，并可为个人成长所修正。改进生命质量包括改进有缺陷的生存方面（如疼痛）以及调整个体期望，使之与客观现实更为接近（Calman，1984）。

Fayers：指对自己相关事情的幸福感和满足感（Fayers 等，2007）。

WHO 生命质量研究组：不同文化和价值体系中的个体对与他们的目标、期望、标准以及所关心的事情有关的生存状况的体验（Quality of Life is defined as individual’s perceptions of their position in life in the context of the culture and value systems in which they live and in relation to their goals，expectations，standards and concerns）（WHO，1993）。

如此等等，不一而足。大有使人望而却步，或如坠云雾之感。实际上，尽管有众多的生命质量概念，但大体上可概括为两种情况，即社会经济领域生活质量及医学领域的健康相关生命质量。前者指一般人群生活好坏的综合评价，后者则主要指患者对其疾病及其治疗造成的身心功能和社会功能损害的一种主观体验。

从生命质量评价的主体意识上看则存在着认知和情感两个层次之争。在过去的研究中，很多人用生活的满意度来衡量生命质量，另一些人则用个人的幸福感来衡量。两者分别是在态度的认知层次和情感层次上进行探讨。究竟哪一个好，迄今仍无公认定论。一般认为，对于生活的满意程度反映了比较稳定和长久的态度意愿，而对生活的幸福感却仅仅反映一时的情绪（Campbell，1981）。为此，Schuessler 等（1985）认为用满意度来评价生命质量是比较合适的。笔者也持此看法，认为生命质量是一种主观评价和认识，这种评价显然与评价主体的生活经历、文化背景和价值体系等有关。实际上，上述的生命质量概念中也多采用满意度，满足感等表述。

值得注意的是在社会学及经济学领域中，目前仍有不少学者把生活质量作为客观的社会经济发展指标，而不是完全主观体验指标。如冯立天等（1992）将生活质量定义为一定经济发展阶段上人口生活条件的综合状况，即生活条件（生活环境、教育、供给、卫生保健、社会服务、文化娱乐、社会风尚、社会治安、社会福利等）的综合反映，他们进而通过一系列的客观指标如文化程度、平均预期寿命、婴儿死亡率、城乡居民收入等来说明中国人的生活质量。世界银行在 1989 年《世界发展报告》中将生活质量归纳为平均多少人有 1 名医生、平均每日摄取热量、通货膨胀率和人均能源消耗量 4 项指标；1998～1999 年度的《世界发展报告》中用 7 个指标来评估世界各国的生活质量状况：人均私人消费增长、儿童营养不良状况、5 岁以下儿童死亡率、出生时预期寿命、成人文盲率、城市人口、城市地区获得环卫服务人口。中国社会科学院“社会发展与社会指标”课题组将生活质量界定为居民消费、收入、劳保福利、文化支出、吃穿用住等 16 项客观指标。这些显然是沿袭了早期的生活质量概念，也就是按“社会指标”派的观点来研究生活质量。笔者认为，这种研究虽然具有历史根据，现在也还具有一定的现实意义，尤其是欠发达国家。但还是将生命质量界定为纯主观认识和体验为好，原因主要有：

（1）生活质量已从社会指标派中分化出来，似专指对客观条件的主观评价和体验。作为客观的社会经济指标研究（有时可能包含一些主观的满意度评价）最好不要再称为生活质量，可称为诸如国民生活水准或生活水平等词，以免发生混淆和误解。即使要称为生活质量，也应加以一定的限制词，以示区别。

（2）客观的外部物质条件指标虽然对人的主观感觉有一定影响，但不存在必然的因果联系。有的人可能对住 30 平方米的住房感到相当满意，而有的人则可能相当不满意。工资收入等客观指标同样如此。

（3）长期以来，不少学者认为应包括客观指标的主要原因在于主观满意度与需求的满足程度有关，而需求的满足程度取决于客观的物质条件。温饱没有解决与温饱已经解决者的需求显然是不一样的，因此抛开物质条件谈生命质量是不适宜的。笔者认为将生命质量界定为主观体验指标，但同时把客观条件指标作为生命质量的影响因素来参与调查和分析，可以知道哪些客观条件对生命质量影响较大，有利于通过改变或控制这些客观条件来提高生命质量。这样，既有客观的物质条件指标，又有主观的生命质量结局，二者相辅相成，相得益彰，且有助于克服这方面的争议。因为这样做并没有抛开客观指标，相反，通过将客观指标作为协变量，可以在不同的因素分层上（如同是城市人、同是男性、同是经济收入差不多者等）来研究生命质量，从而既有可比性又有针对性。

（4）生命质量概念中如果同时包括主、客观指标，则二者如何融合（比如最简单的一个问题，两者各占多少比例）将会成为一个长期争议而难定论的问题。

在医学领域中认识也未完全统一，但以下几点是比较公认的（方积乾等，2000）：①生命质量是一个多维的概念，包括身体机能、心理功能、社会功能以及与疾病或治疗有关的症状；②生命质量是主观的评价指标（主观体验），应由被测者自己评价；③生命质量有文化依赖性的，必须建立在一定的文化价值体系下。

显然，WHO 的生命质量概念以及测定方法较好地体现了这种认识，既说明生命质量是对生活各方面的主观体验，又界定于一定的文化背景和价值体系下。但如果完全按 WHO 的生命质量概念则很难在医学领域应用，尤其是在临床中应用，因为其内涵和内容均过于宽泛，虽然全面，但缺乏临床应用的敏感性和可操作性。鉴于此，我们提出生命质量最好分层次进行研究和测定，从而提出生命质量的层次、动态与相对模型（万崇华，1999）。限于篇幅，这里不加论述地给出基本观点，并对相应的翻译问题提出意见。

首先，生命质量的概念是层次性的。低层强调的是维持生存，保持躯体完好，消除病痛以及为维持生存所需的基本功能，主要面向患者。这曾经是医学的唯一目的，也是目前医学（尤其是临床医学）的主要目的之一。因此这个层次的研究可翻译为生存质量，其内涵可界定为患者对其疾病和相关的医学治疗所产生的在躯体、心理、社会地位和作用上的影响的主观认知和体验。第二层次不仅维持生存，而且强调生活丰富、心情舒畅和与社会和谐，即生活得好。这个层次的研究主要面向一般人群，是社会学和预防医学研究的主要内容之一，可翻译为生活质量，其内涵可界定为人类对其生活的自然、社会条件以及其自身状况的主观评价和体验。第三层次不但强调前二者，而且还看重自身价值的实现和对社会的作用，可译为生命质量，其内涵可采用 WHO 的界定，同时强调对自身价值和自我实现的认知。

其次，这种层次性不是绝对的，而是相对和动态的。不论医学还是社会学，最终目的都是相同的，即全面提高人们的生命质量，二者的研究也必将融合进行。因此，如果要用一个统一的名词表述的话，最终还是将 Quality of Life 统一翻译为生命质量为好。尤其提出与健康相关的概念后更是如此，因为与健康相关生命质量即生命质量中侧重于医学的那一面，亦即生存质量。故此，则生存质量和生活质量都是生命质量中的一部分。根据不同的实际需求，可在不同层次上研究生命质量。

当然，翻译问题不是一个太大的问题，只要在概念及构成中包容了所有有关的内容，不论叫什么名字，本质都相同即可。但如能统一命名，则更方便应用，以免在同一名词下出现多种理解和含义的混乱局面。

另外，随着医学的发展，现代医学已很难与社会学相分离，尤其是预防医学与保健医学，其着眼点已不仅在于患者，而更在于正常人。因此上述层次划分的不足及相对性也是显而易见的。需知，分层和取不同的名只是为了研究的方便，融合才是最重要的。

生命质量的相对性与动态性还表现在人们的生命质量是与价值评价的参照系和时间紧密相关的，即时间依赖性（time-dependent）。就个体而言，在不同的发展阶段、不同时期，生命质量的标准不同，如儿童期、青年期、老年期等各期的生命质量标准是不同的。这种不同是整个环境的改变以及个体自身在身心及认知方面的发展造成的。处于不同时期的人往往有不同的价值评判标准，因而其主观感受很不相同。比如，年轻人多喜欢横向比较，其评判标准是同时期周围的人群和环境状况；而老年人则喜欢纵向比较，其评判标准是自己过去的经历。就群体而言，即使处于同一发展时期，不同的文化价值体系下的人，其主观评价也不相同，因此，生命质量也是文化依赖性的（culture-dependent）。

综上所述，尽管生命质量的概念仍未完全统一，但从其内涵看，经历了由“客观社会经济指标”到“主观体验指标”的转变。这不但反映了社会物质条件的发展（从生理需求过渡到精神需求），而且体现了人本主义精神。将生命质量界定为主观体验，既考虑到了一定的文化价值体系，又弘扬了个性。

视窗 1-3

生命质量概念与构成公认观点

尽管生命质量的概念与构成尚未完全统一，但以下几点是比较公认的：

1. 生命质量是一个多维的概念，包括身体机能、心理功能、社会功能等。
2. 生命质量是主观的评价指标（主观体验），应由被测者自己评价。
3. 生命质量是文化依赖性的，必须建立在一定的文化价值体系下。

二、生命质量的构成

对于生命质量的不同理解及认知，导致了生命质量构成的不同。这大体上分为三种情况。

（1）早期研究中，多局限于所谓“硬指标”范畴，如生存时间、人均收入、身体结构完整、受良好的教育、工作时间合理等客观指标。

Alexanda 认为，生命质量是物质的生命质量观，代表人们的物质要求。具体的指标是：在郊区有一套住宅，有便于交通的轿车，孩子能受到良好教育，有更多更好的家庭设施，有旅游的经费和养老金等。

在这方面比较典型的是：①物质生活质量指数 PQLI（the Physical Quality of Life Index），这是由美国海外发展委员会（ODC）提出的，由 15 岁以上人口识字率、婴儿死亡率和预期寿命三个客观指标综合构成；②人类发展指数 HDI（Human Development Index），由联合国开发计划署（UNDP）在《1990 年人类发展报告》中首次提出，它由 3 个客观指标（收入、教育、期望寿命）的简单算术平均数构成，其中收入由人均国内生产总值的购买力平价来测算，教育通过成人识字率（1/3 权重）和小学、中学、大学的综合入学率（2/3 权重）的加权平均数来衡量；③ASHA 指数，由美国社会卫生组织提出，由 6 个客观指标构成：就业率、成人识字率、期望寿命、人均国民生产总值增长率、人口出生率、婴儿死亡率。

（2）从 1960 年代开始，生命质量的社会性在政治领域被接受。此时人们追求的是个体主观的幸福而不仅仅是生存的时间。必须获得评价对象主观上的感觉而不仅是用数量描述的收入或财产。其构成中以主观感觉指标为主，兼顾一些客观指标。

Mcsweeny 等（1980）认为生命质量的构成包括：①情绪功能，如精神症状的变化；②社会角色功能；③基本行为功能，如自我保健行为；④娱乐和享受。

Grogono 等（1971）将生命质量的构成分为 10 个部分：①工作；②娱乐；③躯体疾患；④心理疾患；⑤交往；⑥睡眠；⑦独立性；⑧饮食；⑨排泄；⑩性行为。

Najman 等（1981）强调测定生命质量的改变应包括客观的可察及的改变及个体主观感觉的改变。

（3）1980 年代中期后，生命质量的界定及测量更加精确和规范化，愈来愈趋向于仅测量主观感觉指标，尤其以美国为代表的美洲派更是如此。虽然也可涉及一些客观项目（如住房状况），但侧重于个体对住房状况的满意程度，而不是住房本身有多大，装备是否豪华等。

Ware（1987）认为癌症患者的生命质量应测量癌症本身及治疗所造成的生活等方面的改变，至少应包括身体、心理和社会三个方面。

Schipper 等（1985）指出生命质量的构成有四个主要方面：①身体机能；②心理状态；③社会活动；④身体良好状况。

Bloom（1991）也认为生命质量测量至少应包括四个方面：①身体状态；②心理状态；③精神健康；④社会良好状态。

Aronson（1991）提出六个方面的构成：①疾病症状和治疗毒副作用；②机能状态；③对不幸的心理承受能力；④社交活动；⑤性行为和体形；⑥对医疗的满意程度。

Ferrell 等（1995）也提出了一个四维模式结构（图 1-2），即身体健康状况（包括各种生理功能活动有无限制、休息与睡眠是否正常等），心理健康情况（含智力、情绪、紧张刺激等），社会健康状况（含社会交往和社会活动、家庭关系、社会地位等）和精神健康状况（含对生命价值的认识、宗教信仰和精神文化等）。

WHO 的生命质量测定包括六个领域（domain）：①身体机能；②心理状况；③独立能力；④社会关系；⑤生活环境；⑥宗教信仰与精神寄托。每个领域下包含一些小方面，也称侧面（facet），共 24 个小方面（WHO，1993）。

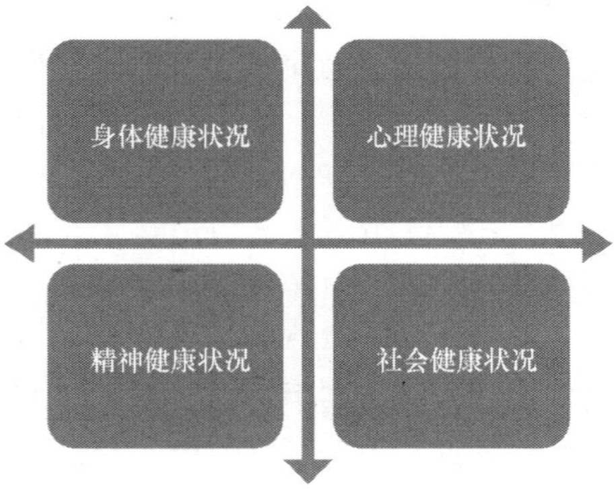

图 1-2　Ferrell 提出的生命质量四维模式

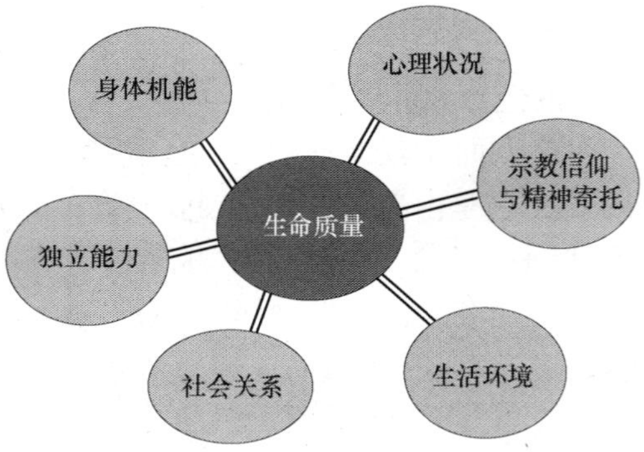

图 1-3　WHO 生命质量测定包括的六个领域

案例 1-3

故事一：

很久以前，一名妇女发现三位蓄着花白胡子的老者坐在家门口。她不认识他们，就说："我不知道你们是什么人，但各位也许饿了，请进来吃些东西吧。"三位老者问道："男主人在家吗？"她回答："不在，他出去了。"老者们答到："那我们不能进去。"傍晚时分，妻子在丈夫到家后向他讲述了所发生的事。丈夫说："快去告诉他们我在家，请他们进来。”妻子出去请三位老者进屋。但他们说：“我们不一起进屋。”其中一位老者指着身旁的两位解释：“这位的名字是财富，那位叫成功，而我的名字是健康。”接着，他又说：“现在回去和你丈夫讨论一下，看你们愿意我们当中的哪一个进去。”妻子回去将此话告诉了丈夫。丈夫说：“我们让财富进来吧，这样我们就可以黄金满屋啦！”妻子却不同意：“亲爱的，我们还是请成功进来更妙！”他们的女儿在一旁倾听。她建议：“请健康进来不好吗？这样一来我们一家人身体健康，就可以幸福地享受生活、享受人生了！”丈夫对妻子说：“听我们女儿的吧。去请健康进屋做客。”妻子出去问三位老者：“敢问哪位是健康？请进来做客。”健康起身向她家走去，另外两人也站起身来，紧随其后。妻子吃惊地问财富和成功：“我只邀请了健康。为什么两位也随同而来？”两位老者道：“健康走到什么地方我们就会陪伴他到什么地方，因为我们根本离不开他，如果你没请他进来，我们两个不论是谁进来，很快就会失去活力和生命，所以，我们在哪里都会和他在一起的！”

故事二：

霍金是谁？他有一个超级思维的大脑，他是一个科学界传奇的佳话，一个当代最杰出的理论物理学家，一个科学名义下的巨人……或许，他只是一个坐着轮椅、挑战命运的勇士。一次，霍金坐轮椅回柏林公寓，过马路时被小汽车撞倒，左臂骨折，头被划破，缝了 13 针，大约 48 小时后，他又回到了办公室投入工作。虽然身体的残疾日益严重，霍金却力图像普通人一样生活，

完成自己所能做的任何事情。他甚至是活泼好动的——这听起来有点好笑，在他已经完全无法移动之后，他仍然坚持用唯一可以活动的手指驱动着轮椅在前往办公室的路上“横冲直撞”；当他与查尔斯王子会晤时，旋转自己的轮椅来炫耀，结果轧到了查尔斯王子的脚趾头。当然，霍金也尝到过“自由”行动的恶果，这位量子引力的大师级人物，多次在微弱的地球引力下，跃入轮椅，幸运的是，每一次他都顽强地重新“站”起来。1985 年，霍金动了一次穿气管手术，从此完全失去了说话的能力。他就是在这样的情况下，极其艰难地写出了著名的《时间简史》，探索出宇宙的起源。

故事三：

一位父亲下班回家很晚了，他很累并有点烦，发现 5 岁的儿子靠在门旁等他。“爸，我可以问你一个问题吗？”“什么问题？”“爸，你一小时可以赚多少钱？”“这与你无关，你为什么要问这个问题？”父亲生气地问。“我只是想知道，请告诉我，你一小时赚多少钱？”小孩哀求道。“假如你一定要知道的话，我一小时赚 20 美金。”“哦，”小孩低下了头，接着又说，“爸，可以借我 10 美金吗？”父亲发怒了：“如果你只是借钱去买那些无聊的玩具的话，给我回到你的房间，并躺在床上好好想想为什么你会那么自私。我每天长时间辛苦地工作着，没时间和你玩小孩子的游戏。”小孩安静地回到自己的房间并关上门。父亲坐下来还在生气。过了一会儿，他平静了下来。开始想，也许他对孩子太凶了——或许孩子真的想买什么有用的东西，再说他平时很少要过钱。父亲走进小孩的房间：“你睡了吗，孩子？”“还没有，爸，我还醒着。”小孩回答。“我刚刚可能对你太凶了，”父亲说，“我将今天的气都爆发出来了——这是你要的 10 美金。”“爸，谢谢你。”小孩子欢快地从枕头底下拿出一些零

碎的钞票来，慢慢地数着。“为什么你已经有钱了还要呢？”父亲生气地问。“因为这之前还不够，但现在足够了。”小孩回答，“爸，现在我有20美金了，我可以向你买一个小时的时间吗？明天请你早一点回家——我想和你一起吃晚餐。”

讨论：

看过了以上的故事，他们涉及的是生命质量的哪几个方面呢？

总的说来，目前争议较大的是是否包括客观指标的问题，这源于对生命质量概念的不同认识。尤其在生活质量层次，不少学者认为应该包括反映物质生活条件的客观指标，因为个体的生存条件如收入、住房、生态环境等无不以每日的生活息息相关，无不影响着个体的健康与疾病的发生发展。Aloba 等（2013）指出现在普遍认为患者自己主观地衡量他们的生命质量是评价疗效的首选，因为患者主观评价比客观指标更能反映患者的真实感受，患者自己可接受的临床治疗和生活的满意度。我们认为生命质量本身还是不包括客观的物质条件指标为好，但后者可作为影响因素来分析。原因是在相同的物质条件下的人，其感受可能大相径庭；反之，有相似生活感受的人，其物质条件很可能相去万里。其次，如果不包含于生命质量中，则很容易分析其对生命质量的影响作用，有利于通过改善这些条件来提高生命质量。

从上面的各构成观点看，以 Ferrell 和 WHO 的结构较全面，层次也比较分明。但由于全面性难免增加条目的长度，使得在临床上不一定实用。因此，临床测定量表常结合实际有所侧重，省去一些不太重要的小方面。亦即最好按上述的层次观点，分层次进行生命质量的测评，从而不同层次可以有不同的侧重点。但如果各研究者任意删减，并且都统称为生命质量，其研究结果就缺乏可比性。因此，目前的趋向是逐步形成统一界定的 QOL 各个方面，并发展一个代表不同人群共性的多维量表，同时附加一个较短的特异问卷来评定特定人群的生命质量，使得研究结果既有可比性又有针对性。这就是所谓“共性”与“特异性”结合研究模式。欧洲癌症研究治疗组织 EORTC（European Organization for Research and Treatment of Cancer）的 QLQ-C30 及其特异模块以及美国结局、研究和教育中心 CORE（Center on Outcomes，Research and Education）研制的癌症治疗功能评价系统共性模块 FACT-G（Functional Assessment of Cancer Therapy-General module）及其特异模块的研制均采用这种方式（Aaronson 等，1994；Cella 等，1993）。我们借鉴国外共性模块和特性模块结合的量表开发模式，系统、独立地开发了我国慢性病患者生命质量测定量表体系 QLICD（Quality of life instruments for chronic disease），详见后面章节。

视窗 1-4

主观和客观指标之争

尽管存在争论，但一般倾向于认为：

1. 生命质量界定为主观体验指标为好。
2. 把客观条件指标作为生命质量影响因素，可以分析其影响并为干预提供依据。

第三节 生命质量的测评与应用

一、生命质量测定

由前面的概述知道，世界卫生组织将生命质量界定为：不同文化和价值体系中的个体对与他们的目标、期望、标准以及所关心的事情有关的生存状况的体验。WHO 认为生命质量包括：生理状况、心理状况、独立性、社会关系、环境、宗教信仰与精神寄托等六个领域。生命质量是主观感受，是一个只能由个体直接做出判断，第三方人员或者组织只能对其结果做出评估和分析的指标，它的测定应该属于心理属性的测定，是可以采用量表作为工具进行测定的。

生命质量研究起步较晚，鉴于其与心理现象的相似性，因而生命质量的测定大量地移植采用心理测验的理论和方法。在心理测验理论中，古典测验理论（classical test theory）居于较重要的地位，其中，斯皮尔曼（Spearman）的分数模型是这种理论的典范。随着心理学的发展，古典测验理论日益显出其局限性，现代测验理论应运而生，其中潜特征理论（latent trait test theory）和项目反映理论（item response theory）较为重要。古典测验理论以及现代测验理论已被广泛地应用于心理学研究，其中用得较多的有测验的条目分析、成绩测评量表和态度问卷设计等。生命质量研究兴起后，其理论和方法也被广泛地用于生命质量量表的设计、考评及应用。

生命质量的测定，按照测定目的和内容不同可有不同的方法。常见的有：访谈法、观察法、主观报告法、症状定式检查法、标准化的量表评价法等。以上几种测定方法是在生命质量研究的不同发展过程中使用过的，其测定的层次和侧重点不同，因而其适用条件也不同。但目前，均以标准化量表测定为主流方向。

生命质量的测定涉及三个要素。第一，测定的工具，即生命质量测定量表；第二，量表的使用方法和计分规则；第三，测定的数值，即用测定得到的数值去确定测定对象的生命质量水平如何，从而对得分作出适当解释。严格说来，第三要素实际上是生命质量评价的内容。

常见生命质量测定量表有：

（1）普适性量表（generic scale），包括：由世界卫生组织研制的 WHOQOL-100 和 WHOQOL-BREF；健康状况调查问卷 SF-36（the MOS-36-item short form health survey）；社区人群功能测定量表（COOP/WONCA）等量表。

（2）疾病特异量表（disease-specific scale），包括：反映癌症患者共性的核心量表 QLQ-C30；癌症患者生活功能指数（functional living index-cancer scale，FLIC）；针对糖尿病患者的生存质量量表 DCCT 等量表。

（3）领域特异量表（domain-specific scale），包括：用于老年人日常生活活动测定的量表；用于心理健康测量的量表；用于社会健康测量的量表；主观生活质量测量量表；疾病影响量表（sickness impact profile）；Karnofsky 机能状况量表（Karnofsky performance index）；健康良好状态指数综合评价（Index of well-being，IWB）等量表。

计分及其统计分析、得分解释等内容后面逐步介绍。

二、生命质量评价

生命质量评价是指对具有一定生命数量的人在一定时点上的生命质量表现的评判和得分解释。对生命质量进行评价，就需要对生命质量资料进行分析处理，这建立在对生命质量资料了解的基础上。生命质量资料是不可直接观察的主观资料，生命质量的分析不同于一般客观指标的分析，开始时需进行很多的过渡性预处理，如量化记分、逆向指标的正向化等。生命质量包括多个领域，每个领域又分为多个维度和条目，因此生命质量资料是一种多指标多终点的资料。

量表的计分方法包括四个层次，分别是条目、领域、亚领域或侧面及整个量表的计分方法，且有原始分（Raw Score）和转化分（Prorated Score，Transformed Score）之区别，因而其相应的分析上也有层次之别。由于用于测定生命质量的量表条目一般都较多，若分别对条目进行分析会增加处理难度，因此通常做法是进行降维处理，把多个变量综合为几个主要指标，即侧面、领域、甚至总量表得分，常用的综合方法是直接累加和加权累加。但加权累加争议很多（尤其权重的确定），在对量表计分时以直接累加法为好。在使用直接累加法对得分进行分析时，各侧面、各领域的条目数量实际上起到了一定权重的作用。

为了便于解释，一般要计算为 0～100 取值的标准化得分，这样得分的高低就有了一个相对的标准。当然，如果涉及比较，还需要有参照体系（类似常模），比如大样本人群的得分均值；涉及得分变化的临床意义还要有最小临床重要性差异 MCID。

三、生命质量应用

生命质量测评目前已广泛应用于社会各领域，成为不可或缺的重要指标和评定工具。

在医学领域 Cox（1992）提出了 4 个方面的应用：①人群健康状况的测量；②资源利用的效益评价；③临床疗法及干预措施的比较；④治疗方法的选择与决策。

陈友仁等（2007）提出了 8 个方面的应用：①一般人群健康状况评定；②预防性干预及保健措施效果评价；③临床治疗措施效果评价；④临终患者应用；⑤癌症患者使用；⑥慢性病患者使用；⑦卫生效益评价、卫生政策制定；⑧药物不良反应评价。

显然，根据不同的目的或从不同角度可以归纳为不同的应用方面。概括起来，我们认为有六个方面的主要应用：①评定人群健康状况；②临床治疗方案或药物的评价与选择；③临床预后及影响因素分析；④预防性干预及保健措施的效果评价；⑤卫生资源配置与利用的决策；⑥促进医患沟通和个体化治疗。这里仅仅简要介绍，详细介绍见第七章。

1. 评定人群健康状况并探讨健康影响因素 当测评的目的在于了解具有不同特征（性别、文化程度、经济状况、甚至疾病）人群的综合健康状况，甚至作为一种综合的社会经济和医疗卫生指标，以便比较不同国家、地区、民族人民的生活质量和发展水平研究时，往往采用普适性的生命质量测定量表并进行横断面的调查。

有时，生命质量的评定仅限于某些特殊人群，以了解其健康状况及其影响因素。比如，老年人问题是一个特殊问题，Katz 等（1983）对老年人的功能状况等进行了评定并引进积极健康寿命 ALE（active life expectancy）这一概念来反映考虑生命质量后的期望寿命。万崇华等（1998）对吸毒者的生命质量及其影响因素进行了分析。万崇华等（2004）应用

WHOQOL 量表比较了 4 种少数民族的生命质量。

生命质量既已作为一个健康与生活水平的综合指标，而且已经或正在成为医学或社会发展的目标。因此对生命质量影响因素的探讨有利于找出防治重点，从而促进整体健康水平的提高。

2. 药物和治疗方案的评价与选择　肿瘤与慢性病患者的生命质量测评是目前医学领域生命质量研究的主流，测评的目的，除了反映其综合健康状况外，更重要的是用于药物和临床治疗方案（治疗措施、手段、药物等）的评价与选择。即通过对这些疾病患者在不同疗法或措施中生命质量的测定与评价，为其治疗与康复措施的比较提供新的结局指标，从而以生命质量（或结合其他指标如生存时间）来综合评价与选择治疗方案。

除了治疗方案外，也可用于药物的疗效和副作用分析，有利于抗癌/慢性病药物的筛选。

3. 临床预后及影响因素分析　预后（Prognosis）指某种疾病的可能结局或后果以及这些后果发生的可能性大小，是临床医师和患者都非常关心的问题。生命质量这一具有整体性、综合性和体现以人为本的指标可作为预后指标纳入随访研究，并探讨相应影响因素。

4. 预防性干预及保健措施的效果评价　预防性干预及保健措施是面向社区一般人群的，随着预防医学和初级卫生保健的发展，对其措施的效果评价日益重视。对其效果进行综合评价可借生命质量这一高度概括的指标来进行。这与第一方面的应用非常相似，只是前者是作为状况指标，因此只需一次横断面测定即可，而且调查的例数宜多一些。而这里必需进行干预前后的生命质量对比才能进行评价，因此需进行至少两次的纵向测定。

5. 卫生资源配置与利用的决策　卫生资源配置与利用决策分析的主要任务就是选择投资重点，合理分配与利用卫生资源并产生最大的收益。随着生命质量研究的深入和广泛开展，人们愈来愈倾向于用“质量调整生存年（QALYs）”这一指标来综合反映投资的效益，因为 QALYs 综合考虑了生存时间与生命质量，克服了以往将健康人生存时间和患者生存时间同等看待的不足。于是，相同成本产生最大的 QALYs 或同一 QALYs 对应的最小成本就是医疗卫生决策的原则。

6. 促进医患沟通和个体化治疗　生命质量是多维度、多条目的评定，可以在不同的层面（条目、侧面、领域、总量表）进行分析，从而得到更多的患者信息，有利于促进医患沟通和个体化治疗。如有的癌症患者心理承受能力很差，治疗中就要加强心理辅导、同伴教育等，增强其治疗信心和效果；有的患者疾病“标签”作用明显，难以适应社会，治疗中就要加强社会适应方面的训练。

第四节　生命质量研究的发展趋势

生命质量研究日益受到重视，因而其发展的趋势和走向也颇令人关注。笔者认为将出现以下一些发展趋势。

（1）生命质量的内涵本身将纯化为全主观的“感受和体验”，不包含客观的物质指标将得到公认。但在生命质量研究上，客观的物质指标可作为生命质量的外部影响因素或伴随变量。这样，主观的生命质量与客观的物质指标相辅相成、相得益彰。

（2）核心模块（core module）与特异模块（specific module）的结合研究方式，即所谓“共性”与“特异性”的研究模式很可能发展成一大主流。

（3）生命质量的研究将向纵深发展，随着纵向测评资料分析方法的探索和解决，必将出现大量的纵向测定，从而真正体现生命质量的时间依赖性。

（4）生命质量与生存时间的结合研究，不仅是一个技术问题，而且是体现“量”与“质”辩证思考的哲学问题，或可成为生命质量研究的一个重要发展方向。

（5）生命质量的研究将促进中西医的进一步交流与整合，为中西医结合打开一条新的通道。

（6）随着生命质量研究的深入以及国际交流的广泛化，跨文化（cross-culture）的生命质量研究备受注目，很可能成为一个新的研究热点。

（7）生命质量临床意义的研究与解释。生命质量得分改变多少才具有临床意义，如何用生命质量得分辅助临床诊断和预后分析等。

（8）鉴于经典测验理论 CTT（Classical Test Theory）存在的不足，现代测验理论，如概化理论 GT（Generalizability Theory），条目反应理论 IRT（Item Response Theory）将越来越多地用于生命质量量表的研制与评价中。

学 习 思 考

1. 为什么进行生命质量研究？其产生的背景是什么？
2. 生命质量概念与构成经过了怎样的演变？生命质量高低应该由谁来进行评价？
3. 健康相关生命质量测定应包括哪些方面的内容？
4. 生命质量测评有哪些方面的应用？除书中所述外，您觉得还可以用于哪些方面？

（万崇华　黄新萍）

第二章　生命质量测定方法

学习目标

通过本章的学习，知道作为主观体验的生命质量是可以测定的，掌握整个生命质量测定的设计和实施步骤，熟悉生命质量测定工具的选择，了解生命质量测定的几种基本理论。重点掌握生命质量测定的设计和实施步骤。

案例 2-1

日常生活中，我们常常测定很多东西，比如测身高、测体重、测血压、测血糖。（图 2-1）

图 2-1　测量身高、血压

我们看到上面两个图片一个是测身高：用标尺进行测得了 160cm；一个是测血压：用血压仪测定测得了 160/95mmHg。两者均需要测定工具，也均测定得到了具体数字。

第一节　测定方法概况

一、何为测定

什么是测定呢？测定就是对客观事物的某种属性，依照某种法则来赋予某个数值的过程。客观事物的属性是测定的目标，法则是指测定工具及其操作规范，而数值是测定的结果，三者构成了测定的三个方面，缺一不可（杨志明，2005）。例如，图 2-1 中用血压仪测得某人的血压是 160/95mmHg，其中“血压”是客观事物即人的一种属性，“血压仪及其测定操作规程”是测定是要遵循的法则，而“160/95”是所赋予的数值。

客观事物的属性不仅包含事物的客观的物理属性，例如身高、体重、血压等，也包含那些通常不被人的感官直接感觉到的主观的心理属性，例如人的智力、人的性格等。对于这些心理属性可不可以测定呢？其实，对于客观的物理属性我们可以直接测定，而对于主观的心理属性，我们只能采用间接测定的方法了。那它要如何进行测定呢？要完成一个测定需要测定工具和测定工具的操作规程。在物理测定中，测定工具及其操作规程相对而言比较简单，如测体重用秤，测血压用血压仪，他们都有容易掌握的操作规程。而心理属性的测定也需要测定工具及其操作规程，此时的测定工具被称作量表，而量表的使用手册和计分的规则即为测定的操作规程（杨志明，2005）。测定的目的是为了评价某一客观事物某一方面的水平，如测定身高和体重为了评价身体素质，测定血压和血糖为了评价人体某一生理指标是否正常，测定人格为人才选拔和提升提供依据，测定智力为了评价儿童或成人智力水平如何等等。通常我们采用测定得到的分数来评价，对于心理特质我们也通常用可以量化的数值或分数来评价。

案例 2-2

网络上测定成人智力的一张图片，请你看看图 2-2 中你能寻找到几张脸？

图 2-2　笑脸

评定标准：发现 0～5 张脸为痴呆；发现 6～7 张脸为傻子；发现 8～9 张脸为正常；发现 10～11 张脸为非常正常；发现 12～13 张脸为绝顶聪明。

请问：您发现了几张脸呢？

下面我们举两个专业的心理测定与评价的例子。所谓心理测评，就是依据一定的法则，对心理活动中的某一现象给予数量化的描述过程，进而通过测定得分评价其某一心理特质的水平。具体来讲，就是依据一定的法则，对人的个性（人格）、智力、兴趣爱好等属性给予数量化的描述并给予评价。

例如，对人格的测定，我们可以采用著名的艾森克人格问卷（Eysenck Personality Questionnaire，EPQ）、加州心理测验（California Psychological Inventory，CPI）、明尼苏达多相人格测验量表、卡特尔 16 种人格因素量表等对人的个性（国外通常称为人格）进行测评。也可以采用爱博人才测评系统之九型人格测评系列来进行，该系列有专门的软件，将人的人格分为九型，具体见图 2-3。

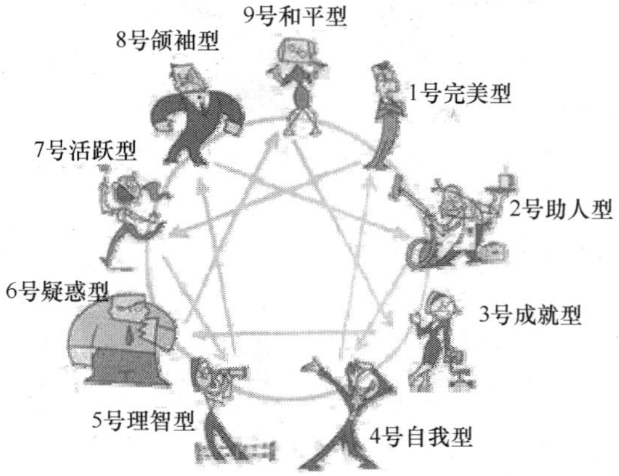

图 2-3　九型人格

二、生命质量可以测定

案例 2-3

有一个人总是感觉到头晕、胸闷、浑身不舒服，数次到医院就诊（图 2-4），可医生对他进行诊断和检查后均未发现异常，但他总感到不舒服，医生也没有办法，只能让他去看看心理科，他真的是有心理方面的疾病吗？

图 2-4　案例 2-3 的就诊

思考：如他这样的情况是否有一个指标来评价呢？

其实，我们可以用一个可以综合反映生理状况、心理状况及社会关系的指标来衡量他的状态，这个指标就是生命质量。

世界卫生组织将生命质量界定为：不同文化和价值体系中的个体对与他们的目标、期望、标准以及所关心的事情有关的生存状况的体验。认为生命质量测定包括：生理状况、心理状况、独立性、社会关系、环境、宗教信仰与精神寄托等六个领域。生命质量是主观感受，是一个只能由个体直接做出判断，第三方人员或者组织只能对其结果做出评估和分析的指标，它的测定应该属于心理属性的测定，是可以采用量表作为工具进行测定的。

由于生命质量的测定属于心理属性的测定，因此它具有心理测定的特点，归纳如下：

第一，生命质量的测定具有间接性。生命质量是一个综合的主观的指标，不像身高体重等可以直接测定，只能通过测定外显的行为表现来估计。就如同我们通过一个考试，看人对考题的回答和反应来推断这个人的能力水平一样，我们可以通过询问一些反映人躯体状况和心理状况以及社会关系状况的问题来推断一个人的生命质量。

第二，生命质量的测定具有相对性。对人的生命质量做比较时，没有绝对的零点，只有一个连续的行为系列。测定只是将某一个体的生命质量高低在这种系列上找到一个位置而已，都是与所在团体的大多数人的生命质量或某种人为确定的标准相比较而言的。

第三，生命质量的测定结果通常不具有加、减、乘、除的特性。例如假定我们用生命质量量表测定得到某人生命质量得分为 80 分，另一个人的生命质量得分为 40 分，我们并不能认为两者的生命质量相差一倍。

生命质量的测定具有可行性。1918 年著名的教育心理学家桑代克指出“凡是客观存在的事物都有其数量”，1939 年著名的教育测定学家麦柯尔又指出“凡是有其数量的事物都可以测定”。生命质量这一客观存在的事物必定有其数量，其数量必定可以测定。

三、生命质量测定的基本理论

生命质量是主观体验，并且多数人认为可以测定。那么，如何进行这种主观的生命质量测定呢?

众所周知，心理现象也是一种主观现象，人们很早就对心理测验进行深入的研究，发展起一套完整的较为成熟的测验理论。其内容相当丰富，包括效度模型、信度理论、效用理论、量表理论、预测策略、测验设计、反映定势、心理物理测定、潜特征模型、条目分析等（顾海根，2008）。生命质量研究起步较晚，鉴于其与心理现象的相似性，因而生命质量的测定大量地移植采用心理测验的理论和方法。至今，生命质量测定量表的考察还称为心理学特性（psychological properties）考察，就是因为其考核的信度、效度等指标均采用心理测验中的概念和方法。

在心理测验理论中，古典测验理论 CTT（classical test theory）居于较重要的地位，其中，斯皮尔曼（Spearman）的分数模型是这种理论的典范。随着心理学的发展，古典测验理论日益显出其局限性，现代测验理论应运而生，其中潜特质理论（latent trait theory）和项目反应理论 IRT（item response theory）较为重要。

（一）古典测验理论

古典测验理论起源于斯皮尔曼有关智力及其测验的著名研究。其中的分数模型较为重要，现在的一些测定信度和效度的方法均以此为基础。

1. 斯皮尔曼分数模型　该模型指出任何测定所得的分数（X）都是由反映对象稳定特质的真分数（T）和由随机因素造成的误差分数（e）构成，即：

$$X=T+e$$

并假定：① e 满足标准正态分布；② T, e 相互独立；③ T, e 以简单的线形可加性结合。

后来，不少学者又对斯皮尔曼模型进行了修正和发展。其中一个较主要者就是对误差进行了进一步的分解，将其分解为“不稳定误差”（*es*）和“不一致误差”（*ec*），从而有：

$$X=T+es+ec$$

不稳定误差与测验过程中的一些偶然因素有关，不一致误差则主要是测验程序本身的差异引起，一般与个体差异无关。

2. 局限及问题

（1）忽略了条目反应的模式。古典测验理论对整个测验的结果进行分析，忽视了不同条目的反应模式，难于区分相同测验分数所包括的不同性质的特征。

（2）测验结果与具体测验有关，随测验条目的不同变化很大，使得不同测验结果难于直接比较。

（3）测验参数：信度、效度等特定于具体样本，随着样本的不同而不同。

（二）潜特质理论

潜特质理论起源于本世纪早期，Thurstone、Guttman 等均对此做出了贡献。该理论认为心理特征是不能直接观察和测定的，因而称为潜特质，但通过测验结果可在不同程度上予以反映。因此，主要目的和任务就是通过潜特质空间维度、局部独立性和条目特征曲线三者的定义及描述来说明测验结果与潜特质之间的关系。条目特征曲线不受具体的样本影响，其参数具有“不变性”。

（三）项目反应理论

项目反应理论 IRT（item response theory）也称潜特质理论（latent trait theory），是针对经典测量理论 CTT（classical test theory）的局限性提出来的一种现代心理测量理论（漆书青，2002），主要的研究内容是被试在测验项目上的反应行为与被试潜在特质之间的关系。其主要特点有：

（1）采用非线性模型，建立了被试对项目的反应与其潜在特质之间的非线性关系，适用范围更加广泛而且更符合事实。

（2）项目参数不变性，难度和区分度的估计值与被试能力无关。

（3）将被试能力和测试题目的难度放在同一量尺进行估计，对被试能力的估计不依赖于特定的测试题目的数量。

（4）信息函数代替了信度的概念，用测验对能力估计所提供的信息量的多少来表示测量的精度，这避免了排序测验的假定，并能给出不同能力被试的测量精度。

古典测验理论以及现代测验理论已被广泛地应用于心理学研究，其中用得较多的有测验的条目分析、成绩测评量表和态度问卷设计等。生命质量研究兴起后，其理论和方法也被广泛地用于生命质量量表的设计、考评及应用。

四、生命质量测定的方法

生命质量的测定，按照测定目的和内容不同可有不同的方法。常见的有：

（一）访谈法

访谈法（interview）是研究者通过与研究对象的广泛交谈来了解对方的心理特点、行为方式、健康状况、生活水平等，进而对其生命质量进行评价。

早在20世纪20年代，有人就把访谈法定义为“有目的的谈话”。按照提问和回答的结构方式的不同，访谈法可分为无结构访谈和有结构访谈两类。前者是事先规定了所问项目和反应可能性的访谈形式，访谈按预定内容进行；后者是一种非指导性的、自由提问和作答的访谈形式。在实际应用时可两者兼用。

访谈法的好处是：①较灵活，双方可以随时改变方式、变换话题，以便了解到一些量表无法反映的深层内容；②适用面广，可用于不同类型的人员，包括文盲、儿童、因病不能活动者。

访谈法的主要缺点是：①主观性太强，访问者的价值观和偏向会影响被访人的反应以及对其做出的判断；②花费较大，完成一例需大量的时间和精力投入；③结果的分析处理较难。

访谈法似乎与目前生命质量测定倾向于主观自我评价的趋势不同，因而似难有用武之地。其实不然，且不说目前生命质量概念应是多层次、多维度、多涵义的，即使界定为完全的主观体验，也有很多场合不能靠量表来评价（如评价农村人时有很多文盲存在，重病者不能自评等）。可以说，在量表测定中，当的确需要代理者（proxy）评价时，也可采用访谈法进行评价。

（二）观察法

观察法（observation）是在一定时间内由研究者对特定个体的心理行为表现或活动、疾病症状及副反应等进行观察，从而判断其综合的生命质量。

观察法比较适合一些特殊患者的生命质量评价，比如精神病患者、植物人、老年性痴呆、危重患者等。

（三）主观报告法

由被测者根据自己的健康状况和对生命质量的理解，自己报告一个对其生命质量的评价（分数或等级数），这是一种简单的、一维的全局评价法。优点是非常容易分析处理，但缺点也很明显，这样得到的生命质量是很难具有可靠性和综合性的。因而该法一般不用或不单独使用，而作为其他方法的补充。

（四）症状定式检查法

当生命质量的测定主要限于疾病症状和治疗的毒副作用时，可采用症状定式检查（symptom checklist）法。该法即把各种可能的症状或副作用列成一表格，由评价者或患者逐一选择。其选项可以是“有”，“无”两项，也可根据程度分为不同项。不少疾病的症状和副作用评价采用此法，如著名的鹿特丹症状定式检查（Rotterdam symptom checklist，RSCL）（de Haes JCJM，1990）。

（五）标准化的量表评价法

这是目前广为采用的方法，即通过经考察具有较好信度、效度和反应度的正式标准化测定量表（rating scale）对被测者的生命质量进行多维的综合评价。用于主观生命质量的评价，该法具有客观性强，可比性好，程式标准化，易于操作等优点。根据评价主体的不同可分为自评法和他评法两种。

以上介绍的几种测定方法是在生命质量研究的不同发展过程中使用过的，其测定的层次和侧重点不同，因而其适用条件也不同。目前，以标准化量表测定为主流方向。

第二节　生命质量测定设计和实施

一、生命质量测定的设计

既然生命质量可以测定，那如何测定呢？我们需要对生命质量测定进行设计，并且按照设计来实施。生命质量的测定涉及三个要素。首先，要有测定的工具，即生命质量测定量表；其次，这个工具要有相应的操作规程，也就是量表的使用方法和计分规则等等；最后，要有一个测定的数值，我们用测定得到的数值去确定测定对象的生命质量水平如何。

生命质量测定设计步骤（图 2-5）如下：

第一步，根据研究目的确定目标人群，从目标人群中随机抽取一定量人群作为样本。测量人群的样本量与测量目的相关，详见本章第四节。

第二步，根据病种及研究目的选择一个生命质量测定量表。生命质量测定量表的选择是测定生命质量的关键，如何正确选择生命质量测定量表将在第三节中阐述。

第三步，将生命质量测定量表分别发给测定样本人群，让他们独立自行填写。生命质量是主观感受，因此多采用自评式量表进行测定，在医生或调查者进行简单解释后，由被测定对象独立自行填写完成为佳。

第四步，填写完毕，根据生命质量量表的计分规则和计分方法给出每个被测定对象的得分，进而根据得分来评价其生命质量好坏。

流程如图 2-5 所示：

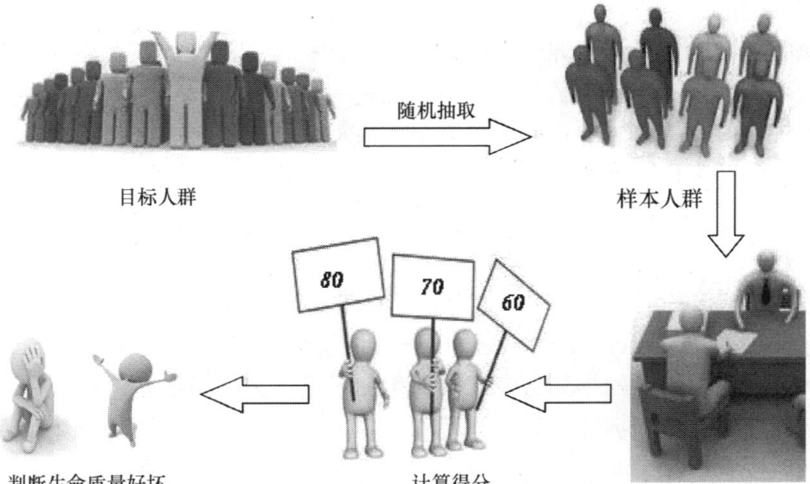

图 2-5　生命质量测量步骤

上述提到的生命质量测定设计步骤中有几个要点必须明确：

1. 根据测定目的确定测定对象 生命质量测评目前已广泛应用于社会各领域，成为不可或缺的重要指标和评定工具。测定目的主要包括以下方面：

（1）评价及比较一般及特殊人群的综合健康状况。测评的目的在于了解特定人群的综合健康状况，甚至作为一种综合的社会经济和医疗卫生指标，以便比较不同国家、不同地区、不同民族人民的生活质量和发展水平以及探讨生命质量的影响因素。其测量对象包括了一般人群与一些严重的社会问题相关的人群（如老年人、吸毒人群等）。

（2）评价与选择药物疗效和治疗方案。临床上广泛将生命质量用于癌症和慢性病患者的测评，其目的主要是用于药物疗效和治疗方案的评价与选择，即通过对这些疾病患者在不同疗法或措施中生命质量的测定与评价，为其治疗与康复措施的比较提供新的结局指标。其测量对象主要是癌症和慢性病患者。

（3）评价预防性干预及保健措施的效果。随着预防医学和初级卫生保健的发展，对社区人群的预防保健措施的效果评价日益重视。可应用生命质量这一高度概括的指标对某一项预防保健措施进行综合评价。其测量对象主要是一般人群。

（4）为卫生资源配置与利用决策提供参考。随着生命质量研究的深入和广泛开展，人们愈来愈倾向于用“质量调整生存年（QALYs）”这一指标来综合反映投资的效益，因为 QALYs 综合考虑了生存时间与生命质量，克服了以往将健康人生存时间和患者生存时间同等看待的不足。于是，相同成本产生最大的 QALYs 或同一 QALYs 对应的最小成本就是医疗卫生决策的原则。

2. 根据测定目的确定测定方式 所谓测定方式就是指测定的次数以及测定次数的间隔，需要根据测定目的来进行。具体如下：

（1）若测定目的是评价及比较一般及特殊人群的综合健康状况只需一次横断面测定即可。

（2）若测定目的是评价治疗方案或药物疗效或者是评价预防性干预及保健措施的效果都必须进行干预前后的生命质量对比才能进行评价，因此需进行至少两次的纵向测定，两次间隔时间的长短与测定的对象和干预措施有关。

（3）若测定目的为卫生资源配置与利用决策提供参考，如果需要用到“质量调整生存年”这一指标的话，需进行一系列的纵向测定。

3. 明确三个标准：诊断标准、纳入标准和排除标准（清楚界定测定对象） 根据不同的研究目的可以确定测定对象的目标人群，如是一般人群，老年人群，吸毒人群还是某一疾病的患者等，但并非所有的目标人群就是源人群（即打算从中进行抽样的人群），此时需要给出明确的纳入标准及排除标准，若测定对象是患者还必须给出诊断标准。

诊断标准（diagnostic criteria）：公认的国际疾病分类标准或全国性学术会议规定的诊断标准作为标准化的尺度。

纳入标准（inclusion criteria）：符合诊断标准且具备入组条件的具体规定。

排除标准（exclusion criteria）：不能入选的具体规定。

例如，若研究者的目的是测定老年人的生命质量，测定对象是老年人，而测定场所就应该在社区，那么在纳入标准中就必须明确老年人的定义（多大年龄算老年人），同时必须根据是他评还是自评来明确对测定对象的文化程度的要求。而在排除标准中必须明确哪些年龄达到标准但是不能到达测定目的的人将被排除。

有时候不得不根据实际测定情况进行纳入标准的制定，例如某研究者想测定某一慢性疾病患者纵向的生命质量，测定场所可以在医院可以在社区，是在医院还是在社区测定呢？这得看研究者的主要目的是什么？通过纵向测定患者生命质量是想评价治疗方案或药物，还是想评价某些预防措施或者为了计算质量调整生命年。前者选择医院，后者选社区。此外，在医院的患者有住院接受治疗的，也有门诊接受治疗的，选哪一个人群呢？门诊患者以病情轻者为主，而且随访测定较困难，而住院患者虽以病情中重度居多，但是也不乏一些病情轻的患者，且随访测定容易。如果能够做到门诊患者能够非常配合地完成每一次的随访，那么门诊与住院患者两者结合是最好的。如果门诊患者随访较为困难，选择住院患者更好一些。因此，如果研究者想测定某一慢性疾病患者纵向的生命质量以评价某一治疗方案疗效，可以在纳入标准中明确规定必须在研究期间在选定医院住院治疗的患者，这种做法易行而且随访缺失会较少，但偏倚较大。也可以在纳入标准中明确规定在研究期间在门诊和住院接受某一治疗方案的患者，这种做法较难实现，但偏倚较小。

4. 生命质量的测定必须符合医学伦理学要求　医学伦理学原则包括了知情同意的原则，尊重原则，有利原则，公正原则，保密原则。在对人群进行生命质量测定时同样必须遵守以上原则，需要做到：

（1）在进行生命质量测定前需要报备医学伦理委员会，进行伦理学的审核。

（2）通过了医学伦理委员会的审核后，要与测定对象签到知情同意书，获得测定对象同意后方可进行测定。

（3）对测定对象的所有测定内容应实施保密。

（4）生命质量测定本身并不会对测定对象产生很大的伤害，但在对一些癌症患者进行测定时，量表中应该尽可能地将“癌症”等词替换为“所患疾病”，以免对患者心理上造成一定伤害。

5. 尽可能做好生命质量测定的质量控制，提高测定的质量和可靠性

（1）测定前必须培训调查员，培训他们与人沟通与交流能力，统一调查口径。若是他评式量表，通过培训使得调查员的调查口径一致是非常重要的，若是自评式量表，通过培训可以提高调查员与人沟通交流能力，提高知情同意率和应答率。

（2）测定过程中把握好调查方式，尽可能获得测定对象足够的信任。在社区调查时，调查员配备工作证，通过社区卫生服务人员或社区管理人员的协助取得被测定对象的信任，在医院调查时，通过主治医生的协助或者直接作为医生出现来取得被测定对象的信任。

（3）若要进行多次随访，应尽力提高测定对象的依从性。为提高测定对象的依从性可以考虑给测定对象发放一些小礼品。但也有研究者认为若在医院调查，不宜发放小礼品来提高测定对象的依从性，因为调查员多以医生身份出现，如发放小礼品相反会损坏医生与患者间的信任关系，而影响到测定内容的真实性。

（4）为控制测定环境的影响，应尽可能地使得测定环境安静并无他人干扰的（他评量表除外）。

（5）测定完成后，立刻收回并仔细对量表进行核查，查看有无漏项，如有漏项，提醒被试者及时补齐，若仍拒绝填写则作为缺省值并问清和记录原因。

二、生命质量测定的实施

案例 2-4

某患者，女性，52 岁，农民，肺癌晚期。病历简介：慢性咳嗽一年多，偶有痰中带血丝，未做过任何检查和治疗，近一月来，感活动后气促，呼吸困难，腰痛。入院体检发现右侧锁骨上肿大淋巴结 $1\times2\text{cm}^2$ 大小，质硬，欠活动，右侧胸腔积液，CT 示右侧胸膜腔大量积液，肺门及纵隔有肿大淋巴结，颅内未发现明显结节及转移灶，骨扫描提示第三腰椎骨质破坏。胸水检查发现腺瘤细胞，诊断为肺腺癌Ⅵ期。行化疗、放疗及对症治疗，经胸膜腔灌注治疗后胸水已控制，局部腰椎放疗后，疼痛明显减轻，但一般状况差。

某医生想要了解经过治疗后她的生命质量如何？她自己感受 high 或不 high？于是就应用癌症患者生命质量测定量表体系之肺癌量表 QLICP-LU 对该患者进行了生命质量测定。QLICP-LU 量表由 40 个条目组成，实际上该量表可看作 QLICP-GM 加上一个特异模块构成，特异模块有 8 个条目，划分为 4 个小方面，其具体条目构成和计分方法见表 2-1。

表 2-1 肺癌生命质量测定量表 QLICP-LU 特异模块的计分方法

小方面	得分范围	计分方法（原始分 RS）	标准分（SS）
咳喘（COA）	3～15	SLU1+SLU2+SLU6	（RS-3）×100/12
胸闷痛（BRP）	3～15	SLU3+SLU4+SLU5	（RS-3）×100/12
声音嘶哑（HOV）	1～5	SLU7	（RS-1）×100/4
担心传他人（WIO）	1～5	SLU8	（RS-1）×100/4
特异模块	8～40	SLU1+SLU2+…+SLU8	（RS-8）×100/32

该医生进行简单的解释和介绍后，将量表发放给该患者后，让其在安静状态下独立完成量表，等待患者完成量表后收回并仔细查看有无漏项，如有漏项，提醒被试者及时补齐，若仍拒绝填写则作为缺省值并问清和记录原因。然后按照计分规则（结合表 4.5 和表 4.8）计算生命质量得分，先计算为各个领域的原始分，再将各个领域原始分转化为标准分（0～100），结果该患者的生命质量测量得分中躯体功能领域得分为 31.82 分，心理功能领域得分为 36.36，社会领域得分为 50.00，共性症状与副作用领域得分为 39.29，特异模块得分为 37.50，总的生命质量得分为 39.2。各个领域均转换为了 0～100 分，得分越高表明生命质量越好。由于患者为肺癌晚期，治疗后虽然患者的症状有所改善，但是躯体领域中反映食欲、精力等均较差，心理功能的认知、情绪、应对方式均较差，其次患者为农民，医疗费用均自费，爱人也为农民，儿子在外地打工，家庭经济状况较差，不能保证医疗所需费用及营养支持，故生命质量测评得分较低，生命质量较差。

案例 2-5

某患者，男性，65 岁，退休职工，临床诊断为Ⅰ期肺癌。病历简介：因体检发现左肺肿块一周，准备手术入院。入院后经检查心、肝、肾功能无异常。双锁骨上未及明显肿大淋巴结，CT 示左肺下叶有一约 $0.5\times1cm^2$ 大小结节影，未发现纵隔及肺门肿大淋巴结，颅内未见明显结节，即行左下肺叶切除，诊断为左肺鳞癌；术后恢复好，术后辅助化疗，一般状况好，无明显不适。

术后采用案例 2-4 的方法对其进行了生命质量测评，结果躯体功能领域得分为 62.35 分，心理功能领域得分为 75.67，社会领域得分为 78.51，共性症状与副作用领域得分为 56.32，特异模块得分为 69.60，总的生命质量得分为 70.63。分析发现由于该患者处于肺癌早期，加之患者性格开朗、对疾病有正确认识，无论认知、自我意识、应对方式得分均较高。再者患者为退休职工，有医疗保障，爱人也退休，女儿为某外企职工，家庭经济状况较好，能满足医疗需求及营养支持，共性症状和副作用带了的临床表现也较少，故生命质量较好。

思考：案例 2-4 和案例 2-5 中两名患者的生命质量得分不同提示了什么？进行生命质量测定的一般步骤如何呢？

从案例 2-4 和案例 2-5 中我们发现：因为两个肺癌患者年龄、性别及职业不同，临床分期不同，自然患病后的症状、看待疾病的心理、受到的社会支持均不相同，采用生命质量量表这个工具测定得到的各个领域的生命质量得分和总的生命质量得分也不相同，提示生命质量得分可以反映综合反映以上这些方面的不同，是一个灵敏的可用于评价患者治疗后生理、心理及社会的综合的状态的指标。

此外，我们可以按照以下步骤对患者进行生命质量的测定：

第一步，根据病种及研究目的选择了一个生命质量测定量表。

选择量表时需要考虑以下几个方面：①要测量的病种有特异量表吗？如果有尽可能选择特异量表；②是选择国外量表中文版还是国内量表？通常如果要和国际上结果进行比较可选择国外量表，如果不进行比较仅作为一种治疗方法或治疗手段的评价可选择国内量表，因为国内量表通常有更好的文化适应性；③量表有计分规则吗，如何得到评分？无论是国外还是国内量表，研制者一旦研制成功均会有相应的量表的计分规则，因此在获得量表使用权的同时要向量表研制者索要计分规则；④量表测量的结果可信和有效吗？也就是说，我们要选择经过信度和效度评价是可靠和有效的量表；⑤量表对变化的反应如何？也就是说，要选择能够发现变化的量表（即经评价反应度较好的量表）。

第二步，用量表对患者进行生命质量测定。

生命质量是主观感受，因此在对患者进行生命质量测定时，需要患者自己回答。这就对患者本身的文化程度提出了要求，必须是能够阅读、理解并且回答量表的患者方可入选，那些文化程度过低或病情危重而不能够自己回答的患者需要剔除。因此除了按照病种给出诊断标准外，测量时还必须按以上条件给出纳入标准和排除标准。并且要根据研究目的综合考虑测量的次数和时间的跨度等。

第三步，根据量表的计分规则计算生命质量得分，并且按照得分越高生命质量越好的原则（通常情况）分析生命质量好坏。

大多数量表只需要计算领域分和总分。但也有一些量表在领域下再度划分了小方面（例如案例 2-4 的表 2-1 中给出的 QLICD-LU 的计分），有需要的情况下可以计算小方面的得分以帮助分析。在生命质量测量完后，需要按照所选量表的计分规则进行评分。值得注意的是计算得到生命质量得分以后，要明确得分越高表示生命质量越好还是越坏，例如采 EORTC QLQ-H&N35 量表对头颈癌患者进行测量，由于量表中各个条目均属于症状型，得分越高表示的症状越严重，生命质量越低。而同样对头颈癌患者如果采用 QLICP-HN 进行生命质量测量，由于计算条目得分时已经进行了方向的转换，计算得到的任何领域的生命质量得分越高表示生命质量越好。

第三节　生命质量测评工具的选择

一、生命质量测评工具——生命质量量表

测评研究对象生命质量的工具被称为生命质量测定量表。一个量表由多个不同问题组成，每个问题称之为一个条目，对每个问题的回答选项需要进行量化，即给一个分值，因而我们把多个问题组成的结构式的问卷称为量表。条目的回答选项有多种方式，可以是线性的回答选项，要求回答者在一定刻度（1～10）的线段上划记选择；也可以是等距等级的回答选项，要求回答者在等距离的一些程度词语中进行选择，如，很差、差、中等、好、很好，形式分为 3 点法、4 点法、5 点法、7 点法等，以 5 点法最常见；还可以是两分类选项，即要求回答者仅在“是”和“否”中进行选择。

量表条目及回答选项示例：

（1）癌症患者生活功能指标量表（FLIC）中的一个条目及回答选项：

对于应付每天的压力，您应付得怎样？

不好 |___|___|___|___|___|___| 非常好

1　2　3　4　5　6　7

（2）欧洲癌症研究与治疗组织研制的量表 EORTC QLQ-C30 中的一个条目及回答选项：

过去一周中	没有	有一点	相当	非常
疼痛影响你的日常活动了吗？	1	2	3	4

（3）癌症治疗功能评价系统量表 FACT-G 中的一个条目及回答选项：

过去一周中	一点也不	有一点	有些	相当	非常
我感到紧张	0	1	2	3	4

（4）癌症患者生命质量测定量表体系之 QLICP-GM 中的一个条目及回答选项：

过去一周中	一点也不	有一点	有些	相当	非常
您有过恶心呕吐吗？	1	2	3	4	5

根据评价对象不同可分为普适性量表（general scale）和特异性量表（specific scale），后者又可细分为疾病特异性量表（disease-specific scale）、领域特异性量表（domain-specific scale）和治疗特异性量表（treatment-specific scale）等。一般普适性量表具有普遍性，它不针对某一种（类）患者，而是可用于健康人和各种疾病患者反映其一般的健康状况。生命质量测定特异量表指的是针对患者或者有某方面残疾的人群专门研制的测定其生命质量水平的工具。

前面提到过，对每个问题的回答选项需要给一个分值进行量化，那么由多个条目组成的量表如何对它进行得分计算呢？这就需要给定一个量表的计分方法或计分规则，按照计分规则计算得到的分值即可作为一个指标应用于临床。有些生命质量量表需要对条目进行转换，即先计算条目得分再计算领域得分，然后计算总分；有些量表直接用条目选项直接计算领域得分，不计算总分（例如 EORTC QLQ-C30）；有些量表计算出领域得分及量表总分后，还要进行标准分的转换。总之，不同量表有不同的计分方法和计分规则。

二、选择生命质量量表的原则

无论是普适性还是特异性量表均已开发出很多，量表研究者往往各自为政，导致同一病种出现多个量表，如报道的关节炎测定量表有 10 多个，用于糖尿病的测定量表 20 多个，用于肺癌测定的量表 50 多个，使得应用量表的学者在众多的量表面前不知怎样评价和选择。这里给出一些量表选择原则：

1. 按测定对象和目的来选择与其相应的量表　如果目的是反映健康状况，并且进行不同特征人群（如性别、城乡、疾病）的比较，应选择普适性量表，其中 SF-36 和 WHOQOL-BREF 是最适宜的量表。如果要较全面的测定可用 WHOQOL-100，如果要简便快速测定（比如用于患者）可用 EQ-5D、SF-12。如果目的是用于临床（如治疗效果的评价），则应首选特异性量表（如肺癌可用 FACT-L 或 QLICP-LU）；若没有特异性量表者可用相应的共性量表（如稀有癌症可用癌症的共性量表如 EORTC QLQ-C30，FACT-G 或 QLICP-GM 等），实在没有合适的可用较短的一般普适性量表（如 SF-36、EQ-5D）。以上各量表简介可见第六章。

2. 应尽量选择 1980 年代及以后开发的量表　其中，尤以 FACT 系列（FACT-G 等）、EORTC QLQ 系列（QLQ-C30 等）、QLICP 和 QLICD 系列、SF-36、WHOQOL-BREF 等量表较好。因为这些量表体现了现代生命质量的内涵，按严格的开发程序研制，进行了信度、效度等指标的评价，而且条目数也不太长，易被患者接受。尤其是癌症与慢性病的量表体系还采取了核心模块与特异模块的结合方式，符合现代量表研制的发展趋势。

3. 结合各量表的特性来选择　在同一测定对象有多个量表的时候，结合各量表的特性（如信度、效度、反应度、条目多少、计分是否简便等）来选择，好的量表应具有较好的测量学特性，详见第四章。其中：

（1）效度（validity）即量表的有效性和正确性，主要通过内容效度、结构效度和效标关联效度三个方面来评价。结构效度多采用相关分析、探索性因子分析（在理论构想阶段）和实证性因子分析来评价。效标关联效度是说明量表得分与某种外部准则（效标）间的关联程度，用测量得分与效度准则之间的相关系数表示。

（2）信度（reliability）指量表测量结果的可靠性（dependability）、精确性（accuracy）、稳定性（stability）和一致性（consistency）。信度大小用信度系数来衡量，目前评价信度的方法较多，有重测信度、等同信度、分半信度、内部一致性信度 α 等。至于信度大小的判断，还没有完全公认的标准，一般认为，克朗巴赫系数 α 至少 0.70，重测相关系数 r 应该在 0.80 以上。

（3）反应度（responsiveness）指测定工具能够反映出所测定的特质在时间上（纵向的）变化能力。根据是否采用一个具体的外部评价标准可以分为内部反应度（internal responsiveness）和外部反应度（external responsiveness）。内部反应度的评价习惯上采用配对 t 检验（或秩和检验）并结合反应度衡量指标，如效应大小 ES（effect size）和标准化反应均数 SRM（standardized response mean）。一般认为，ES、SRM 的绝对值在 0.2 左右则反应度较低，0.5 左右反应度适中，0.8 及以上反应度较好。

4. 特殊量表　当需要侧重了解某些方面的特性时，除了生命质量量表外，还可以同时辅助使用一些特殊的量表，如行为表现方面的 KPS、焦虑方面的 SAS 等。

三、生命质量测定量表的评价标准

1. 具有较好的测量学特性　其中，效度强调内容效度（包括各个必须的领域和侧面）、结构效度（因子分析和/或结构方程模型支持）和效标关联效度（与效标的相关较大，一般要大于 0.70）；信度必须考虑内部一致性（克朗巴赫系数 α 至少为 0.70），也可辅以重测信度（重测相关系数 r 大于 0.80）；反应度要求量表能够反映出治疗/干预前后的变化（$P<0.05$），且标准化反应均数 SRM 大于 0.5。

2. 具有较强的可接受性（acceptability）　包括接受率（量表回收率）和量表完成率高，填表所需平均时间短（条目少且容易理解），一般 20 分钟内完成。

3. 具有较高的可行性（feasibility）　操作性强，容易组织实施，花费的代价不大。

第四节　测定中存在的问题

一、样本量问题

生命质量的测定需要大样本（100 例以上），目前很多研究者对生命质量进行测定存在样本量不足的问题。如何估计样本含量呢？估计样本含量的方法常用以下几种：①根据测量目的进行样本量估计，如果测评目的是反映一般人群的健康状况，样本含量可适当大一些（比如每层 100 例以上），尤其是要制定生命质量常模的话，含量还可更大一些，这样得出来的结果较稳定；测评目的是用于临床上治疗方案选择、干预措施评价或预后分析，样本含量可小一些，以发现差异为宜；②根据一般多变量分析的经验和方法确定，即按 Kendall 准则，样本含量取分析变量数的 5～10 倍，此时分析的结局变量最好是综合得分，分析的因素要尽可能减少；③综合考虑全局来进行样本含量估计。

二、时间跨度的确定

生命质量的测定应该根据研究目的来确定测定的时间和次数。如果测评目的是反映一般人群的健康状况，只需一次横断面测定即可；如果测评目的是用于临床上治疗方案选择、干预措施评价或预后分析，需进行至少两次的纵向测定，两次间隔时间的长短与测定对象和干预措施有关，若测定的是慢性疾病病程较长，可以进行多次纵向测定，对于病情发生变化或者停止治疗的患者，应该继续考察他们的生命质量，而不是停止测定，当然生命质量的测量次数应该尽量减少，以避免出现过多的缺失数据；如果测评目的是评价预防性干预及保健措施的效果，则至少需要两次的纵向测定。

三、缺失数据的处理

生命质量测定中常常存在数据缺失的问题，如果缺失的原因与患者的生活质量没有关系属于随机缺失，如果缺失的原因与患者的生活质量有关系属于非随机缺失，实际研究中，我们很难确定缺失是随机的还是非随机的，除非我们有足够的证据说明缺失的原因。

1. 缺失数据分类 数据缺失可分为以下两类：患者由于种种原因没有接受测量，整个量表都缺失；患者没有填写量表中某些条目从而导致了数据缺失。整个量表都缺失的自然将其作为废表处理，不纳入分析，若存在此种情况需要报告整个量表的缺失率，因为这一定程度上反映了调查的质量控制。

2. 处理缺失数据的一般方法 若缺失值较多（一份量表中超过30%的条目没有回答）则作废表处理，删除缺失数据，只利用完全数据进行分析。若缺失数据较少，可以用中位数或众数来对缺失数据进行估计、填补。

学习思考

1. 生命质量测定的关键是什么？如何把握这一关键？
2. 生命质量测定的方法有哪几种？
3. 请简述生命质量测定的实施步骤。

（孟　琼）

第三章　生命质量量表研制方法

学习目标

通过本章的学习，了解量表的概念及分类、量表构成层次、量表体系研制方法，熟悉生命质量测定量表的研制途径和方法、西方量表中文版本的研制，掌握条目分析与筛选方法、反应尺度的定位方法。重点是量表研制过程及条目分析与筛选方法。

前面已经谈到，目前的生命质量测定主要是量表测定，因此量表成为测定的重要工具。制定生命质量测定量表也成为生命质量测评的重要一环。本章从分析量表的构成入手，全面介绍量表的制定方法及步骤。

第一节　量表的概念及分类

关于量表一词，使用上有些混乱，有的称为测定工具（instrument），有的称为问卷（questionnaire），有的称为调查表（survey table），……。笔者认为这些称谓范围均较广。生命质量测定所用的表格是经过精心设计、经过条目分析和反映尺度定位等一系列过程选择条目，并按一定格式编排形成的。其每个条目的选项均在一定的反映尺度上表述出来，因而可按事先确定的标准记分来量化处理。因此，还是称为测定量表（scale）为好。Scale 一词在英文中尚有“尺度”的意思，正好体现了量表的主要特点。

此外，有些人将仅测量生命质量某一部分的表格也称为量表。比如，测量躯体功能部分的称为躯体功能量表，测量共性部分的称为共性量表等。笔者认为，在不至于引起混淆的情况下也未尝不可，但为明确起见，还是将仅测部分内容者称为模块为好，如心理功能模块、特异性模块等。当然，共性模块比较特殊，本身就可以作为一个量表独立使用，称为共性量表是完全没有问题的。

目前，已经涌现出大量的生命质量测定量表。根据使用目的、对象、排列方式等可对量表进行不同的归类。

一、按照使用对象分

1. 普适性量表（generic scale）　用于一般人群生命质量测定。如 SF-36，WHOQOL-100。

2. 疾病特异性量表（disease-specific scale）　用于特定人群（患者及某些特殊人群）。主要有：

（1）癌症患者量表，如 FLIC，FACT-G，CARES，QLQ-C30 等。

（2）慢性病患者量表，如糖尿病患者量表（DCCT），高血压量表（QLICD-HY）等。

（3）吸毒者、残疾者、肥胖者等特殊人群量表，如我们开发的 QOL-DA、QLICD-DA 等。

3. 领域特异性量表（domain-specific scale）　侧重于测定生命质量的某一领域的量表。

如 RCSL 侧重于疾病症状和治疗副作用的评价，KPS 侧重于行为表现功能的评价。

二、按照应用目的分

1. 判别量表（discriminative scale） 主要用于判别的量表，即用于区分不同的受试者。如说明治疗组与非治疗组、男性与女性间生命质量有无不同等，往往重视个体的差别。

2. 评价量表（evaluative scale） 主要用于评价的量表，反映某个（或某些）时点的健康状况。可以是某个时点的横断面评价，反映当时的健康状况；也可以是纵向的多个时点的评价，说明健康状况在时间上变化。量表的主要目的是评价不同群体健康状况上的差异或者个体在群体中的相对位置，不是区别不同的个体，因而不同个体间的差异并不太重要，而敏感性则更重要。

3. 预测量表（predictive scale） 主要用于根据生命质量预测某些现象（如疾病复发，治疗反应）发生的量表。量表的使用价值主要取决于预测效度和校标效度。

4. 诊断量表（diagnosis scale） 用于诊断的量表，如诊断抑郁的自评量表 SDS 可以根据分值高低进行诊断。按照标准分，分界值为 53 分，分数低于 53 分，不抑郁；分数高于 53 分，视分数不同，诊断抑郁的严重程度。

目前的生命质量测定量表一般均具有前两个功能，而且常不加区别地都称为评价量表。至于预测作用还很少涉及。不过随着生命质量研究的深入，预测也将提上议事日程。量表的目的将是综合性的，尽管可有所侧重。

三、按照条目形式分

1. 线性评价量表（linear analog scale） 条目为线性者，如 LASA、QOL-LC 等。

2. 等级描述评价量表（ordinal rating scale） 条目为等级分类者，如 SF-36、WHOQOL、QLQ-C30 等。常见的是 Likert 等距等级的评价量表。

此外，还有瑟斯顿量表（Thurstone scale）、加特曼量表（Guttman scale）以及在 Osgood 等的语义心理学研究成果（Osgood，1957）的基础上提出的语义区分（semanticdifferential）量表。

四、按照评价者分

1. 自评量表（self-administered scale） 量表由被测者自己完成。

2. 他评量表（rater-administered scale） 量表由他人完成。可由评价者完成，也可由代理者（家属，朋友）完成。

随着生命质量概念的深化，自评量表将逐渐取代他评量表。

第二节 量表的构成元素及层次结构

根据测定的对象和目的不同，生命质量测定量表的构成略异，但一般均含下面的一些基本元素和层次。

一、条　目

条目（item）是量表的最基本构成元素，是不能再分割的最小构成单位。所有备选的有关条目的集合称为条目池（item pool）或条目库（item bank）。一个量表的好坏在很大程度上取决于条目的选择。

根据条目的性质和形式可分为不同的条目。

1. 按形式分　根据其形式主要有六种类型的条目：

（1）线性条目：回答在有一定刻度（如 0～10cm）的线段上划记选择，其选择项为整个线段。也可采取较为形象的像尺子一样的标尺在上面选择标记，常称为可视化量尺 VAS。如我们研制的肝癌量表 QOL-DA 就是采用线性条目。

（2）Likert 等距等级条目：回答在等距离的一些程度语词（选择项）间选择。如：很差，差，中等，好，很好。这由 Likert 于 1932 年所创立，故常称为 Likert 法，形式有 3 点法，5 点法和 7 点法，但以 5 点法最为常用。

（3）不等距等级条目：同上，但语词间不完全等距。

（4）两分类条目：回答仅在两项中选择，如是，否。

（5）Guttman 累积型条目：由 Guttman 于 20 世纪 40 年代提出并用于心理评价中（Guttman，1950），后来也用于生命质量评价。其一个条目反映的内容按难度或数量的连续体分成小项回答。如：您的健康影响了您的行动了吗：

是否

a 步行约 1500 米的路程

b 步行约 800 米的路程

c 步行约 100 米的路程

这种条目的回答存在明显的逻辑关系，而且可用于分析同质性。如在 c 上回答“是”的，则在 b，a 上也应回答“是”，否则其回答就有问题。

（6）描述性条目：每个条目的各种答案均作较详细的描述，以便被测者选择。如反映活动能力及范围的条目，回答选项可为：

0　整天卧床，不能走动

1　只能在室内做些轻微活动

2　能在住宅周围活动

3　可任意自由活动

那么，以哪种条目为好呢？这很难进行统一的评价，可以说各有所长。一般说来，线性者比较精确，较易分析，但文化程度低者不易理解；等级条目较易理解和回答，但在程度语词的设置及结果的分析上都有诸多不便，需采取一定的办法处理。两分类条目较简单，但包含的信息少。因此，很多量表常兼有多种条目，起到取长补短之效，如 MOS SF-36。但这样的量表在分析处理上较麻烦。为此，目前的一个发展趋势是整个量表只用一种条目形式，如 FLIC、WHOQOL、EORTC QLQ-C30、FACT-G 等均是如此。

总的说来，以前两种条目最常用，鉴于二者的优点难于互相取代，很可能长期并存。

2. 按语义分　根据条目的语义可分为下述四种条目，这在 WHO 的生命质量评价中广为采用：

（1）评价性（evaluation）条目：即反映某现象的主观评判的条目，其回答选项诸如：好、差；满意、较满意等。

（2）强度性（intensity）条目：反映某现象影响程度的条目，其回答选项诸如：重、极重；影响大、影响极大等。

（3）频度性（frequency）条目：反映某现象发生的频繁程度的条目，其回答选项诸如：很少、经常等。

（4）能力性（capacity）条目：反映能力的条目，回答选项诸如：能、完全能等。

3. 按性质分　按照条目的性质可分为：

（1）可知觉的客观性条目（perceived objective）：某些条目反映的是一种客观的状态或条件，如住房、经济收入等，但不是对这些状况的直接描述（如住房多少平方米），而是人这个主体对其主观的评判（如是否满意），这样的条目称为可知觉的客观性条目。在语义上多属于频度性和强度性条目。

（2）自我报告的主观性条目（self-reported subjective）：某些条目反映的直接是人这个主体对自身的心理感受，如焦虑、烦躁等，这样的条目称为自我报告的主观性条目，多由评价性条目组成。

二、侧面（facet）

侧面也可称为小方面，亚领域（sub-domain），是领域下面的一个层次，由若干反映同一特征的条目构成。如反映负性情感的一些条目（郁抑、焦虑、绝望等）构成负性情感侧面。

三、领域（domain）

领域，国内多称为方面，指生命质量中一个较大的功能部分，由若干相关的相对密切的侧面构成，如心理功能领域、社会功能领域等。

四、总量表（overall scale）

由若干领域构成的一个完整的量表。以往的分析，常在总量表的层次上进行，即计算量表总分，但现在趋于分析各领域得分，甚至分析侧面及条目得分。有的量表根本不计算和分析总分。

最后要说明的是，量表的构成与分析中经常会采用“维度（dimension）”一词，这是从数学或统计学引用过来的，指构成与分析的基本部分有多少，可以是领域层面（5 个领域就是 5 个维度）、也可以是侧面层面（10 个侧面就是 10 个维度），甚至可以到单一条目。

第三节　量表的研制方法

一、研制方法概况

生命质量量表的研制是一个复杂的系统工程，广义上讲，研制方法包括从测定概念的确立及操作化定义，条目的形成、条目的分析筛选（包括条目特性评价与条目选项定位分析等），直到量表的考评及修订等一系列过程中涉及的各种方法。狭义上指明确测定概念并形成条目的方法，也就是从测量学原理出发，提出条目形成条目池的方法。

1. 研制的策略途径 总的说来，量表研制主要有两种策略或途径，一是利用已有量表研制中文版本的量表。即根据已有的语言版本，按照一套严格的量表翻译程序形成新的所需语言版本（如中文版本）。其方法步骤主要包括翻译及回译（translation and back-translation）、文化调适（culture adaptation）和等价性考察。其中等价性考察一般从概念等价性（conceptual equivalence）、语义等价性（semantic equivalence）、技术等价性（technical equivalence）和标量等价性（scalar/metric equivalence）四个方面进行评价。由于历史的原因，已经出现了大量的英文量表，有些还非常著名，应用较广，因此利用西方量表来制定相应中国版本的量表不失为一捷径。目前国内应用中的大量量表就是采取这种方式开发的，如 SF-36 中文版，WHOQOL-100 中文版等。

另一个途径就是直接独立地开发量表，即根据量表开发的一套程序和方法，独立地研制自己国家或文化的量表。其方法步骤主要包括：明确研究对象及目的、设立研究工作组、测定概念的定义及分解、提出量表条目形成条目池、确定条目的形式及回答选项、指标分析及筛选、预调查及量表考评、修改完善。

2. 条目的形成方法 从理论上讲，主要有下面四种方法：

（1）推理法：由评价者确定欲测定的内容及理论依据，然后推论出能测评这些内容的条目。如测定心理功能，从专业上可推知“是否忧郁”应为其一个问题。该法重视理论根据，但条目出自编制者的个人经验和知识。

（2）实证法：根据某些外部依据（效标）来提出条目。如欲测定癌症患者的生命质量，能区别出癌症患者（效标组）与正常人（对照组）的一些特征陈述（如有无某症状等）即可选为条目。

（3）同质法：测量同一概念的条目应具有较高的相关（同质），因此对每一特质（如领域）一一考察，提出能够测出相同特质的具有较高相关的不同条目。各种特质的条目结合起来就形成整个量表的条目池。

三种方法各有千秋，推理法看重内容效度，实证法强调准则效度，同质法则具有较好的结构效度。因此常常多种方法结合使用，这就是下述的综合法。

（4）综合法：通常用推理法提出大批条目，用实证法和同质法进行筛选归类。

此外，从具体的实施过程来说，可以采取文献法、头脑风暴法、访谈法、专家咨询法、核心小组讨论等多种方法来提出和精简条目。最好采用结构化的决策方法（programmed decision）来制定量表，即通过议题小组（nominal group）和核心小组（focus group）的交互工作方式及多种方法并用来完成。

3. 条目分析与筛选方法 就是从不同方面来说明条目的好坏，从而为选择条目提供依据，广义上讲，包括条目特性评价与条目选项定位分析等。经典测量理论主要是分析难度、区分度、猜测度等参数以及得分分布、选项分布（包括地板效应、天花板效应）等特征。现代测量理论中的项目反应理论 IRT 则可以借助模型同时刻画各特征。详见后面各节。

4. 量表的测量学特性评价方法 详见第四章。

二、研 制 步 骤

这里介绍直接独立地开发量表的步骤，利用西方量表研制中文版见第六节。

1. 明确研究对象及目的　确定所测的人群，从而决定制定普适性量表还是针对某一特殊人群（如老年人，肺癌患者等）的量表以及量表今后的应用是侧重于判别还是评价等。

2. 设立研究工作组　在医学领域，一般是测定某些疾病患者（如癌症患者）及一些特殊人群（如老年人）的生命质量，因此需由医学专家、医生、护士、患者以及其他正常人等各种层次人员组成议题小组（nominal group）和核心工作组（focus group）负责量表的制定与考核。其中，议题小组的成员应广泛一些，主要负责条目的提出，核心小组则专业化和精干化一些，负责具体的研究工作。

3. 测定概念的定义及分解　由核心小组完成，给出所测 QOL 概念的可操作化定义及构成，形成理论框架。如所测 QOL 指什么，包含哪些领域（domains）和侧面（facets）。

4. 提出量表条目形成条目池　由核心小组将第 3 点的内容向议题小组详细介绍和说明（召集会议），然后由议题小组成员分别独立地写出各领域（domains）和侧面（facets）下有关的条目（可采用头脑风暴法等）。然后由议题小组成员分别独立地根据专业知识，个人经验等写出与上述概念有关的条目。将各人提出的条目收回并进行整理分析，对含义相同但表达不同者进行统一描述形成一个条目，所有不同的条目即构成条目池。

5. 访谈精简条目并形成初步量表　对条目池的各条目进行专家分析和核心小组讨论（定性分析）精简后，进一步访谈医护人员和患者，通过修改并确定条目形式及回答选项后形成初步量表。其中，条目形式多半采用线性和等级方式。对于前者，只要给出一定长度（通常 0～10cm）的线段，并定出两个端点的选项即可；对于等级形式，通常采用 5 级 Likert 等级方式，如很差、差、中等、好、很好，各回答选项通过文献得到，必要时通过反应尺度（response scale）分析（WHO，1993）来确定（详见下节）。

6. 预调查及条目筛选　初步量表制成两份问卷分别对专家/医务人员和患者进行预调查（pilot test）。其中专家/医务人员（采用 Delphi 法和和小组讨论）主要调查条目的重要性、合理性及遗漏等，患者除评价条目的重要性、是否理解外还要回答具体选项。一般每个量表调查 15～50 例（如欧洲 EORTC QLQ 量表系列明确规定调查 15 例），据此对条目进行筛选。除了用传统的筛选方法（如专家/患者重要性评分法、变异系数法、相关系数法、聚类分析法和主成分分析法等）外，例数多的量表还可借助 IRT 对条目的深入刻画（条目特征函数和参数估计）和各种信息函数来进行分析及筛选，选择的模型主要是 Samejima 的等级反应模型（graded response model）和 Masters 的分部评分模型（partial credit model）。

7. 量表现场测试与评价　初步量表进行预调查后，根据数据的分析和条目筛选形成正式量表（测试版），在更大范围内进行测定（一般每个量表至少 100 例，至少治疗前后 2 次纵向测定），并对量表的信度、效度、反应度等特性进行评价，具体方法见第四章。

8. 修改完善及其进一步评价　在上述基础上，通过对测定数据的分析来确认或者修改完善形成正式的测定量表。如有必要，此过程尚可以进行个别条目的精简（删除不太好的条目）。如果条目有改动，还需要进一步测定及评价测量学特性。只有到达测量学特性要求的量表才能正式确立和应用。

视窗 3-1

量表研制方法

1. 量表研制有两种策略或途径，一是利用已有量表研制中文版本的量表，二是直接独立地开发量表。

2. 研制方法包括从测定概念的确立及操作化定义，条目的形成、条目的分析筛选（包括条目特性评价与条目选项定位分析等），直到量表的考评及修订等一系列过程中涉及的各种方法。

第四节　反应尺度的定位方法

对反应尺度进行定位，即反应尺度分析，其目的就是对可作回答选项的各种程度副词进行定位。具体说来就是先对同一种类型的条目提出 10～15 个可能的回答，如反映频度的可有：总是，经常，很少，偶尔，几乎不，从来不，等；然后请被试者分别在一段确定了两端点的线段上（0～10cm）一一标上这些词，再对这些词的位置进行分析（正态分布用算术均数来确定其位置，偏态分布则用中位数），从而选出有关的词。比如按 5 点法，因为两个端点的词已固定，只需再选取三个词即可，这可分别取位置大约定在 2.5cm，5.0cm，7.5cm 处的三个词。当然，习惯上是将各词的位置按百分制来记分（0～100 分），则取平均分大约为 25、50 和 75 的三个词即可。

下面通过一个具体的例子来说明。

在我们所做的 WHO 中国版的生命质量量表制定过程中，我们对一些词进行了定位分析。下面是定位分析涉及的调查表的一个基本样式（反映能力的条目）：

［**指导语**］　表中每个条目下有一条规定了两个端点 0，10（代表两个极端值）的线段。同时给出了多个可能的程度词，请您逐个将这些词与端点的词相比较，从而一一估计出该词在线段上的相对位置，并在其后所对应的线段上画“×”表示出来。

您能获得良好的医疗保健吗?

根本不能　|__|__|__|__|__|__|__|__|__|__|

0　1　2　3　4　5　6　7　8　9　10

（下面相对于根本不能和完全能标出其余各词的位置）

完全能不能　|__|__|__|__|__|__|__|__|__|__|

0　1　2　3　4　5　6　7　8　9　10

有点能　|__|__|__|__|__|__|__|__|__|__|

0　1　2　3　4　5　6　7　8　9　10

一定程度能　|__|__|__|__|__|__|__|__|__|__|

0　1　2　3　4　5　6　7　8　9　10

不完全能　|__|__|__|__|__|__|__|__|__|__|

0　1　2　3　4　5　6　7　8　9　10

几乎不能　|__|__|__|__|__|__|__|__|__|__|

0　1　2　3　4　5　6　7　8　9　10

能（中等）

0　1　2　3　4　5　6　7　8　9　10

略能

0　1　2　3　4　5　6　7　8　9　10

稍能

0　1　2　3　4　5　6　7　8　9　10

基本上能

0　1　2　3　4　5　6　7　8　9　10

很能

0　1　2　3　4　5　6　7　8　9　10

非常能

0　1　2　3　4　5　6　7　8　9　10

较能

0　1　2　3　4　5　6　7　8　9　10

很大程度能

0　1　2　3　4　5　6　7　8　9　10

通过调查一定的人群（如 100 例），即可计算各词的平均分，从而选中所需的词。我们经调查得到如下结果（表 3-1）。

表 3-1　反映能力的一些程度词的描述统计量值

程度词	均数	标准差	中位数
不能	2.3	11.2	1.6
一定程度能	7.6	4.4	8.7
不完全能	10.5	5.1	11.1
有点能	24.6	11.3	22.7
几乎不能	4.6	6.8	3.9
能（中等）	51.5	9.3	46.7
略能	15.8	10.6	16.4
稍能	10.3	7.9	18.1
基本上能	30.7	15.8	33.6
很能	77.4	20.9	78.6
非常能	96.7	32.8	89.9
较能	84.8	27.3	80.1
很大程度能	80.5	19.1	80.9

从表 3-1 知，大部分程度词的得分分布可视为正态分布，因此直接用均值来代表其位置。三个词“有点能”、“能（中等）”和“很能”的得分均数分别很接近 25，50 和 75，于是取此三词，加上两个端点的“根本不能”和“完全能”构成了五个定位词。

其余条目的定位词如法炮制。

这样做的目的是使得每个选项间等距离，从而方便对条目的量分（比如可分别取为 1，

2，…，5分）及统计分析。

需要说明的是，有的量表在事先设计时未作定位分析，各条目按习惯上的排列给出几个选项词，这时各选项间不一定等距。分析时，严格说来应再作各词的定位试验及分析，以便对各选项的得分进行调整（加权得分）。当然，如果各选项词是来自于已经公认的量表中，可以不做反应尺度定位分析。

第五节　条目分析及筛选方法

一、条目分析

对已提出的条目池中的各条目进行考察及必要的预试验，并根据其反应结果的统计分析来进行条目的选择和改良，这一系列的手续称为条目分析。简单地说，就是从不同方面来说明条目的好坏，从而为选择条目提供依据，它包括考察条目的难度、反应分析、辨别力、代表性和独立性等。项目分析包括质分析（内容、形式）与量分析（各参数的量化）。一般说来，质分析主要用于条目初筛，量分析用于初步量表和测试版量表的条目再筛选。

广义上讲，条目分析包括条目特性（难度、区分度、猜测度等参数）评价、条目选项定位分析以及得分分布、选项分布（地板效应、天花板效应）等特征。

1. 难度分析　难度就是指测验项目的难易程度。能力测验指项目的难易水平，非能力测验指“通俗性”或者“流行性”水平（popularity level）。

难度分析是对项目的难度进行估计以确定适宜的难度。难度分析可用条目的通过率来反映。如某个条目很多人都未回答，则说明条目不适宜或太难，难以理解。

当项目以1、0计分时，难度等于通过率：

$$P=\frac{R}{N}\times 100\% \tag{3-1}$$

例如在200个学生中，答对某题的人数为120人，则该项目的难度为：

$$P=\frac{R}{N}\times 100\%=\frac{120}{200}\times 100\%=60\%$$

当项目以多值计分时，难度等于平均分与满分之比：

$$P=\frac{\bar{X}}{X_{\max}} \tag{3-2}$$

例如，设某一问答题满分是20分，全体考生在该题上所得的平均分为10分，则该题的难度为：P=10/20=0.50。

2. 区分度分析　项目区分度（item discrimination）是指测验项目对于所测量的心理属性的鉴别能力和区分程度，也称鉴别力。通常采用鉴别指数法和相关法来分析评价区分度。

（1）鉴别指数法。比较测验总分高和总分低的两组被试在项目通过率上的差别。

例如：某高中物理测验，高分组在第5题上的通过率为0.75，低分组的通过率为0.35，则该项目的鉴别指数为：D=0.75−0.35=0.40。

（2）相关法。以项目分数与效标分数或测验总分的相关作为项目区分度的指标。

3. 选择响应分析　就是考察被测者对各条目如何进行回答，这主要是考察选择项的有效性，一般通过选项的频数分布或者条目得分的各种描述统计量来分析。回答集中于特定的选择项或者对某个选择项完全没有回答都是不适宜的，包括地板效应、天花板效应等。

其余的一些分析方法参见相关章节。尤其是现代测量理论中的项目反应理论 IRT 就是专门分析刻画条目的。

这里不加解释地给出我们一个条目分析的例子（表 3-2），具体的分析评价留给读者完成。这是我们慢性病生命质量量表体系共性模块 QLICD-GM 用于 6 种疾病 420 例老年患者时候的分析情况。

表 3-2　QLICD-GM 各条目得分情况分析（n=420）

条目（编码）	得分分布			选项分布（取各值的频数）					删除该项后该领域 α 系数	校正条目领域相关	多重相关性的平方	区分度*
	均数	标准差	中位数	1	2	3	4	5				
GPH1	2.84	0.93	3	21	142	154	88	15	0.78	0.46	0.34	0.40
GPH2	2.63	0.90	3	32	170	150	58	10	0.79	0.36	0.28	0.32
GPH3	3.34	1.03	3	22	28	235	56	79	0.80	0.28	0.09	0.31
GPH4	2.95	0.89	3	26	80	218	79	17	0.79	0.36	0.19	0.34
GPH5	3.15	1.11	3	35	85	125	134	41	0.79	0.33	0.20	0.46
GPH6	3.38	1.30	3	35	77	123	64	121	0.74	0.71	0.71	0.61
GPH7	2.74	1.38	2	93	119	86	50	72	0.74	0.71	0.65	0.63
GPH8	3.35	1.37	3	50	69	110	67	124	0.74	0.70	0.72	0.63
GPH9	2.69	1.05	3	51	148	117	89	15	0.79	0.39	0.22	0.49
GPS1	3.16	1.05	3	20	86	179	78	57	0.85	0.44	0.34	0.67
GPS2	3.13	1.09	3	32	84	145	114	45	0.85	0.37	0.24	0.41
GPS3	3.32	0.88	3	16	41	183	154	26	0.86	0.21	0.13	0.27
GPS4	3.26	1.04	3	20	90	110	162	38	0.84	0.53	0.35	0.51
GPS5	3.55	1.14	4	18	71	85	152	94	0.84	0.56	0.38	0.53
GPS6	3.09	1.15	3	41	98	99	145	37	0.84	0.57	0.38	0.54
GPS7	3.46	1.04	4	10	79	101	166	64	0.82	0.73	0.63	0.65
GPS8	3.57	1.07	4	9	67	116	133	95	0.82	0.72	0.64	0.70
GPS9	3.46	1.10	4	16	75	105	148	76	0.82	0.71	0.56	0.65
GPS10	3.41	0.98	3	10	58	165	124	63	0.85	0.42	0.36	0.62
GPS11	3.57	1.05	4	14	55	110	160	81	0.83	0.61	0.47	0.55
GSO1	3.22	1.19	3	39	66	154	85	76	0.73	0.51	0.34	0.63
GSO2	4.27	0.72	4	0	2	61	177	180	0.74	0.50	0.49	0.38
GSO3	4.04	0.76	4	0	3	102	189	126	0.73	0.50	0.54	0.37
GSO4	4.16	0.93	4	4	18	75	131	192	0.71	0.63	0.52	0.53
GSO5	3.85	0.93	4	5	28	102	173	112	0.70	0.65	0.59	0.51
GSO6	3.35	1.14	4	30	74	99	155	62	0.78	0.23	0.15	0.44
GSO7	3.26	1.15	3	25	84	146	87	78	0.78	0.26	0.20	0.50
GSO8	3.64	1.06	4	12	40	146	113	109	0.72	0.56	0.42	0.56

* 各条目与共性模块量表总分的相关系数

二、条目筛选方法

生命质量测定量表制定中的一个关键问题就是条目（指标）筛选。已经有一些文献对此进行了介绍（万崇华等，1995；郝元涛等，2004）。本文对可用于生命质量测定量表制定中的一些指标筛选方法进行概括介绍。

条目筛选应遵循重要性大、敏感性高、独立性强、代表性好、适宜性好的原则，并兼顾可操作性及可接受性。下面介绍的一些条目筛选方法，分别从不同的角度和目的来进行筛选。除方法 1 和方法 2 外，其他方法均需按备选条目进行预调查或测试版的现场调查，得到各条目的一批实测值，从而进行分析。预调查的样本含量最好在 15 例以上，测试版的现场调查最好在 100 例以上。

此外，需要说明的是，条目筛选的方法较多，我们只是介绍一些常用的筛选方法，包括主观和客观两大方面。各种方法各有其优缺点，在实际运用中，可以根据研究内容、目的、资料收集情况选择适合的方法，可以选择其中的一种，也可以把几种方法结合起来进行分析，这些方法可以同时分别进行，也可以纵向先后进行，根据研究的具体情况来确定。

1. 被试及其相关者主观评价法 这是从指标的重要性或/和适宜性角度筛选指标。方法是由被试及其相关者（疾病量表研制包括医护人员和患者）独立地对所提出的各个备选指标根据自己认为的对健康或健康的某个方面的重要程度和适宜程度来进行评价，可以按百分制进行打分，也可以按等级进行评价（如：非常重要、重要、一般、不重要、非常不重要），项目少时也可进行排序。从而可根据各指标的重要性得分（平均分）来挑选指标，舍去得分较低的指标。适宜性的评价根据情况决定是否需要，其方法与重要性评价类同，不再单独说明。

平均分的计算与重要性得分的分布有关，若为正态分布用算术均数，否则用中位数。在求算术均数时为了避免极端值的影响，也可先弃掉一个最大值和最小值后再求平均。此外，医生的重要性评价与患者的往往不相同，应分别进行并兼顾两者的评价来挑选指标。

一般说来，对条目进行主观评价后，最好对被调查者进行一个访谈，以便更清楚地知道其对每个条目的看法，便于筛选。而且，鉴于生命质量定义为被试者的体验和感觉，因此来自被试者的评价非常重要。

2. 专家咨询法 该法主要通过相关领域的专家咨询评价来完成（主要针对指标的重要性或/和适宜性以及修改补充意见建议等），可以是分别独立的一次或多次咨询评价，也可以是同一批专家的多轮咨询评价。后者常采用美国 Rand 公司提出的德尔斐（Delphi）预测法。即先选择出一些得分较高或位次排前的指标（一轮筛选），将选出的指标反馈给评价者再进行第二轮筛选……，这样逐步进行下去即可得到较公认的重要指标。

3. 离散趋势法 这是从指标的敏感性角度挑选指标。指标的离散趋势小，用于评价时区别能力就差，因此应选离散趋势较大的条目纳入量表。至于用什么来反映离散趋势，与各条目测得值的分布及特性有关。一般说来以用变异系数较好，可消除各条目量纲不同及均值相差大的影响。但在生命质量测定中，对各条目的回答一般采用有序等级分类打钩选择及线性模拟划记打分法（前者得到的是等级资料，后者得到的是计量资料）。不论何法最后得到的均是计分值，各条目量纲相同，均值相差也不会太大，很多情况下可直接用标准差来反映离散趋势。

4. 相关系数法 这是从指标的代表性与独立性角度挑选指标。具体实施时，可以采用两种方法：

（1）两两相关法：方法是计算任两个条目间的相关系数并作显著性检验，以相关显著个数较多和较少的条目作为被选条目。因为前者有代表性，可提供较多的信息；后者有独立性，为其他指标所不能代替。

（2）条目-领域相关法：计算各个条目与其领域得分的相关系数（如果量表没有分领域或结构较单一，也可以用量表总分代替领域分）。该方法同样从两个角度对条目进行筛选，代表性表现为条目得分与本领域得分的相关系数的绝对值较大，且有统计学意义；独立性表现为条目得分与其他方面得分的相关系数无统计学意义或绝对值较小。

至于采用什么相关系数视资料特性定。若各条目呈正态分布或经变换能变成正态分布，则用 Pearson 的积矩相关系数（r），否则可用 Spearman 或 Kendal 的等级相关系数。对于各条目采用有序分类回答的量表，任两个条目间的结果可列为双向有序列联表，因此其相关检验也可用列联表卡方检验，相关程度的度量也可用 Kendall 的 τ_b 或 τ_c 系数以及 Goodman 和 Kruskal 提出的 γ 系数，计算公式分别为：

$$\tau_b = \frac{P-Q}{\sqrt{(P+Q+T_X)(P+Q+T_Y)}} \tag{3-3}$$

$$\tau_C = \frac{2m(P-Q)}{N^2(m-1)} \tag{3-4}$$

$$\gamma = \frac{P-Q}{P+Q} \tag{3-5}$$

P 为和谐对（concordant）数目，Q 为非和谐对（discordant）数目，T_x 和 T_y 分别表示束缚于 X 变量（行变量）和 Y 变量（列变量）上的对子数，m 是行、列数中的较小者。

方法（1）和方法（2）各有优缺点，前者较全面，信息量大；后者较简便。量表研制中多采用方法（2），但也可以同时给出方法（1）的结果作为补充。

5. 主成分分析与因子分析法　这是从指标的代表性角度筛选指标。严格说来，主成分分析与因子分析是两种不同的统计方法，但二者联系很紧密，且用于条目筛选时类似。

主成分分析是用较少独立性的综合指标来代替原来较多的相关指标，是进行信息提取与综合的一种有效方法，它从指标的代表性角度筛选指标，先计算指标的主成分，然后选择主成分的个数。统计学上主要根据累积贡献率的大小来确定，一般累积贡献率大于 80% 为好，或者直接选取特征值大于 1 所对应的主成分，挑选因子负荷绝对值较大的指标入选，使它们尽可能多地保留原始变量的信息，并且彼此之间不相关。主成分分析主要用于综合评价，除了解决变量间共线性和减少分析变量外，其更主要的优点是为综合指标提供了可供参考的变量权重。当用于量表研制的条目筛选时，从各条目得分的相关矩阵出发进行主成分分析，常常根据量表的设想结构及贡献率的大小确定所需的主成分数，然后根据各主成分与各条目得分的系数大小分别考虑每个主成分主要由哪些条目决定，选择系数较大的条目。比如根据设想，生命质量量表应包括四个主要方面（身体机能、精神心理、社会关系、症状及毒副作用），则可考虑取四个主成分。

若作因子分析则根据因子载荷的大小来挑选指标，常利用主成分的方法来提取公因子，根据构建量表时的理论结构确定因子个数，选取在相应的公因子上载荷较大的条目。若各因子载荷相差不大尚可进行载荷阵的旋转从而拉大其距离，常常采用最大方差旋转（雅可比旋转）。

6. 聚类分析法 这是从指标的代表性角度筛选指标。聚类分析是研究“物以类聚”的一种方法，在国内有人将它称之为群分析、点群分析、簇分析等。聚类分析的目的就是把相似的东西分成类，其实质上就是寻找一种能够客观的反映元素间亲疏关系的统计量，然后根据这种统计量把元素分为若干类。聚类分析有两种类型，一是对样品聚类（称为 Q 型聚类），一是对变量聚类（称为 R 型聚类）。从变量聚类方面来说，这即是从代表性的角度进行指标筛选，在指标体系构建中运用比较广泛。其基本思想是首先采用聚类法将指标聚为一定数目的类别，然后选择每一类中具有代表性的指标作为入选指标，选择每类中的相关系数平方的均数较大而类间的相关系数较小的代表性指标。

当用于量表研制的条目筛选时，先采用一种聚类方法（一般用系统聚类法或 K-Means 法）对各条目得分进行聚类分析（R 型聚类分析），把条目聚为一定数目的类别（根据构建量表时的理论结构确定类别数），然后选择每一类中的代表条目作为入选条目。代表条目的选择原则是：（1）以每类中相关系数平方的均数较大者作为代表条目；（2）以类内平均相关系数较大而类间平均相关系数较小的条目为代表。

7. 多元逐步回归分析法 回归是研究变量与变量间关系的一种手段，通过回归方程表达变量与变量在数量上的共变关系。而建立指标体系的目的是用这些指标单个地和综合地解释和预测所研究事物所对应的现象，多元回归法是解决这个问题的一个重要思路和方法。多元回归法对解决指标间信息重叠问题的特殊意义在于它可独立地解析出各个指标对事物的影响力和作用，在各个指标相互控制的条件下，观察它们各自相对独立的效果。

在量表研制中，多元逐步回归分析法就是根据每个条目相对贡献或者解释效力的大小来进行条目的筛选。通过预调查或测试版的现场调查得到一批人的生命质量数据，将每个条目的回答结果按一定的评分规则求得总的生命质量得分，并将其作为因变量 Y，然后用 Y 与各条目得分（X_1，X_2，…，X_n）进行多元逐步回归分析筛选出对 Y 影响较大的条目。取不同的检验水准 α 即可得到不同数目的重要指标，以供进一步选择。该法也可按设想的生命质量构造，以每个方面的得分为因变量 Y，并分别以其相应的指标进行逐步回归分析，选出对每一个方面影响较大的指标。此外，有的量表还要求被调查者对其总的生命质量进行一个总的评分（常称为全局性单一条目评价），此时也可用该总评分为 Y 进行逐步回归分析，但调查时应对被调查者讲清生命质量的涵义，否则其评分很难代表其生命质量。此法需注意条目之间的相关（多重共线性）对结果的影响。

8. 判别分析法 这是从条目区分的角度进行筛选。生命质量测定的目的之一就是要评价不同的疗法或措施的效果，因此不同的人群（如患者与对照组正常人）其生命质量应有不同，好的量表应具有这种区分能力。基于此，在预调查中可设计包括不同的人群（不失一般性，假定有患者和正常人两类），用判别分析即可筛选出对于判别这两类人贡献较大的指标。由这些指标构成的量表就具有较好的区别能力。若难以判断不同人群的生命质量是否不同，也可通过聚类分析（Q 型聚类分析）将被调查者聚为不同的类别后再作判别分析。

也可以对各条目分别进行单指标的统计分析比较不同类别的得分（如各条目得分进行 t 检验或方差分析等），以有统计学意义且差距较大的条目入选。

9. 克朗巴赫系数法 从内部一致性的角度对条目进行筛选。计算某一领域的克朗巴赫系数（Cronbachα），比较保留与去除其中某一条目后 Cronbachα 系数的变化。如果某条目去掉后，α 系数有较大上升，则说明该条目的存在有降低该方面的内部一致性的作用，应该去掉，反之则保留。Cronbachα 系数的计算见第四章。

三、几点讨论

（1）本节介绍了生命质量量表制定中9种条目筛选方法。各种方法从不同的角度来筛选，各具优缺点。方法1和2基于评价者的主观判断，可以进行简单的调查或访谈得到。其他方法基于实测结果，需进行预调查或较大规模的现场测试。显然，方法1和2较易进行，但其筛选方法仅基于评价者的重要性评价，易受评价者对生命质量涵义理解不全或理解歧义的影响。相比而言，其他方法基于实际调查资料的分析，较具客观性。因此，一般可先用方法 1、2 对较多的条目进行初筛（适当放宽标准），再用初筛出的条目进行预调查或较大规模的现场测试，并用其他筛选方法来进行筛选。

（2）总的说来，方法4、5、6侧重于数据的相关结构，是从独立性与代表性角度来筛选条目。正因为条目间有相关，主成分分分析与因子分析、聚类分析才得以进行。相关分析适应性较广但未考虑到多指标间的相互影响及量表的结构。这一点主成分分分析得以很好克服。聚类分析理论上尚不太成熟，且用不同的聚类方法得到的结果不同，很难说明谁更好。一般可同时试用几种聚类方法，对聚出的结果进行综合考虑。

方法3，7，8侧重于数据的变异结构，是从指标的敏感性与重要性角度来筛选。变异度大的指标才可能在逐步回归与逐步判别分析中被选入，这一点三种方法是一致的。同样，变异系数法未考虑到多指标间的交互影响，而后两种方法考虑了这点。此外，变异系数大小的判定带有一定的主观性，而逐步回归和逐步判别分析都是基于假设检验的客观判断。至于逐步回归与逐步判别的区别许多统计书上都有阐述，这里不再赘述。

总之，各种方法间既有区别又有联系，其选出的指标不完全相同。可结合多种方法，选择多种方法（比如3种以上）均选出的指标。对于各法选出的不同的指标，再结合其他一些特性，如可操作性，量表的信度、效度考核等来决定取舍。

视窗 3-2

条目分析与筛选方法

1. 条目分析 包括条目特性（难度、区分度、猜测度等参数）评价、条目选项定位分析以及得分分布、选项分布（地板效应、天花板效应）等特征。

2. 条目筛选 应遵循重要性大、敏感性高、独立性强、代表性好、适宜性好的原则，并兼顾可操作性及可接受性。

3. 条目筛选方法 主要有被试及其相关者主观评价法、专家咨询法、离散趋势法、相关系数法、主成分分析与因子分析法、聚类分析法、多元逐步回归分析法、判别分析法、克朗巴赫系数法等。各法各有其优缺点，可结合使用。

四、条目筛选实例

作为例子，这里给出我们癌症患者生命质量量表体系共性模块 QLICP-GM（V1.0）条目筛选的一些主要过程和结果，详细的可参考相关文献（万崇华等，2007）。

（1）采用议题小组会议形式对条目池中78个条目进行逐个条目征求意见和认真讨论，删除了一些意义相对不太重要的条目，修改了难以理解或表述不恰当的条目，形成含56个条目的问卷。并要求议题小组的成员分别独立地根据专业知识、个人经验等对这 56 条目进行条目重要性选择和按百分制进行打分。然后，采用含 56 个条目的问卷对不同癌症患者、医生、护士等共 40 人，进行问卷调查与访谈，以了解量表条目语气是否委婉、表述有无歧义或是否容易理解、有无补充的新条目等，同时也要求他们给每个条目进行重要性评分。将有重要性评分的问卷回收，最终得到问卷 50 份，删去重要性得分<65 分的条目，并对有些条目进行语气、表述方面的修改后，得到包含 40 个条目的共性模块初步量表。

（2）采用步量表抽取 448 例恶性肿瘤患者进行测试，调查者以医生的身份出现，作简单的解释和说明后将上述形成的初步量表发给患者填写，等待其完成后收回并检查有无漏项。采用以下四种条目筛选方法进行筛选：

1）变异度法：计算各条目标准差 *SD*（各条目量纲相同，直接用标准差反映变异度）并删除小于 1 者。

2）相关系数法：计算各条目与其领域得分的相关系数 *r*，删除相关系数低于 0.5 的条目。

3）因子分析法：进行因子分析，提取特征根大于 1 的因子，并作方差最大旋转，删除在各因子上载荷系数（factor loading，FL）均较小（即最大的因子载荷系数小于 0.5）的条目以及在 2 个或 2 个以上因子上载荷系数相近无特异性的条目。

4）系统聚类分析法：采用系统聚类法把条目聚为 4 个类别，删除每类中相关系数平方的平均值（Mean r^2）最小的 2 个条目。

（3）根据以上 4 种条目筛选方法，至少 3 种方法选出者为必选条目，40 个共性条目用 4 种方法筛选得到了 31 个共性条目，最后删除的条目依次是条目 9、10、11、12、19、24、33、38、40，见表 3-3。

表 3-3　癌症患者生命质量测定量表体系共性模块 QLICP-GM（V1.0）各条目筛选结果

编号	条目简述	变异度法（SD）		相关系数法（r）		因子分析法（FL）		聚类分析法 Mean r^2		最终入选
1	食欲情况	1.09	*	0.655	*	0.711	*	0.148	*	*
2	睡眠情况	1.12	*	0.632	*	0.647	*	0.112	*	*
3	料理日常生活的能力	1.25	*	0.747	*	0.778	*	0.188	*	*
4	注意力集中情况	1.16	*	0.733	*	0.793	*	0.203	*	*
5	疾病对娱乐活动的影响	1.24	*	0.687	*	0.759	*	0.188	*	*
6	疲乏情况	1.10	*	0.192		0.562	*	0.034	*	*
7	独立行走情况	1.21	*	0.686	*	0.680	*	0.142	*	*
8	记忆力和判断能力情况	1.16	*	0.318		0.546	*	0.030	*	*
9	精力充沛情况	1.07	*	0.461		0.517	*	0.094		
10	体重下降情况	1.08	*	0.435		0.799	*	0.087		
11	卧床休息情况	0.94		0.538	*	0.538	*	0.028		
12	对未来的期望	1.19	*	0.468		0.483		0.084		
13	忧虑或者压抑情绪	1.14	*	0.637	*	0.569	*	0.036	*	*
14	对疾病的恐惧	1.09	*	0.646	*	0.597	*	0.042	*	*
15	疾病导致的精神痛苦	1.17	*	0.713	*	0.692	*	0.082	*	*
16	烦躁情绪	1.09	*	0.623	*	0.684	*	0.069	*	*

续表

编号	条目简述	变异度法（SD）		相关系数法（r）		因子分析法（FL）		聚类分析法 Mean r^2		最终入选
17	不良情绪对生活的干扰	1.13	*	0.706	*	0.753	*	0.081	*	*
18	自卑和孤独感	1.16		0.716	*	0.732	*	0.083	*	*
19	对医生治疗的满意程度	1.24	*	0.288		0.704	*	0.029		
20	战胜疾病的信心	1.19	*	0.409		0.524	*	0.087	*	*
21	担心成为家庭负担	1.07	*	0.581	*	0.657	*	0.064	*	*
22	担心健康状况变糟	1.24	*	0.700	*	0.718	*	0.077	*	*
23	家庭的关心和支持情况	0.91		0.558	*	0.806	*	0.070	*	*
24	家人能正视患病情况	0.95		0.526	*	0.769	*	0.022		
25	做家务的情况	1.23	*	0.573	*	0.451		0.131	*	*
26	承担家庭角色的能力	1.19	*	0.621	*	0.433		0.117	*	*
27	医疗保障的获得情况	1.17	*	0.508	*	0.492		0.045	*	*
28	亲戚朋友的关心和帮助	1.09		0.531	*	0.676	*	0.039	*	*
29	参加社会活动情况	1.29	*	0.514	*	0.419		0.056	*	*
30	对性生活的影响	1.23	*	0.432		0.578	*	0.115	*	*
31	疾病对家庭经济的影响	1.31	*	0.459		0.740	*	0.090	*	*
32	疾病对工作地位的影响	1.26	*	0.509	*	0.559	*	0.067	*	*
33	他人异样态度的影响	0.98		0.412	*	0.603		0.067	*	
34	恶心呕吐	1.14		0.655	*	0.782	*	0.093	*	*
35	脱发	1.25	*	0.694	*	0.792	*	0.099	*	*
36	疼痛	1.10	*	0.632	*	0.311		0.085	*	*
37	体重变化情况	1.13	*	0.636	*	0.729	*	0.085		*
38	体形变化情况	0.96		0.690	*	0.419		0.108	*	
39	口腔溃疡	0.90		0.517	*	0.550		0.056		*
40	头昏、头晕	0.95		0.579	*	0.503		0.026		

* 入选

第六节　西方量表中文版本的研制

由于历史的原因，已经出现了大量的西文（主要是英文）量表，而且有些还非常著名，应用较广。因此利用西方量表来制定中国版本量表不失为一捷径。但由于文化差异，不能直接翻译过来就使用，而必须进行适当的处理和修订（Francis et al，1993），必须严格按照不同语言版本量表的研制程序进行。

用西方量表来制定中国版的量表，其方法步骤基本与前面相同，这里仅讨论几点不同之处。

一、翻译及回译（translation and back-translation）

一旦确定了一个量表在西方行之有效，而且其目的和对象与中国的研究类似，则有必要研制其中文版本，首当其冲的就是翻译和回译。量表的翻译是一个很重要的问题(Guyatt，1993)，原则上应形成一个翻译小组来负责翻译及回译工作。小组中有熟练掌握中西两种语言的中国人和西方人。

如果研究的主要目的是比较中西方同类人群的生命质量，应使量表译本与原本之间尽量一致，这可通过翻译及回译来实现。步骤是：翻译组将量表翻译成中文，然后让回译组（未看过原版量表）将中文翻译为西文。研究者与原版进行比较，找出差距较大的地方，然后对中译本进行适当修改，再进行回译并与原本比较，如此反复直到回译本尽可能接近原本。

二、文化调适（culture adaptation）

如果研究目的是制定能在中国使用的生命质量测定量表，那么翻译时就应尽量按中文的习惯用法，对某些条目也要进行适当的修订使之适合中国文化的特殊性，这称为文化调适（Francis et al，1993）。该过程通常采用小范围（15 例）的访谈和/或预调查来完成。

比如，中国人对于性生活的一些条目不像西方人那样看重，而且还常不愿回答，这就必须进行修改（如委婉的问法），甚至去除。又比如宗教信仰也存在同样的问题。完全不受文化制约的量表是不存在的。正因如此，文化调适后的量表必须进行新的信、效度评价才能使用，有的还要进行多次修订。

三、量 表 考 察

中文版的量表除进行一般的信度、效度和反应度等的考察外，还要进行等价性（equivalence）的考察。关于等价性，不同的研究者提出了很多概念和类型，如 Herdman（1997）等归纳总结了 19 种等价性类型。究竟评价哪些方面的等价性尚有争议，一般认为考察关键的 4～6 种等价性即可。通常对以下四个等价性（Hendricson et al.，1989）进行考察：

1. 概念等价性（conceptual equivalence） 指所测概念在不同文化背景下等同。可采取访谈法和多维相似结构分析（multi-dimensional similarity structure analysis）来考察。

2. 语义等价性（semantic equivalence） 指评价的具体条目反应的内容在内涵和外延上的等价。特别注意有些词语在不同的文化背景中可能意义不同，比如西方语境中蓝色代表不愉快、黑色代表压抑，而中文中蓝色代表平和、黑色代表庄重；又如白色在中国用于葬礼和悲哀，而西方则代表纯洁。Startorius 和 Kuyken 提出了一系列检查语义等价性的过程及方法。

3. 技术等价性（technical equivalence） 指测量的方式（自评-他评、纸笔测试、电子版测试等）、具体实施过程及语言的等价。由于文化背景的不同，对同一个问题可能要采取不同的测定方式，如在美国可以很公开地谈论的性问题，在中国就不一定适合直接面谈。反之，在中国可以随便谈论的宗教信仰问题，在欧美国家就不能这样谈了。如何保证内容相同而形式不一就颇值得考虑。语言上的等价性指测定量表在语法和句法上的等价，即具体的语言表达上可能不同，但本质上必须是同一个问题。

4. 标量等价性（scalar/metric equivalence） 指修订的量表与原量表具有可比的测量学特性（信度、效度、反应度等），也称为测量等价性（measurement equivalence）。

总之，与独立研制的自己语言量表一致，中文版量表的考察与评价也是一个长期的过程，一般通过预调查、正式调查、应用等多个阶段来进行不断的评价。

下面以美国 FACIT 量表中文版的研制为例，说明其整个研制过程，详见图 3-1。

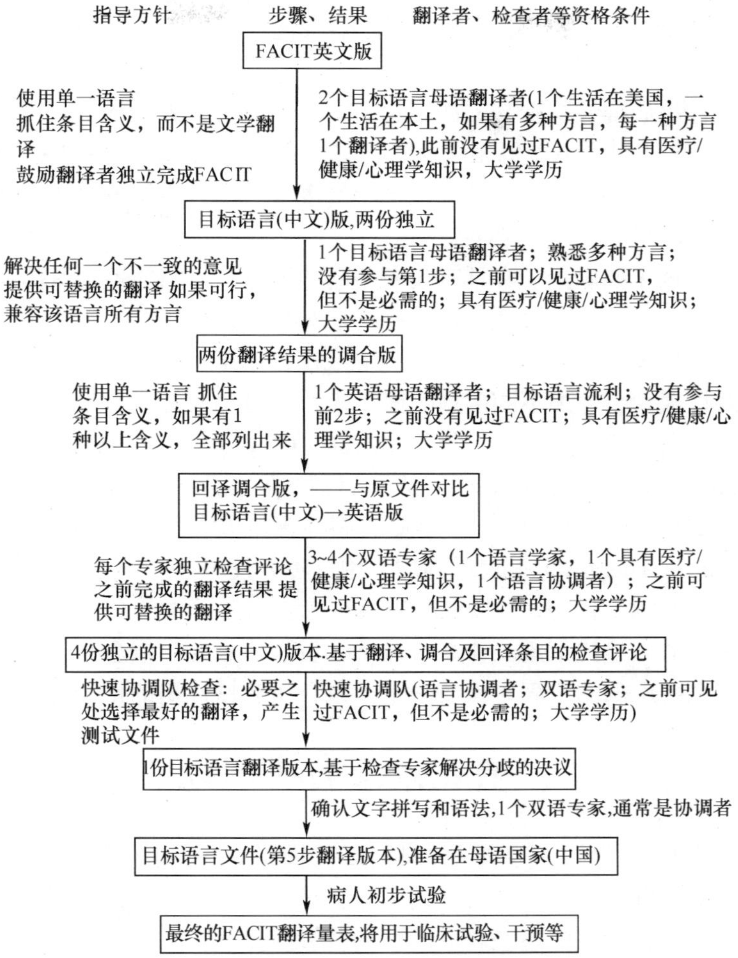

图 3-1　FACIT 系列中文版的研制过程

视窗 3-3

西方量表中文版本的研制

（1）利用西方量表来制定中国版本量表不失为一捷径。其关键是翻译回译、文化调适和等价性考察。

（2）等价性考察一般从概念等价性、语义等价性、技术等价性和标量等价性四个方面进行评价。

第七节　量表体系及其研制方法

一、量表体系的概念

前面介绍了量表研制中的两种主要方法或途径，据此可一一开发出不同疾病的特异性测定量表。但如果均这样开发量表，则存在以下主要问题：

（1）量表研究者各自为政，导致同一病种出现多个量表，如报道的关节炎测定量表就达 17 个之多，使应用量表的学者在众多的量表面前束手无策，无所适从，严重阻碍了该领域相关研究的进一步开展。

（2）对每一种疾病都开发独立的测定量表，不仅浪费了大量的研究工作，而且开发出来的量表没有系统性和连贯性，也无法反映各种患者之间共同的生命质量变化情况。此外，由于疾病数以万计，每种疾病都单独开发一个量表势必出现大量的量表，造成研究和应用上的极大麻烦，既不现实，也无必要。

鉴于同一类疾病（如癌症）常具有很多共同的地方，其间的各个具体病种则具有自己的特殊性。因此，目前的一个量表开发趋势就是对具有共同属性的一大类人群或疾病开发一个共性量表或共性模块，再针对具体的人群或病种制定一个较短的特异性模块。这样，只需制定一个共性模块，外加不同疾病的简短模块即可构成针对性较强的特异性量表，具有事半功倍之效。欧洲癌症研究治疗组织 EORTC（European Organization for Research and Treatment of Cancer）开发的 QLQ 量表系列和美国结局、研究与教育中心 CORE（Center on Outcomes，Research and Education）开发的癌症治疗功能评价系统 FACT（Functional Assessment of Cancer Therapy）量表系列均采用这种开发方法。

这种为了某方面测定目的，而按照共同的理念和方法开发的具有内部连贯性的一系列量表的集合称为生命质量测定量表体系。显然，量表体系这个概念是相对的，可大可小。比如，所有消化系统疾病的量表可构成一个体系，所有慢性病的量表也可构成一个体系。

二、量表体系的研制方法

鉴于量表体系的关联性，首先要研制具有共同属性的一大类人群或疾病均能使用的共性量表或共性模块，再针对具体的人群或病种制定一个较短的特异性模块，这样一一开发下去就可构成一个测定量表体系。欧洲癌症研究治疗组织 EORTC 开发的 QLQ 量表系列和美国结局研究与教育中心 CORE 开发的 FACT 量表系列以及我们研制的 QLICP 和 QLICD 量表体系均采用这种研制方法。

美国 CORE 研制出的 FACT 是由一个测量癌症患者生命质量共性部分的共性模块（FACT-G）和一些特定癌症的子量表（特异模块）构成的量表群。第四版的 FACT-G 由 27 个条目构成，包括躯体状况（7 条）、社会/家庭状况（7 条）、情感状况（6 条）和功能状况（7 条）四个部分。特定癌症的量表由共性模块加各自的特异模块（称为附加关注）构成，如乳腺癌患者的生命质量测定量表 FACT-B 就是由 FACT-G 和 9 个针对乳腺癌的特异条目构成，肺癌的特异量表 FACT-L 由 FACT-G 和 13 个针对肺癌的特异条目构成。目前已经开发的特异量表有肺癌（FACT-L）、乳腺癌（FACT-B）、膀胱癌（FACT-Bl）、脑瘤（FACT-Br）、宫颈癌（FACT-Cx）、大肠癌（FACT-C）、头颈癌（FACT-H&N）、卵巢癌（FACT-O）、前列腺癌（FACT-P）等，详见表 3-4。

为了可推广应用于慢性病或患病状态，CORE 在 FACT 系列的基础上增加了一些针对某些慢性病和症状的特异模块（如 HIV 感染、帕金森氏病），并将 FACT 改名为慢性病治疗功能评价系统 FACIT（Functional Assessment of Chronic Illness Therapy）。

欧洲癌症研究与治疗组织 EORTC 研制的癌症患者生命质量测定量表 QLQ 系列也是由

针对所有癌症患者的核心量表（共性模块）QLQ-C30 和针对不同癌症的特异性条目（特异模块）构成的量表群。第三版的 QLQ-C30 含 5 个功能子量表（躯体、角色、认知、情绪和社会功能）、3 个症状子量表（疲劳、疼痛、恶心呕吐）、一个总体健康状况子量表和一些单一条目构成。目前已开发出肺癌（QLQ-LC13）、乳腺癌（QLQ-BR23）、宫颈癌（QLQ-CX24）、头颈癌（QLQ-H&N35）、大肠癌（QLQ-CR29）等多个特异性模块，详见表 3-4。

尽管国外已开发出大量的测定量表，但生命质量的测定是深深扎根于本民族的文化土壤中的，带有明显的文化烙印，国外的量表不能翻译过来就直接使用，必须尽快地建立我国自己的生命质量评价量表体系，开发出具有中国文化特色的、适合中国国情的慢性病测定量表体系。为此，在国家自然科学基金、省自然科学基金等多个项目的资助下，我们从 1997 年开始以共性和特异性模块结合的方式系统地研制具有中国文化特色的癌症患者生命质量测定量表体系 QLICP（Quality of Life Instruments for Cancer Patients），从 2003 年起系统地研制我国慢性病患者生命质量测定量表体系 QLICD（Quality of Life Instruments for Chronic Diseases）。其中，QLICP 体系包括我国常见癌症的生命质量测定量表，计有肺癌（QLICP-LU）、肝癌（QLICP-LI）、乳腺癌（QLICP-BR）、胃癌（QLICP-ST）、头颈癌（QLICP-HN）等我国常见和严重的 15 种癌症的生命质量测定量表，详见表 3-4。

目前，可用于我国的三个癌症患者生命质量测定量表体系见表 3-4。其中，有些量表如肺癌、乳腺癌、头颈癌、大肠癌量表均可以使用了，有些量表尚处于研制或测试中。

表 3-4 癌症患者生命质量测定量表体系

癌症	FACT 系列中文版	QLQ 系列中文版**	QLICP 系列
肺癌	FACT-L	QLQ-LC13	QLICP-LU
乳腺癌	FACT-B	QLQ-BR23	QLICP-BR
头颈癌	FACT-H&N	QLQ-H&N35	QLICP-HN
大肠癌	FACT-C	QLQ-CR38→ QLQ-CR29	QLICP-CR
肝癌	FACT-Hep	QLQ-HCC18	QLICP-LI
食管癌	FACT-E	QLQ-OES24→ QLQ-OES18	QLICP-ES
胃癌	FACT-Ga	QLQ-ST22	QLICP-GA
膀胱癌	FACT-Bl	QLQ-BLM30	QLICP-BL
前列腺癌	FACT-P	QLQ-PR25	QLICP-PR
胰腺癌	FACT-Pa	QLQ-PAN26	QLICP-PA
卵巢癌	FACT-O	QLQ-OV28	QLICP-OV
宫颈癌	FACT-Cx	QLQ-CX24	QLICP-CE
脑癌	FACT-Br	QLQ-BN20	QLICP-BN
血癌（白血病）	FACT-Leu	QLQ-CLL16	QLICP-LE

** 测定时需同时使用 EORTC QLQ-C30

我国慢性病患者生命质量测定量表体系 QLICD（第一版）主要以呼吸、消化和心血管三个系统的常见的 9 种慢性非传染性疾病为对象，以共性和特异性模块结合的方式研究其生命质量测定量表，开发出包括呼吸系统疾病（慢性支气管炎、哮喘、肺心病等）、消化系统疾病（慢性胃炎、消化性溃疡、肠易激综合征）和心血管疾病（高血压、冠心病等）以及糖尿病等 9 种常见慢性非传染性疾病的测定量表。QLICD（第二版）已经包括 20 多种慢性病的生命质量测定量表，详见第六章。

上述介绍的四个量表体系均采用共性模块与特异模块相结合方式开发，整个过程可图示如下（图 3-2）。

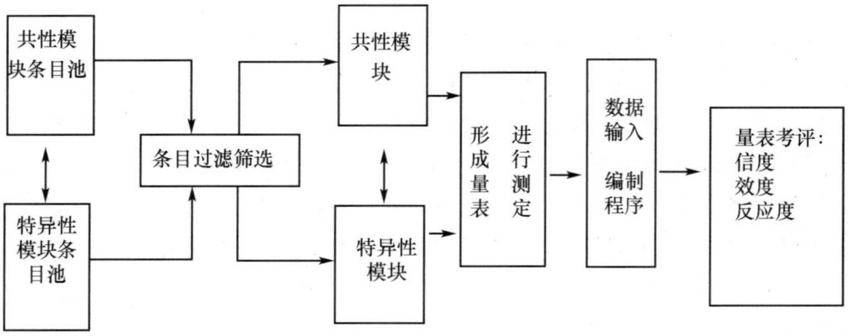

图 3-2　生命质量测定量表体系研制方法

可见，量表体系开发的关键是共性模块的开发。只要有了共性模块，采用类似的方式可开发出各病种的特异模块，从而构成一个特异量表。多个特异量表就构成了一个量表体系。

学 习 思 考

1. 条目筛选有哪些方法？各有什么优缺点？
2. 条目分析主要分析哪些方面？各有什么作用？
3. 量表研制的途径有哪些？其方法步骤有什么不同？
4. 什么是量表体系？ 常见的癌症生命质量测定量表体系有哪些？

（万崇华）

第四章　量表的测量学特性评价方法

通过本章的学习，掌握关于量表评价的几个心理学特性指标（信度、效度、反应度）的概念及评价方法，熟悉随机误差和系统误差的区别，了解信度与效度的数学模型。重点掌握信度、效度、反应度的评价指标及方法。

案例 4-1

小故事 1：张某到街上的小摊上买水果，小贩趁他不注意时快速地耍了些手法，测量结果是 3 公斤，付款后他觉得水果重量不对，就到市场的公平秤上去复秤，结果显示 2.5 公斤，真实值与测量值之间相差了 0.5 公斤。

小故事 2：李某到街上的小摊上买土豆，第一次称是 3 公斤，第二次再称还是 3 公斤，第三次秤还是 3 公斤。但是将土豆拿到手后，李某总感觉土豆重量不足 3 公斤，于是就到市场的公平秤上复秤，结果发现买的土豆只有 2.5 公斤，李某很纳闷他不是反复秤了三次了吗，怎么还有 0.5 公斤的偏差呢？原来呀，是摊主偷换了秤砣导致了偏差。

无论是故事 1 中 0.5 公斤的偏差还是故事 2 中 0.5 公斤的偏差都是由那些与测量目的无关的因素（故事 1 中是不正确地使用测量工具，故事 2 中是修改了测量工具）所致的恒定而有规律的差异，他们都是属于测量误差中的系统误差。

小故事 3：一个学习射击的新手到射击场练习射击，刚刚开始时，新手很难控制手臂的轻微摆动，练习了 5 次，结果每次射击的成绩很不一致，分别是 8 环，4 环，5 环，6 环，7 环。

小故事 4：一个射击手到射击场练习射击，练习了 5 次，在射击过程中每次结果都很一致，均是 7 环，而该射击手平时的水平是要射 9 环的，5 次连续射击的成绩显然和他的真实水平间有差距。

思考：故事 3 中的误差和故事 4 中的误差一样吗？若按故事 1 和故事 2 之后所述，哪个故事中的误差是系统误差呢？什么使得多次测量产生不一致的结果呢？

无论是物理测量还是心理测量均存在两种误差，即随机误差和系统误差。如前所述，系统误差是指由哪些与测量目的无关的因素所致的恒定而有规律的误差，而所谓随机误差是那种与测量目的无关的偶然因素引起的而又不易控制的误差，它使得多次测量产生不一致的结果，其方向和大小的变化是随机的。

在心理测量中同样存在随机误差和系统误差，例如：在进行数学测验时，如果有一套 10 分的题目是学生没有学过的知识，全体学生均没有回答出来，因此全体学生的成绩就普遍下降了 10 分，这是系统误差。而如果此时是由于阅卷教师的评分标准不一，甚至是评分不客观，导致考生的成绩出现较大的偏差，这是随机误差。

生命质量的测量属于心理测量，我们采用工具（生命质量量表）对某一对象进行生命质量测定时，可看作是用题目来反映其生命质量这一潜在心理特质的真实水平。因此在整个测量过程中，我们采用的测量工具是否恰当、测量的评价方法是否客观一致、测量时的环境、被测试者的紧张程度等等均会导致误差。换句话说，生命质量的测量过程中存在着误差，这些误差可能来自于测量工具、被测目标本身及施测过程。

由于测量误差的存在，物理测量和心理测量的结果不一定就是可靠的，也不一定就是有效的，需要对测量结果的可靠性和有效性进行分析与评价。同样，测量工具（量表）的好坏也需要进行评价。一般称为测量学特性（psychometrics properties）评价，包括信度、效度、反应度等。

第一节　信度及其评价方法

一、信度的理论及模型

1. 信度的理论　信度（reliability）是可信度的简称，指量表测量的可靠性、精确性、稳定性和一致性，可从不同角度来理解：可理解为同一测量工具（量表）反复测量某人的同一特质，多次测量结果间的可靠性、稳定性和一致性；也可理解为量表的条目间相关程度和一致性程度，同一个领域是否在测量同一个特质；还可理解为一次测量与它的任意一个“经典平行测量”的相关性和一致性（顾海根，2008）。总之，信度反映的是测量分数的真分数变异与观察所得实际分数变异之间的一致性。信度反映的是随机误差的变异，因此凡是能够控制随机误差的手段都可以有效地提高测量信度。

2. 信度的数学模型　在经典测量理论中，Spearman 分数模型起着重要的作用。该模型指出任何测量所得的分数（X）都是由反映对象稳定特质的真分数（T）和由随机因素造成的误差分数（e）构成，即：

$$X=T+e \tag{4-1}$$

并假定：①e 满足标准正态分布；②T、e 相互独立；③T、e 以简单的线形可加性结合。

这样，实测分数的方差可分解为真实分数的方差与误差分数的方差之和，即：

$$\sigma_X^2=\sigma_T^2+\sigma_e^2 \tag{4-2}$$

于是，信度可定义为真实方差与实得方差的比值，也就是总方差中真实方差所占的比例：

$$r=\sigma_T^2/\sigma_X^2 \tag{4-3}$$

显然，r 越大，说明随机误差的作用越小，测定结果越可靠。

由于真实分数的方差无法得到，因此一般采用两平行测验上观察分数间的相关来作为信度系数，采用不同的方式来得到平行测验即得到不同的信度系数。

二、信度的评价方法

1. 重测信度（test-retest reliability）法　这一方法是用同样的量表对同一组被调查者间隔一定时间重复测量，计算两次测量结果的相关系数。显然，重测信度属于稳定系数。即，

$$r = \frac{\text{cov}(X_1, X_2)}{\sqrt{S_{X1}^2 S_{X2}^2}} \tag{4-4}$$

由于重测信度法需要对同一样本测试两次，被调查者容易受到各种事件、活动和他人的影响，而且间隔时间长短也有一定限制，因此在实施中会有一定困难。不同种类的受试者重测间隔期限不尽相同，原则上应在其生命质量无变化的期间内进行。

此外，相关仅能反映出变化趋势的一致性，而不能反映两次测定结果间的“接近程度”。因此建议可以在计算相关系数的同时用配对 t 检验对两次测定结果进行比较，t 越小，越有理由说明测定结果间一致。当然，严格说来，首先要确保两次测定所测特质没有发生变化，这样才能计算重测信度。具体地说，它必须要满足 3 个条件：①所测量的心理特性必须是稳定的；②遗忘和练习的效果基本上相互抵消；③在两次施测的间隔期内，被试在所要测查的心理特质方面没有获得更多的训练和学习。

值得注意的是，同一份量表随着两次测量间隔的时间不同可以有不同的重测信度。一般来说，重测信度随着间隔时间的增长而逐渐减小。因此，任一个测验的重测信度系数可以有多个，且有关测验结果是否随时间而变异的资料可以作为预测受测者将来行为表现的依据。

2. 复本信度（alternate-form reliability）**法** 如果一种测验有两个以上的复本，根据同一群受试者接受两个复本测验所得结果的一致性程度就是复本信度（alternate-form reliability），其大小等于同一批被试在两个复本测验上所得分数的相关系数，它主要反映测验的跨形式的一致性。

具体做法是让同一组被调查者一次填答两份量表复本，计算两个复本的相关系数。复本信度法要求两个复本除表述方式不同外，在内容、格式、难度和对应题项的提问方向等方面要完全一致，而在实际调查中，很难得到两份等价的量表，因此采用这种方法者较少。

复本信度的主要优点在于：①能够避免重测信度的一些问题，如记忆效果、练习效应等；②适用于进行长期追踪研究或调查某些干扰变量对测验成绩影响；③减少了辅导或作弊的可能性；④能避免被试因为做相同题目而引起的厌倦情绪。

复本信度的局限性在于：①如果测量的行为易受练习的影响，则复本信度只能减少而不能消除这种影响；②有些测验的性质会由于重复而发生改变；③有些测验很难找到合适的复本。

3. 分半信度法（split-half reliability） 分半信度法是将量表的条目分为两半，计算两半得分的相关系数，进而估计整个量表的信度。这实际上考察的是指标的一致性，但因测量同一特征的指标间应关系密切，故具有一致性则说明结果可信。显然，k 个条目的量表分半方法可有 k!/[（k/2）!（k/2）!]种，如 10 个条目的量表有 252 种分法。那么，采用那种分法呢？实际上各种分法得到的结果应很接近，因此可随机地抽取一种分法。通常采用奇数条目为一组，偶数条目为一组的分法。如果两部分的条目数不等，可以选用校正方法。

另外，分半信度计算的是两个“半测验”上得分的相关系数，只是半个测验的信度，还必须用斯皮尔曼-布朗通式加以校正。当公式应用于分半信度时，通式简化如下：

$$r_{xx} = 2r_{hh} / (1 + r_{hh}) \tag{4-5}$$

式中 r_{hh} 为分半分数间的相关系数，r_{xx} 为整个测验的信度值。

不过，斯皮尔曼-布朗公式只有在两半测验分数的方差（S_a^2 和 S_b^2）相等时才能使用，否则可以选择以下两个等价的公式之一。

（1）弗朗那根（Flanagan）公式：

$$r_{xx} = 2\left[1 - (S_a^2 + S_b^2) / S_x^2\right] \quad (4\text{-}6)$$

式中，S_a^2 和 S_b^2 分别表示所有被试在两半试验上得分的总变异数，S_x^2 表示全体被试在整个测验上的总得分的方差。

（2）卢仑（Rulon，1939）公式：

$$r_{xx} = 1 - S_d^2 / S_x^2 \quad (4\text{-}7)$$

式中，S_d^2 表示同一组被试在两半测验上得分之差的方差，其他符号的含义与上相同。

分半信度的主要优点：①在测验没有复本且只能施测一次的情况下，通常采用分半法估计信度；②由于分半法相当于最短时距施测的两个平行测定，所以它能够避免重测信度的练习效应、遗忘效应以及施测环境变化的影响。

分半信度的主要缺点：①迄今没有一种理论推导严格证明分半信度的有效性；②对于同一组问题，可能会存在多种组合方式，从而导致折半信度的计算带有一定的随机性。

4. 内部一致性信度（internal consistency）**法**　内部一致性信度是目前比较流行的信度评价方法，是分半信度的推广。它无需将条目分为两个部分，而是从量表的构思层次入手，以内部结构的一致性程度对信度作出估计。

内部一致性信度主要有 Kuder-Richardson 公式和克朗巴赫 α 系数（Cronbach's alpha）（Cronbach，1987）法。其中，前者是后者的特殊情况，仅适用于两分类条目。这里仅介绍后者：

$$\alpha = \frac{K}{K-1}\left(1 - \frac{\sum S_i^2}{S^2}\right) \quad (4\text{-}8)$$

式中，K 为整个量表或子量表的条目数，S_i^2 为第 i 个条目的方差，S^2 为整个量表或子量表得分的方差。

α 系数根据一次测定即可计算，使用简便，利用的信息也充分，因此，在实际工作中广为采用。鉴于此，这里再进行一些讨论和补充。

（1）α 系数的适用条件　　设量表由 K 个条目构成，其实测分数与真分数分别为：

$$X = \sum_{i=1}^{K} X_i$$

$$T = \sum_{i=1}^{K} T_i$$

根据前述分数模型可以推得 X 与 T 的方差分别为：

$$S_X^2 = \sum_{i=1}^{K} S_i^2 + \sum_{i \neq j} \operatorname{cov}(X_i, X_j)$$

$$S_T^2 = \sum_{i=1}^{K} S_{Ti}^2 + \sum_{i \neq j} \operatorname{cov}(X_i, X_j)$$

由柯西不等式并注意到任两个条目得分间的相关系数小于 1 可推得：

$$S_T^2 \geqslant \frac{K}{K-1}\sum_{i \neq j} \mathrm{cov}(X_i, X_j)$$

于是，按（4-3）式定义的信度系数有：

$$r = \frac{S_T^2}{S_X^2} \geqslant \frac{K}{K-1}\left(1-\frac{\sum S_i^2}{S_X^2}\right) = \alpha$$

由此可见，α 系数只是信度系数的一个下限值，换言之，低估了信度。更重要的是，从上面的推导过程中可以看出，只有在各条目得分方差相等且条目间相关较高时，用 α 系数作信度的估计才较准确。而相关较小时就不合理，尤其当任意条目间得分相关为 0 时，有 $\sum S_i^2 = S_X^2$，此时 α=0。

因此，α 系数最好用于量表的低层结构（如领域，小方面等子量表）的信度考察，通过每个子量表的考察结果再来综合反映整个量表的情况，而不宜仅计算一个总量表的 α 系数。原因是低层结构中的条目都是反映同一方面的特征，相关性较高，而总量表要考虑一定的“覆盖面”，因而具有一定的“异质性”。如在生命质量测定中可以分别计算心理功能、躯体功能等领域的 α 系数，在心理测量中可以分别计算焦虑、抑郁、孤独等方面的 α 系数。

（2）另一计算法　上面的讨论也可从克朗巴赫 α 系数的另一个计算公式（4-9）中看出：

$$\alpha = \frac{K\bar{r}}{1+(K-1)\bar{r}} \tag{4-9}$$

式中，$\bar{r}$ 为任两个条目得分相关系数绝对值的平均值。可见，要各条目间相关高者 α 系数才大。

4. 其他信度评价法　如果量表是他评而不是自评，则还要计算评价者间的一致性，此即评价者信度（inter-rater reliability），也称评分者信度（inter-scorer reliability）。一致性的考察有多种方法，如常用的 kappa 系数（参见有关章节）、Kendall 和谐系数 W 等。其中，kappa 系数用于定性资料，和谐系数 W 用于计量或等级资料。W 按式（4-10）计算：

$$W = \frac{\sum_{i=1}^{N} R_i^2 - (\sum_{i=1}^{N} R_i)^2 / N}{K^2(N^3 - N)/12} \tag{4-10}$$

其中，K 是评价者人数，N 是受测者数，R_i 是每个受测者所得评价等级的总和。

在标准化测量中，不论条目形式如何，一般均转化为计量的得分值来处理，因此可用方差分析的办法来计算评价者信度，也即用组内相关系数 ICC（intra-class correlation coefficient）来评价。

除前面介绍的信度评价方法外，尚有配伍组方差分析中的方差比、测量标准误等信度检验方法，这里从略。

三、信度的评价标准

信度的考评大多是计算各种相关系数，因此其取值越接近 1 越好，越接近 0 越差，但还没有公认的判断标准。一般说来，0.9 以上可以认为很好，0.7 以上为好，低于 0.4 算差。此外，不同的考评方法也有不同的要求，一般认为 α 至少 0.70，重测 r 应该在 0.80 以上（Van der Steeg，2004）。但有些测验变异较大，如生命质量测定中的症状与副作用功能领域，信度系数低一些也可以接受。社会功能领域内部一致性也相对较低，原因是该领域包括的内容较多，比如社会支持、社会参与、社会角色、家庭亲情等，因此全部合在一起就显得“不那么一致”了。

四、信度的影响因素

除了样本的特点（如同质性）和条目的特点（如难度等）影响着测定的信度外，信度还受以下因素影响：

1. 测定的具体方式和程序　比如采用测试者与被测者面对面的一一测定方式还是采用发放以后一定时间再收回的方式、指导语是否清楚易懂、测定的场地及环境等都影响着测量的信度。

2. 测定条目数的多少　研究表明，在一定限度内，一个测验中所采用的描述某一方面的条目越多，该方面的信度越高。但如条目太多，反而可能使信度减小。

3. 测定者与被测者　测定者的身份和态度不同，常能影响测定的信度，如在我们进行的吸毒者生命质量评定中，测定者以研究人员的身份和以医生的身份出现是不一样的，后者给被测者的感觉是为了了解其健康情况，是为他们着想。受测者的特征（如文化程度、对测定的认识等）也都影响着测定的信度。

4. 分数分布范围的影响　信度是用相关系数来进行评价，而相关系数受变量的取值范围（全距）影响。测验得分的分布范围越大，信度越高。因此，在测验中往往要选取不同层次的被试者，一方面增加样本的代表性，另一方面也增加测验的信度。

第二节　效度及其评价方法

一、效度的理论及模型

1. 效度的理论　效度（validity）即有效性，它是指测量工具或手段能够准确测出所需测量的事物的程度（顾海根，2008）。其实，效度分析要回答以下问题：“一个测量测定了什么特征？它对所要测量的特性测得有多准？”。在生命质量测量中量表的效度就是指量表测定了它打算（所要）测定的特质或功能（而不是其他特质或功能）以及测定的程度。

关于效度，要侧重理解以下三点：

（1）效度是一个相对概念。这种相对性表现在两个方面：① 效度是相对于一定的测量目的而言的。因为效度是指实测结果与所要测查的特质之间的吻合一致性程度，因此，一个测验或量表是否有效主要看它是否达到了测量的目的。测量某一特质有效的量表，若用它来测量另一种特质，则可能是无效或效度极低。② 心理特质是较隐蔽的特性，只能通过个体的行为表现来进行推测，因此，心理测量不可能达到百分之百的准确，而只能达到某种程度上的准确。不过由于任何一个量表的编制都有其目的，所以在正常情况下，一个量表的效度也不会为零。

（2）效度是测量的随机误差和系统误差的综合反映。当一个测验的随机误差较大时，实测结果当然会偏离真值，造成结果的不准确。如果测量中还存在系统误差，则系统误差也会加大测量误差。无论出现哪种情况，只要出现测量误差，测量的效度必受影响。

（3）判断一个测量是否有效要从多方面搜集证据。心理特性是我们要测的东西，是未知的，通常也是比较抽象和隐蔽的，必须先从多种角度把这种特性描述清楚。因此，获取测量效度的途径也是多样的。

2. 效度的数学模型　在式（4-2）中的真值方差可进一步分解为共同性质所造成的方差（共性方差，σ_C^2）和个别性质所造成的方差（个性方差，σ_I^2）。前者反映所测量的特质引起的变异，后者反映其他特质引起的变异。即：

$$\sigma_X^2 = \sigma_C^2 + \sigma_I^2 + \sigma_e^2 \tag{4-11}$$

于是，效度（V）可定义为与测量特质有关的真分数方差与总方差的比值：

$$V = \sigma_C^2 / \sigma_X^2 \tag{4-12}$$

与测量特质有关的变异往往要通过与外部标准的比较才能判断，因此，效度是指某测量与外部标准之间关系的程度。

二、效度评价方法

要判断一个测量是否有效要从多方搜集证据，一般称为效度验证（validating）。生命质量的测量属于心理特质的测量，是比较抽象和隐蔽的，不能直接把它拿来与结果比较，而必须先从多个角度把这种心理特质描述清楚。由于描述心理特质的角度的多样性导致了获取测量效度的途径也是多样的。效度主要分为三种类型：内容效度、准则关联效度和结构效度。

1. 内容效度（content validity）　内容效度也称内在效度（intrinsic validity）或循环效度（circular validity），有时也称贴切性（relevance）或代表性（representativeness），是指量表在多大程度上表示了所测特质的范畴。换言之，量表是否包含足够的条目来反映所测内容。

内容效度的评价主要通过经验判断进行，如量表的条目包含了所测概念的各具体方面而且有一定的比例，则可认为有好的内容效度。

也可请一些熟悉该测量内容的有关人员来评判，必要时用内容效度比（content validity ratio，CVR）这一指标来衡量，见式（4-13）：

$$CVR = \frac{ne - N/2}{N/2} \tag{4-13}$$

其中，ne 为评判者中认为条目很好地反映了测定内容的人数，N 为评判者总数。

一个测验要具备较好的内容效度必须满足两个条件：

（1）要确定好内容范围，并使测验的全部项目均在此范围内。所谓内容范围可以是具体知识或技能，也可以是复杂行为。成就测验的主要目的在于测量学生的学习效果，因此特别重视内容效度。

（2）测验项目应是已界定的内容范围的代表性样本。换句话说，就是选出的项目能包含所测的内容范围的主要方面，并且使各部分项目所占比例适当。具体做法是对内容范围进行系统分析，将该范围划分为具体纲目，并对每个纲目作适当加权，然后根据权重，从每个纲目中随机取样。

2. 结构效度（construct validity）　结构效度，也称构思效度或特征效度（trait validity），

说明量表的构造是否符合有关的理论构想和框架，也就是检验量表是否真正测量了所提出的理论构思。因而结构效度是最重要的效度指标之一。

根据定义，可以得知结构效度具有如下一些特点：

（1）结构效度的大小首先取决于事先假定的心理特质理论。要使得关于某一特质测验的结构效度的研究结果可以进行比较，则对于该特质的假设和定义就应该相同。否则，不能进行比较。

（2）由于有可能出现理论假设不成立，或该试验设计不能对该假设作出适当的检验等情况，因此当实际测量的资料无法证实我们的理论假设时，并不一定就表明该测验结构效度不高。

（3）结构效度是通过测量什么和不测量什么的证据累加起来给以确定的，因而不可能有单一的数量指标来描述结构效度。

结构效度的最大贡献是可以用来提出和验证假设，是发展心理学理论的重要研究工具。当然结构效度也有其明显的局限性，特别是当测验结果不能验证原来的构想时，不能确定是构想有错误，是测验本身缺乏内容效度，还是实验设计有问题。

结构效度的评价较复杂，可用相关分析和因子分析方法来反映。相关分析就是计算各条目与各领域（或侧面）的相关系数，根据相关系数的大小及其检验结果来判断（详见本节的判别效度和聚合效度）。

因子分析的主要功能是从量表全部变量（条目）中提取一些公因子，各公因子分别与某一群特定变量高度关联，这些公因子即代表了量表的基本结构。通过因子分析可以考察量表是否能够测量出研究者设计问卷时假设的某种结构。在因子分析的结果中，用于评价结构效度的主要指标有累积贡献率、共同度和因子负荷。累积贡献率反映公因子对量表或问卷的累积有效程度，共同度反映了由公因子解释原变量的有效程度，因子负荷反映原变量与某个公因子的相关程度。

另外，比较理想的方法是应用结构方程模型、验证性因子分析来评价结构效度。其思路是首先提出一个量表的理论结构（模型），即包含几个维度，每个维度包含哪几个问题，然后应用验证性因子分析的方法对测量得到的数据进行模型拟合，应用多个拟合优度指数（如 NNFI、CFI、χ^2 值）来反映，数据拟合的模型与理想的模型是否吻合。更多资料参见参考文献。

3. 准则关联效度（criterion-related validity） 准则关联效度，也称效标效度（criterion validity）、经验效度（empirical validity）或统计效度（statistical validity）。是说明量表得分与某种外部准则（效标）间的关联程度，用测量得分与效度准则之间的相关系数表示。

外部准则指不通过该量表，而是通过一些客观指标或某些总体评价性项目来间接反映生命质量。

根据效标的不同，可分为两种：

（1）同时效度（concurrent validity）：量表得分与当前效标间的相关。比如用脱毒的快慢来反映戒毒者生命质量高低，用运动速度反映躯体功能的高低等。

（2）预测效度（predictive validity）：量表得分与将来的效标（某种结果）间的相关。比如量表得分与将来的疾病复发、恶化、死亡等结果的联系。

生命质量评价，大部分仅考察同时效度，而且由于缺乏“金标准”，较适宜的客观指标也不易找。因此，通常用一种较流行的量表（如 SF-36，FACT 等）得分为效标，也可让受测者自己对其总的健康状况作一个评估（比如按百分制打分），以此权且作为效标，这常称为自我报告的生命质量或总体健康状况。

具体的评价方法主要是下面三种：

（1）相关法：相关法就是计算测验分数与效标测量的相关系数，可以使用积差相关、等级相关、点双列相关、二列相关、四分相关、列联相关法等。

（2）区分法：该方法的思路是，被试接受测验后，让他们工作一段时间，再根据工作成绩（效标测量结果）分为两个极端组，然后检验这两组被试原来的测验分数是否具有统计学意义。

（3）命中率：当测验用作取舍决策时，常使用命中率这一指标。这类测验的效度高不高，就是看其取舍是否与实际一致，也即命中率高低。

4. 判别效度（discriminant validity）**和聚合效度**（convergent validity）　判别效度，也称辨别效度，是指运用相同测量方法测定不同特质或构思时，辨别不同特质的程度，也就是说不同特质和内涵的测量结果之间不应有太大的相关性。

聚合效度，也称收敛效度，是指运用不同测量方法测定同一特质或构思时所得结果的相似程度，即不同的测量方式应在同一特质的测定中聚合在一起（收敛）。也就是说，对同一特质的两种或多种测定方法间应有较高的相关性。

使用判别效度和聚合效度主要基于以下两个原因：

（1）任何测量分数的变异中都有一部分应归因于特定的方法，而不仅测量的特质本身。有时候，即便是不同的特质，也可能因用了相同的测定方法而出现高相关。

（2）只有通过相似性和差异性的综合分析，才能准确地描述和解释测定结果。换言之，必须说明测到了什么，没有测到什么。

对判别效度和聚合效度的评定，通常采用 Campbell 和 Fiske 所提出的多特征-多方法（multitrait-multimethod，M-M）矩阵法分析（Campbell，1979）。该法要求用多种（至少两种）方法分别测定了多个（至少两个）特质，从而可计算同一特质的任两种测定方法得分间的相关系数以及同一方法的任两种不同特质得分间的相关系数，还可计算同特质同方法间的相关以及不同特质不同方法间的相关。将这些结果按矩阵式的表格排出即得到 M-M 分析，表 4-1 所列出的为采用两种方法测定三种特质时的 M-M 分析示意。

表 4-1　两种方法测定三种特质的 M-M 分析结果

		方法 1			方法 2		
		A1	B1	C1	A2	B2	C2
方法1	A1	0.85					
	B1	0.67	0.92				
	C1	0.43	0.56	0.77			
方法2	A2	0.78	0.45	0.66	0.95		
	B2	0.65	0.59	0.93	0.66	0.84	
	C2	0.84	0.65	0.73	0.34	0.58	0.60

表 4-1 中可得到如下四种结果：

（1）纵横两个方向的两个测定，如果在方法上和特质上都完全相同（同方法同特质），则所对应的系数为信度系数，如第一、四数据格主对角线上的元素（0.85、0.92、0.77、0.95、0.84、0.60）。

（2）纵横两个方向的两个测定，如果在方法上和特质上都不相同（异方法异特质），且在对角线上的元素为效度系数。如第三数据格中对角线上的元素（0.78、0.59、0.73）。

（3）异特质—同方法所对应的元素即为判别效度。如第一数据格中对角线下的三个元素（0.67、0.43、0.56）。比如 0.67 为同用方法 1 测定特质 A1 和 B1 时的相关系数。

（4）相关系数矩阵中方法及特质均不相同（异特质-异方法）且不在对角线上的下三角元素。这些系数对于判断聚合效度有重要意义。

那么，如何判断判别效度与聚合效度的好坏呢，通常认为具有好的判别效度与聚合效度需达到下面四条标准：

（1）M-M 矩阵中的效度系数均有统计学意义的显著性。

（2）M-M 矩阵中的效度系数大于同行或列邻近的“异特质-异方法”三角中的元素。

（3）M-M 矩阵中的效度系数大于“异特质-同方法”三角中的元素。

（4）所有异特质三角，包括“异特质-异方法”和“异特质-同方法”三角中的元素模式相同。

由于 M-M 分析法相对比较复杂，需要利用多种测定方法，实际中不一定可用。如果仅用了一种测定方法，此时可以利用多特质标度分析（Multi-trait scaling analysis）来评价判别效度和聚合效度（Hays，1990）。首先，计算各条目与各领域（或侧面）的相关系数，接着按下面的两个标准来进行判断：

（1）各条目与其所属领域（或侧面）的相关系数大于 0.4 则支持聚合效度；

（2）各条目与其所属领域（或侧面）的相关系数大于与其他领域（或侧面）的相关系数则显示判别效度。

此外，Fornell 和 Larcker（1981）提出了一种可以同时检验量表的聚合效度和区分效度的方法，即通过 AVE（average variance extracted）以及 AVE 与 Φ^2 的比较来同时检验聚合效度和区分效度。AVE 代表因子与测量项目间的共同变异，AVE＞0.50 表示在测量项目的变异中，可以由因子解释的部分大于由测量误差引起的部分，即具有聚合效度。Φ^2 是两个因子间标准化相关系数的平方，代表因子间的共同变异。AVE＞Φ^2 表示因子与测量项目间的共同变异，大于因子之间的共同变异，即具有区分效度。

综上所述，效度的评价是较复杂的，应该从多个方面搜集效度证据。除了我们已经介绍的外，还可以进行临床效度（clinical validity）、交叉效度（cross-validation）、表面效度（face validity）、增量效度（incremental validity）等方面的验证。实际应用时可结合各情况进行判断。Spitzer（1987）认为如果满足以下五个条件，即可认为量表是有效的：

（1）说明有内容效度和结构效度；

（2）在量表的制定阶段应让患者、医务人员、一般公民提出意见，供修正和提高内容效度；

（3）量表经重复使用证明其可靠性；

（4）如果有“金标准”存在，应以金标准为准，对观察对象在相似的条件下进行观察，确定结构效度；

（5）如果无金标准，结构效度由判别效度和收敛效度代替。

三、效度的影响因素

由于效度是测量系统误差和随机误差的综合，因此凡是会影响到信度的因素（包括测量的具体方式和程序，测量的条目数、测定者与被测定者的差异等等）均会影响到效度。

除此之外，凡是会增加系统误差的因素也会影响到效度。例如他评时，不同评分者在同一时间给相同测试打分的差异。再如。不同的测量内容之间所引起的差异，初测与复测之间的差异，不同实施测量的环境之间存在的差异等。

要想提高测量效度，就必须设法控制随机误差、减小系统误差，同时，还要选择好特别恰当的校标，把效度系数准确地计算出来。

第三节　反应度及其评价方法

一、反应度概述

反应度（responsiveness）是测定工具（量表）的重要特性，其概念、定义以及相应的测定方法还有很多争议。Terwee 等（2003）综述了 25 种定义和 31 种衡量方法。一般认为反应度是指测定工具能够反映出所测定的特质在时间上纵向变化（change over time）的能力和程度（Guyatt，1987），是指量表能测出所测定特质的微小改变的能力。反应度是在变化状况下该测量手段的应变性，故也称为在时间上变化的灵敏度（sensitivity）。

就生命质量测定而言，反应度指量表能测出生命质量在时间上变化的能力和程度。一份生命质量量表如果经评价后有一定的信度和效度，但如果没有检测出细微的、有实际意义的、随时间改变的能力，那么这个测量工具是没有任何应用价值的。

根据是否采用一个具体的外部评价标准可以分为内部反应度（internal responsiveness）和外部反应度（external responsiveness）（Husted，2000；Terwee，2003）。前者没有采用外部标准，而是根据专业知识、经验等（内隐地）认为在一定措施和时间后（如治疗后）已经有了一定的效果，好的量表应该能反映出这种变化。后者采用了一种具体的（外部的）评定方法（如肿瘤大小的变化、生理指标的改变）作为比较的标准。

二、反应度评价方法

目前，对反应度的评价方法还亟待解决。一般采用与某种外部标准（客观指标或专业经验）相比较的方法。比如，从专业上判断某病在治疗前后各功能状态均会发生较大变化，如果量表没有反映出这种变化（可采用配对 t 检验进行前后比较），说明缺乏反应度。

两种反应度的评价方法不完全一致，内部反应度的评价习惯上采用配对 t 检验（或秩和检验等），治疗前后有统计学意义（$p<0.05$ 或 $p<0.01$）就认为有好的反应度。外部反应度除了可以用本文的一些指标和方法外，更重要的还要反映与外部标准的关联和比较，因此可用相关、回归等方法来分析。下面介绍几种具体评价方法。

1. 配对 t 检验法　该法即采取配对 t 检验来说明采取某种措施（估计能改变生命质量）

前后两次测定得分差值均数的显著性（Guyatt，1987）。这是一种较直观的方法，用得较多。但严格来讲，这是不太准确的，因为配对 t 检验是对治疗前后差异为 0（完全相等）的检验，随着样本含量的增加总是能得出阳性结果。当样本含量较大时一点点差异就能得出统计学显著性，但这并不能说明量表灵敏。更不能用 t 值和 p 值的大小来说明反应度的好坏。

为了克服此问题，除了用传统的假设检验外，还应该给出具体的反应度衡量指标。可采用下面一些指标（统计量）来衡量反应度：

（1）变化率 CR（change ratio）：即得分变化的百分比，为治疗前后差值（治疗前-治疗后）均数占治疗前均数的比例，反映治疗后生命质量升高（负值）或降低（正值）的程度。

$$CR = \frac{\bar{d}}{\bar{X}_1} \times \% \qquad (4\text{-}14)$$

（2）效应大小 ES（effect size）：为治疗前后差值（治疗前-治疗后）均数与治疗前标准差的比值。

$$ES = \frac{\bar{d}}{S_1} \qquad (4\text{-}15)$$

（3）标准化反应均数 SRM（standardized response mean）：为治疗前后差值（治疗前-治疗后）均数与差值的标准差的比值。

$$SRM = \frac{\bar{d}}{S_d} \qquad (4\text{-}16)$$

（4）相对效率 RE（relative efficiency）：相关的两个 t 值的平方或 F 值的比值，用于不同测定工具或同一测定工具不同领域的反应度相对比较。

$$RE = \left(\frac{t_1}{t_2}\right)^2 \qquad (4\text{-}17)$$

式中，$\bar{X}_1$ 为基线（第一次）测定得分的均数，S_1 为基线（第一次）测定得分的标准差，$\bar{d}$ 为前后差值的均数，S_d 为前后差值的标准差。

本文给出了 4 种指标，结合其计算公式不难理解其含义，但还没有公认的判断标准。一般认为，ES、SRM 的绝对值在 0.2 左右则反应度较低，0.5 左右反应度适中，0.8 及以上反应度较好（Husted，2000）。CR 可以取 5%、10%、15%、20%等。至于 RE 只能用于不同量表或子量表（领域）的相互比较。一般说来，各指标判断的结果并不完全一致。从公式（4-14）～（4-16）看，区别主要在分母上，SRM 的分母考虑了治疗前后差异，因此推荐以 SRM 为主并参考其他指标下结论。类似的指标还可以构造出不少（Husted，2000；Terwee，2003）。

2. 差异相关法 Meenan 等（1984）建议用某措施前后生命质量得分的变化（差异）与某种生理指标（显然可推广）的变化的相关系数作为反应度的评价指标。比如，他们用风湿性关节炎功能量表的得分变化与关节柔韧性和抓握强度的变化的相关分析来评价量表的反应度。

3. 接受者操作特征曲线法 Deyo R.A 等（1986）提出了一种接受者操作特征（receiver operating characteristic，ROC）曲线法，可同时考虑量表的灵敏度和特异度。方法是（这里我们针对生命质量测定作适当修改）将量表测定视为一种“诊断”试验，然后按某种外部标准的变化将患者划分为改善与非改善组，并对前后两次测定的生命质量得分的差值，按某规定的界点分组，差值高于界点者判为阳性（+），否则为阴性（–），可得如下四格表形式的结果（表 4-2）。

表 4-2　ROC 曲线所需数据示意

生命质量变化	外部标准		合计
	改善	非改善	
+	a	b	$a+b$
–	c	d	$c+d$
合计	$a+c$	$b+d$	n

据此四格表形式的资料，可算出真阳性率（灵敏度）和假阳性率（1-特异度）。变换不同的界点即可得到不同的真阳性率和假阳性率。以此分别作为纵轴和横轴绘图即可得到 ROC 曲线。曲线下的面积即为反应度的综合评价指标。尚可同时得到面积的标准误，因而尚可对不同量表的反应度进行显著性检验比较。

三、反应度影响因素

影响反应度的因素主要有：

1. 评价反应度时所用到的测量间隔时间　若间隔时间太短，而评价结果显示未发现间隔时间前后的生命质量变化，有两种可能性。一是由于间隔时间太短，生命质量确实还没有发生变化（此种情形严格说来不能评价反应度，设计有问题）。二是可能是被测的生命质量已经变化了但量表的反应度太低，没能够发现其变化。此时很难来判断量表反应度到底好还是不好。因此，必须根据研究目的和研究对象的特点确定好重复测量的间隔时间。

2. 选择的外部标准的特异性和灵敏性　有学者建议用某措施前后生命质量得分的变化（差异）与某种外部指标的变化的相关系数作为反应度的评价指标。此时，这个外部指标的选择就尤为关键，既要有特异性还要具有一定的灵敏度。选择的指标的特异性和灵敏性将会直接影响到生命质量反应度的大小。

第四节　其他特性评价与小结

一、量表的其他特性考评

前面介绍了生命质量量表的三个主要特性的评价方法，一般也就考察这三个基本方面。但为了对量表进行全面考评，尚可对可接受性、可操作性、可行性等进行分析比较。

1. 可接受性　可接受性（acceptability）是指患者或被测定者对测定量表的接受程度（Donovan，1989）。再好的量表如果患者不愿意接受，也难于实行。

量表的可接受性主要取决于以下几个因素：

（1）量表具有简单性（simplicity）条目少且容易理解。

（2）量表内容为被测者所熟悉或认为有意义（与其生活及健康相关）。

（3）量表容易填写，看完简短的“填表说明”后即知如何完成。

（4）完成量表所需的时间较少。一般认为 7～20 分钟较适宜。临床使用的量表最好在 17 分钟内，一般人群评价的量表可稍长，但也不宜超过 30 分钟，否则被测者会感到厌烦而不愿完成，或随意乱填。

具体考察时可通过接受率（量表回收率）、量表完成率（事先确定完成的标准，比如所有条目均有回答者）和填表所需平均时间等来评价。

2. 可操作性 可操作性（operability）原本是一个管理学术语，这里指量表测定对象、测定的各概念及特质是否有可操作性定义。换言之，调查者是否容易理解和使用量表。比如量表的适用对象是吸毒者，那么什么是吸毒者需作出可操作性界定，否则调查者无所适从。

3. 可行性 可行性（feasibility）除以上两项外，尚包括测定工作是否容易组织实施，花费的代价是否大等。

二、各种评价特性间的关系

1. 信度与效度的关系 从前面的内容可以看出效度更重要，一个无效或效度很低的测验即使信度高也没有意义。因此，从一开始编制测验就应该注重提高测验的效度，并尽可能地收集各种效度证据。效度的验证通常要从内容效度、准则关联效度和结构效度三个方面进行考评，因为他们分别说明不同的问题。内容效度测验的重点是确定测验内容与某个行为领域的一一对应关系，从理念上说明其内容是否涵盖了所研究的特质；准则关联效度着重于测验分数与某种效标的相关，既可用于说明效度的好坏，也可用于预测；结构效度则是说明测验结果表现出的结构与理论上对该特质的结构认识吻合程度。一般说来，内容效度和结构效度是必须考察的，至于准则关联效度则视情况而定，如能找到恰当的效标则也需考评。

信度是效度的必要条件，而不是充分条件，信度高效度未必高。当随机误差的变异（方差）减少时，真值的变异（方差）增加，测量信度随之提高。但是此时信度的提高只是给效度提高提供了可能，效度是否真的提高，还要看系统误差的方差大小。可见，信度高效度不一定高。但是，一个量表要想效度高，真值的方差必须占较大的比重，即其信度必须要高。因此要认真考虑前述影响信度的因素，采取措施尽量提高测验的信度。

信度和效度的关系可用图 4-1 反映：

2. 信度、效度与反应度的关系 一般来说，当测定工具仅用于横断面测定时，可以只要求信度和效度，而当用于纵向测评时就需要考虑反应度了。换言之，任何一个测量工具都必须考虑信度和效度，反应度则不一定。正如 Kirsher B 等（1987）认为的那样，如果生命质量测定量表用于判别、描述或预测，证实量表的信度和效度即可；如用于临床疗效评价还需证实反应度。实际上，在以生命质量为指标的大量的预防干预措施或方案的效果评价中也需考核量表的反应度。

图 4-1 信度和效度示意图

此外，也有人认为反应度是效度的一种，是从另外一个角度搜集的效度证据，不应作为一个独立的方面（Hays，1992）。广义上讲，这是对的。但鉴于反应度的重要作用，还是作为一个独立的方面为好。

3. 可接受性和可操作性等也会影响测量的信度和效度 量表的条目多少，条目理解的难易程度及完成时间等均会影响到量表的信度。试想一下，若要被调查对象花 1 个小时完成的有 200 个条目的量表，前面的条目可能他会认真回答选择，后面的条目就极有可能因为厌烦情绪而胡乱回答或选择，这必然会影响到测量信度。一个好的量表必须有好的可操作性，对量表的测量对象，一些具体概念均有统一的、明确的定义，否则，不同的调查者调查的特质可能会有很大的不同，导致测量偏倚，进而影响的测量的效度。

三、量表评价小结

本章介绍的各种信度评价方法本质上都是对测验的一致性进行估计，但由于误差来源不同，对它们研究的侧面各不相同，其中重测信度说明的是测验跨时间的一致性，复本信度说明的是跨形式的一致性、内在一致性信度和分半信度说明的是测验跨项目或两个分半测验之间的一致性，评分者信度说明的是测验在不同评分者间的一致性。这些信度在同一个测验中未必都需要或都能进行考评，比如采用了重测信度就不会再用复本信度，对自评量表根本就不需要进行评分者间信度的考评。一般说来，分半信度和内部一致性信度根据一次测验即可计算，原则上都要进行考评；重测信度或复本信度也应进行考评，根据测定的形式采用一个即可。

效度评价是从多个方面搜集效度证据，而不是有多个效度。比较公认的是至少要考察内容效度、结构效度和效标效度三个方面。三方面的效度都是围绕效度的基本问题展开的。结构效度帮助我们运用测验分数解释人的心理特质，可由结构效度研究的资料来回答测验所测量的东西。效标关联效度可用来了解测验分数能否有效地预测或估计某种行为表现，是关于测验结果的一些实际用途的检验。内容效度则与研究的内容范围有关，它帮助我们决定测验分数能否代表某种学习结果的成果，也是关于测验结果的一些实际用途。一个测验需要哪种效度证据，取决于一定的测验目的，不同的测验偏重于不同的效度证据。效度的验证虽是测验编制后进行的工作，但其指导思想在编制过程中始终起着主导作用。

为了便于学习，量表考评的内容、指标及方法归纳于表 4-3。

表 4-3　量表考评的内容、指标和方法

考评方面	考评指标	考评方法
信度	重测信度/相关系数	第一次测定和第二次测定领域分和总分得分间的相关
	重测信度/ ICC	第一次和第二次测定领域分和总分间的组内相关系数 ICC（Mixed model，consistency）及其 5%可信区间
	分半信度	总量表或领域内的条目按奇偶顺序分为两半，计算两部分的相关系数
	内部一致性	各领域的克朗巴赫（α）系数
	概化理论的信度	计算概化系数及可靠性指数
效度	内容效度	根据经验分析
	结构效度	条目-维度相关性，因子分析，结构方程模型分析
	校标效度	计算与校标（如 SF-36 量表得分）之间的相关系数
	临床效度/已知组比较	按临床特征（如不同临床分期、不同治疗方法）分组计算得分和比较（t 检验）
反应度	内部反应度	治疗前后测定数据各领域分和总分配对 t 检验，并计算效应指标：标准化反应均数 SRM 等
	外部反应度	治疗前后生命质量得分变化与其他客观指标变化的相关分析，ROC 曲线分析
可行性	完成时间	观察患者完成整个量表所需的时间
	量表的回收率	回收问卷数占发放问卷数的比例
	量表的合格率	合格完成的量表数占收回量表数的比例

第五节　现代测量理论评价方法简介

一、概化理论评价方法简介

某一学生在写一篇记叙文时由李老师评分，结果评分为 85 分，因此老师就直接用 85 分估计了他的写作水平。这样的观点对不对呢?

假若我们把这个学生的 85 分仅仅推论为“在李老师看来，该学生写记叙文的水平为 85 分”是否更加妥当一些呢?

经典测量理论通常就是直接将 85 分估计该学生的写作水平，此时实质是将王某写一篇记叙文并且由一个特定评分者李老师评分推论到了写任何一篇任何类型的作文，由任何一位老师评分的结果上了，显示此时推论的精度不够理想，这种模糊推断是不恰当的，这就涉及我们将测量结果进行推论时，需要确定恰当的条件全域范围，需要用到现代测量理论中的概化理论（杨志明，2005）。

1. 概化理论的概念　概化理论 GT（Generalizability Theory）是一种把干扰测验分数的无关变量或因素引入测量模型之中，然后用统计技术分别估计出这些因素或因素之间的交互作用对测验分数的影响程度，从而较好地控制测评误差的现代测量理论。

2. 概化理论的基本原理　概化理论的基本原理：首先根据研究目的明确测量目标、测量侧面及它们之间的关系，也就是明确测量模式和测量结构，确定所用方案是何种设计（例如，随机单面交叉设计、随机双面交叉设计或随机单面嵌套设计等）；再根据不同的设计方案，应用方差分析的原理，估计出各个因素和因素之间交互作用对测量分数的影响程度；最后根据决策需要综合考虑各个影响因素，计算概化理论中用来表示 “信度”的 2 个指标，即概化系数和可靠性指数。

概化理论研究过程分为G研究和D研究2个过程。G研究主要是尽可能多地估计测量过程中所有误差来源的变异分量。D研究则是为了某种特殊的决策需要，以G研究得到的变异分量估计值为基础，先计算当测量侧面样本容量与G研究相同时的相对误差、绝对误差、概化系数和可靠性指数等，再进一步通过改进测量模式、改变测量结构或改变测量侧面的样本容量（例如本研究采用）等测量设计条件，重新计算相对误差、绝对误差、概化系数和可靠性指数，进而估计出条目数量对测量误差和信度指标的影响，为改进量表的条目设置提供依据。对于概化系数和可靠性指数，有学者（Winterstein，2010）认为，0.8 以上才是好的。还有学者（甘媛源，2011）认为，概化系数和可靠性指数在0.6以上即算好。

3. 概化理论的特点　概化理论的优越性有以下几点：①在理论假设上，与经典测量理论（CTT）的“严格平行测验假设”（assumption of classical parallel tests）不同，概化理论代之以“随机平行测验假设”（assumption of randomly parallel tests），使分析问题的条件较容易得到满足；②概化理论利用方差分析技术，将测评变异分成几个部分，从而能辩明误差的来源；③概化理论明确主张要研究测量问题必须先确定测量情境，并在一定范围内变动测量的情境关系，以寻求最优化的测量设计，改进并指导实际的测量工作。

4. 概化理论的基本观点　概化理论的基本观点包含了：①每次测量工作所涉及的条件（测量侧面）不尽相同，研究者对测验结果解释的概括的程度也不尽相同。②测量工作的精确程度取决于研究者获取行为样本时所涉及的条件个数、结构、性质等，也取决于测验结果解释的概括程度。③讨论被试的某种潜在特质水平时，要同时指出这种水平是在何种测量条件下取得。④根据行为样本的得分估计行为总体水平时，必须同时指出测量条件是否也推论到了各自对应的条件总体（条件全域）。

二、项目反应理论评价方法简介

1. 项目反应理论的概念　项目反应理论IRT（item response theory）也称潜在特质理论（latent trait theory），是针对经典测量理论CTT（classical test theory）的局限性提出来的一种现代心理测量理论，主要的研究内容是被试在测验项目上的反应行为与被试潜在特质之间的关系（漆书青，2002）。

项目反应理论假设被试是一种“潜在特质”（某种心理特质或某种能力），被试在测验项目的反应（观察变量）与其潜在特质（潜变量）之间有特殊的关系，通过寻找和拟合适当的模型（项目特征函数）来刻画这种数量关系，还可以用图形的方式（项目特征曲线）来直观地表达，用信息函数及其曲线来进一步刻画这种关系。

2. 项目反应理论的优点　项目反应理论具备以下优点：①采用非线性模型，建立了被试对项目的反应与其潜在特质之间的非线性关系，适用范围更加广泛而且更符合事实。②项目参数不变性，难度和区分度的估计值与被试能力无关。③将被试能力和测试题目的难度放在同一量尺进行估计，对被试能力的估计不依赖于特定的测试题目的数量；④信息函数代替了信度的概念，用测验对能力估计所提供的信息量的多少来表示测量的精度，这避免了排序测验的假定，并能给出不同能力被试的测量精度。

学 习 思 考

1. 什么是信度？常用评价信度的方法有哪些？
2. 什么是效度？常用评价效度的方法有哪些？
3. 什么是反应度？常用评价反应度的方法有哪些？
4. 如何区别测量中的系统误差和随机误差？

（万崇华）

第五章　生命质量评价方法

学习目标

通过本章的学习，了解生命质量评价方法的重要性，掌握生命质量评价的得分计算和解释，以便于更好地让受试者了解自己的生命质量。

前面述及，生命质量评价是指对人们在一定时点上生命质量得分的评判、对比和解释。严格说来，包括对个体的评价和对群体的评价。对生命质量进行评价，就需要进行得分计算并对生命质量资料进行分析处理，从而做出评判性结论和解释。为了便于解释，一般要计算为 0～100 取值的标准化得分，这样得分的高低就有了一个相对的标准。当然，如果涉及比较，还需要有参照体系（类似常模），比如大样本人群的得分均值；涉及得分变化的临床意义还要有最小临床重要性差异 MCID。本章将从量表的得分计算开始，对评价中涉及的问题进行介绍。

第一节　测验得分计算

一、原始分数的计算

当患者或被试完成生命质量量表的测定后，紧接着就要根据事先预定的标准对受试者的回答进行记分。所有这些从量表上直接评定出来的分数叫做原始分数（raw score）。包括条目分数、领域（子量表）分数、总量表分数等。

条目分数就是每个条目所选答案获得的分数，比如万崇华等开发的 QLICD-SLE（V2.0）（Quality of Life Instruments for Chronic Diseases - Systemic lupus erythematosus）量表采取五点等距评分法，依次计为 1、2、3、4、5 分。在量表中有正负向条目之分，正向条目得分越高代表生命质量越好，逆向条目得分越高代表生命质量越差。对正向条目而言，无需进行转换，原始得分即为条目得分，对逆向条目，需对其进行“正向变换”。领域（子量表）分数，是指几个条目构成一个领域或子量表，将这几个条目的分数相加，得到该领域或子量表的分数，比如万崇华等开发的 QLICD-GM（V2.0）（Quality of Life Instruments for Chronic Diseases- General Module）慢性病患者生命质量测定量表体系共性模块包括生理功能（9 个条目）、心理功能（11 个条目）、社会功能（8 个条目）3 个领域。同一领域/子量表的各个条目得分之和构成该领域/子量表的原始分，各个领域得分之和构成了总量表的原始分。

下面具体介绍量表各层次的计分方法（有的量表可能没有这么多层次，有的可能层次更多，相应减少或增加即可）。

1. 条目的计分方法　当确定条目的形式及回答选项后即可确定计分方法。一般采用线性和等距与不等距等级记分法。对于线性记分法，一般给出一定长度（通常 0～10cm）的线段，并定出两端的选项，适用于一些反映心理感受和社会功能状态的条目。对于等距等级计分法，根据其回答的取值 1、2、3…分别取为 1，2，3…分即可，适用于测量客观功能状态和行为。对不等距等级计分法则应通过调查确定每个等级术语（程度副词）的定位情况（可用均数、众数等为其代表值），对中间一些等级的得分进行适当调整。如在 SF-36 中，条目 6“在过去 4 个星期里，您的身体健康或情绪不好在多大程度上影响了您与家人、朋友、邻居或集体的正常社交活动?”，答案“根本没有影响、很少有影响、有中度影响、有较大影响、有极大影响”分别评分“1、2、3、4、5”；而条目 7“在过去 4 个星期里，您有身体上的疼痛吗?”，可供选项“根本没有疼痛、有很轻微疼痛、有轻微疼痛、有中度疼痛、有严重疼痛、有很严重疼痛”分别评分“1.0、2.2、3.1、4.2、5.4、6.0”。

值得注意的是不管何种尺度，若是逆向条目（取值越大生命质量越差的条目），其得分要进行“正向”变换。变换公式如下：

线性尺度：最大值–实际值

等级尺度：（最大值+1）–实际值

当然，也有的量表在条目计分时不作变换，而是等到领域计分时才进行变换。如 EORTC QLQ-C30 量表及其整个 QLQ 量表体系中的量表。

2. 侧面、领域及总量表的计分方法 由于用于测定生命质量的量表条目一般都较多，若分别对条目进行分析会增加处理难度，耗费大量的时间和精力，因此通常做法是进行降维处理，把多个变量综合为几个主要指标。通常根据量表的理论结构按侧面、领域、甚至总量表来计算得分。

常用的综合方法是直接累加和加权累加。

（1）直接累加法：量表中某些条目按照构成层次的所属关系代表生命质量的某个方面，将这些条目得分进行累加，从而得到侧面、领域甚至总量表的得分。

SF-36（中国版）、Feeny 等的健康效用指数、Cella 等的癌症治疗功能评价系统、WHOQOL-100、中国的 QLICP 和 QLICD 体系均采用此法。

（2）加权累加法：量表中的每一条目都赋予一个权重系数 ω_i，然后再进行加权累加。权重系数的确定可分为定量和定性两大类。在生命质量研究中，主要利用因子分析中产生的因子负荷来确定各领域与整个量表的相关关系，常用主成分法，即通过因子分析找出几个主要的综合变量（主成分），各条目在主成分上的因子载荷即作为权重。

其他确定权重的方法还有 Delphi 法，层次分析法，决策分析中的一些方法，如标准赌博法（standard gamble），时间权衡法（time trade-off）等。

使用直接累加法计分时，可能会使量表缺乏辨别能力。由于它忽视了各条目的相对重要性，某些条目的较高得分会被较低的得分所拉平。直接累加法也有其优点，该法简单易行，因此在实际应用中，该法用得较多，尤其是在某些权重较难确定或者是否采用权重存在争议时。

加权累加法虽考虑了条目的相对重要性，但由于是否采用权重、权重的确定方法较难统一等争议限制了其应用。更有甚者，任意赋予权重，这往往导致结果的多样性，不利于同类资料间的相互比较。

加权累加理论尚未成熟，在对量表计分时以直接累加法为好。在使用直接累加法对原始分进行分析时，各侧面、各领域的条目数量实际上起到了一定权重的作用。

需要注意的是，是否计算量表总分争议还比较多。有的计算，如 FACT 系列、QLICP 和 QLICD 系列等；有的不计算，如 SF-36、QLQ 系列等。应根据各量表（体系）的计分规则进行计算。

二、转化分数的计算

原始分数仅仅代表由测量程序中抽样出的行为的数量，它提供的信息并不是始终有用的。通常而言，我们有必要将原始分数进行重新表达或转化成某些更具有信息的量表，他们具有参照点和相等单位，使不同的原始分数可以相互比较，具有具体而有效的意义。运用统计方法将原始分数转换成量尺上的分数，叫做转化分数或导出分数（derived score），也称为标准分数（standard score）。原始分数转化以后，并不会改变其价值，只是改以不同的单位系统进行表达，使原始分数显示出比原先更多的信息。

此外，有时为了消除条目多少的影响或者比较各维度得分，也需要计算各领域甚至总量表的转化分（标准分）。

计算转化分的方法很多，生命质量测评中常用的是极差法（线性变换）和 Logit 法（非线性变换），也可以采用基于标准正态变换得分（z-score）来计算的各种标准分（详见常模参照测验部分）。

1. 极差法标准分　采用下面的计算公式（5-1）来进行计算：

$$\text{转化分}=\frac{\text{原始分}-\text{理论最低分}}{\text{理论最高得分}-\text{理论最低得分}}\times 100 \quad (5\text{-}1)$$

或

$$SS=(RS\text{-Min})\times 100/R \quad (5\text{-}2)$$

其中 SS 为标准化分，RS 为原始分，Min 为该领域/侧面/总量表得分的最小值，R 为其得分极差，即最大值减去其最小值（R=Max–Min）。

很多量表或量表体系均采用此法来计算标准分，如 QLICP 和 QLICD 系列、SF-36、QLQ 系列等。

2. 标准正态变换法标准分　这是基于标准正态变换得分（z-score）来计算的各种标准分（详见常模参照测验部分），如 Z 分、T 分、CEEB 分等。由于常用的各种变换的总分不在 0～100 之间，因此，生命质量评价中很少采用。

3. LOGIT 变换法标准分　Logit 变换也称对数单位转换，其公式是

$$\text{Logit}(P)=\ln(P/(1-P)) \quad (5\text{-}3)$$

P 为符合某条件的累积概率，P 与 1–P 之比为优势（odds），Logit（P）就是 odds 的对数值。显然，这是非线性的变换，用得较少，不再详细介绍。

美国的 FACT 量表体系采用了这种方法。他们按 Logit 变换法将各领域和总量表的原始分转化为 0～100 取值的标准分。已有现成的表格可查阅 FACT-G 的总分（原始分）相对应的标准分值（详见表 5-1），其他领域的转换关系与此类似。

表 5-1　FACT-G（V4.0）的原始分与标准分转化对照表

原始分	标准分	原始分	标准分	原始分	标准分	原始分	标准分	原始分	标准分
0	0	22	39	44	46	66	52	88	60
1	8	23	39	45	46	67	52	89	60

续表

原始分	标准分	原始分	标准分	原始分	标准分	原始分	标准分	原始分	标准分
2	16	24	40	46	47	68	53	90	61
3	20	25	40	47	47	79	53	91	62
4	23	26	40	48	47	70	53	92	62
5	25	27	41	49	47	71	54	93	63
6	27	28	41	50	48	72	54	94	63
7	28	29	41	51	48	73	54	95	64
8	29	30	42	52	48	74	54	96	65
9	31	31	42	53	48	75	55	97	66
10	32	32	42	54	49	76	55	98	67
11	32	33	43	55	49	77	55	99	78
12	33	34	43	56	49	78	56	100	69
13	34	35	43	57	50	79	56	101	70
14	35	36	44	58	50	80	57	102	72
15	35	37	44	59	50	81	57	103	74
16	36	38	44	60	50	82	57	104	76
17	36	39	45	61	51	83	58	105	79
18	37	40	45	62	51	84	58	106	84
19	37	41	45	63	51	85	59	107	92
20	38	42	45	64	52	86	59	108	100
21	38	43	46	65	52	87	59		

有了转化分数，才可以对测验的结果做出有意义的解释，根据解释分数时的参照标准不同，可分为常模参照测验和标准参照测验两种。

三、常模参照测验

常模参照测验（norm-referenced test，NRT），即用常模作为解释个人测验分数的参照标准的一种测验。所以常模参照测验是一种对测验结果进行解释的方式，凡采用这种方式来解释测验分数者，均称为常模参照测验（张厚粲，2012）。

常模群体可以是一个特别选定的团体，也可以是被测者所在群体的本身。常模群体的平均分数（或百分位数）一般可以反映它的水平，称为常模（norm）。以常模为参照点，将被测个人的得分与常模比较，并把比较的结果所反映出来的差异数量化，作为导出分数。参照常模解释分数，突出反映了被试在常模群体中的相对位置，便于进行比较。

1. 常模制定 我们要想正确地解释、评价和使用测评的分数，必须借助于某项参照标准。常模就是这样一种参照标准。常模是指一个有代表性的样组在某种测验上的表现情况，或者说，是一个与被试同类的团体在相同量表上得分的分布状况与结构形式，一般用测评分数的平均数和标准差来表示。参照常模对测评的分数进行解释和评价，实质上是通过考查个体的得分在某一群体所有成员中的相对位置来衡量和评价该个体的情况。

常模代表了评估适用范围内全部被试的总体情况，理论上应取全部被试的评估结果计算常模。实际的做法是，从总体抽取有代表性的样本，用该样本的评估结果代表总体，用样本的分布估计总体的常模。确立常模的关键步骤是取样，应使所取的样本达到所要求的代表性。在确定常模团体时，要注意以下几个问题。

（1）群体的构成必须明确界定。在制定常模时，必须清楚地说明所要测量的性质与特征。可以用来区分和限定群体的变量是很多的，如年龄、性别、职业、地区、民族、文化程度、社会地位、疾病的种类及程度等。依据不同的变量确定群体，便可得到不同的常模。

（2）标准化样本必须是所要测量的群体的一个代表性取样。当所要测量的群体很小时，将所有的人逐个测量，其分数分布便是该群体的最可行的常模。但在群体较大时，因为时间和人力、物力的限制，只能测量一部份人作为总体的代表，这就有个取样是否适当的问题。由于从某些团体搜集资料比较容易，所以有取样偏差的可能性。常模团体缺乏代表性，会使常模资料产生偏差从而影响对测量分数的解释。为了克服困难取样偏差，在搜集常模资料时，一般采用随机取样或分层取样的方法，有时也可把两种策略结合起来使用。

（3）取样的过程必须详尽地描述。在一般的测验手册中，都有相当的篇幅介绍常模团体的大小、取样策略、取样时间以及其他有关情况，描述越详尽，越便于使用者判断自己的受测者与常模团体是否具有可比性。

（4）样本的大小要适当。所谓“大小适当”并没有严格的规定。一般说来，取样误差与样本大小成反比，在其他条件相同的情况下，样本越大越好，但也要考虑具体条件（如人力、物力）的限制。有时从一个较小的但具有代表性的样本中得到的数据比来自较大但定义模糊的团体中得到的数据还要可靠。不过，在有代表性的前提下，样本应该大到足以提供稳定的常模值。究竟应该大到多少，可根据要求的可信程度与容许的误差范围进行统计推算。

（5）要注意常模的时间性。由于经济与社会的改变和发展，几年前所编制的常模可能不再适合，因此常模必须定期修订。要以批判的眼光看待旧的常模，并尽可能采用新近的常模。

（6）要将一般常模与特殊常模结合起来。测验手册上所列的常模通常是为典型团体建立的，不一定适合使用者的个体情况。对此问题的一个解决方法是为每个特定目的建立特殊常模。特殊常模是为非典型号团体建立的，其优点是，将个人与背景相近的人比较，但这同时也是它的缺点，不容许在较广的范围内对分数作解释。不过，测验使用者可将特殊常模与一般常模结合起来，从而获得最大量的信息。

测验的常模主要包括发展常模和组内常模两种类型。发展常模表示某一年龄心理发展的平均水平，用于衡量被试已经达到的发展水平，多用于心理测验。几乎所有的标准化测验都提供某种形式的组内常模，组内常模的分数具有统一、清楚的数量意义，因而能进行大多数统计分析。

2. 常用的组内常模：百分位数　把常模样本的分数从低到高排列起来，低于某一特定分数的人数的百分比就是百分位数。例如，低于 25 分的个体占 30%，则 25 分就是第 30 百分位数（记作 $P_{30}=25$）。百分位数表示了被试在团体中的相对位置。某被试的分数为 25，表明他比常模团体中 30%的个体的分数要高。很明显，第 50 百分位数就是中位数。低于常模样本所有分数的被试分数，百分位数为 0；高于常模样本的最高分数的被试分数，百分位数为 100。

百分位数易于理解，便于计算，用途相当广泛。它的缺点是单位不等（间隔不等）。由于多数待测属性分布近似正态，中间多，两端少，所以从 0%到 5%包括较少的个体，而从 45%到 55%则包括较多个体。换句话说，虽然百分位数的改变量相同，但是低分或高分端的实际距离是比较大的，而中间部分的实际距离比较小，这就将两端的差异缩小了，将中间的差异扩大了。

3. 常用的组内常模：标准分数 由于原始分数量表是任意的和独特的，也就是说它不是通用量表，而在有些情况下，特别是想对测评分数作统计分析时，需要将测评分数表示为等距量表，即有相等的单位的量表，而标准分数（standard score）就具有这种性质。

标准分数是将原始分数与平均数的距离以标准差为单位表示出来的量表，因为它的基本单位是标准差，所以叫标准分数。

（1）标准分数 *Z* 及其变化。*Z* 是原始分数与平均分数的离差以标准差为单位的分数，用公式表示为：

$$Z=\frac{x-\bar{x}}{s} \tag{5-4}$$

Z 标准分数的性质：以平均数为 0，标准差为 1 的量表来表示；*Z* 分数为正或负，表示其与平均数的离差大小；由于该量表是以标准差为单位，所以它是一种等距量表。等距量表可以作四则运算；原始分数转换成标准分数是线性转换，因此 *Z* 分布的形状与原始分数的形状相似，假如原始分数的分布有偏倚，则 *Z* 分布的分布也是一样的；假如原始分数的分布是常态的，则 *Z* 分数范围大致从−3 到+3。

Z 分数的转化：小数和负数的存在使线性的和常态化的分数在计算和解释上有些不便。为此，经常将 *Z* 分数作一线性变换，使其容易记录和解释。一般的转化形式为：

$$Z'=A+BZ \tag{5-5}$$

其中 *Z'* 为转化后的标准分数，而 A 和 B 为根据需要指定的常数。加一个常数时为了去掉负值，乘一个常数是为了使单位变小从而去掉小数点。加或乘一个常数并不改变原来分数间的关系。下面的几个标准分数实际上都是基于 *Z* 分的变化。

（2）*T* 分数。与线性导出分数一样，常态化标准分数也可以被转换成任何方便的形式。当以平均数为 50，标准差为 10 来表示时，通常称为 *T* 分数。最初 *T* 分数是由麦考尔（McCall，1939）根据 12 岁儿童团体来定义的，用来报告儿童在一份智力测验上的作业成绩，并含有纪念推孟（Terman）和桑代克（Thorndika）二人之意。*T* 分数的转换公式为：

$$T=50+10\,(Z) \tag{5-6}$$

T 分数仍保留 *Z* 分数的两个优点：①单位的等距；②可以对两个以上不同测验分数进行比较。与 *Z* 量表一样，*T* 量表不能为未学过统计学的人所掌握，但可根据常态曲线将 *T* 量表转化为百分位。如果 *T* 分数是 60，与它相应的百分位是 84，而 *T* 分数是 35 时，相应的百分位是 7。不论测验的性质和内容是什么，这些 *T* 分数与百分位的关系仍成立。

（3）CEEB 分数。CEEB 分数（college entrance examination board score）是美国大学入学考试委员会所采用的一种标准分数，它是以标准分数为基础所转换的导出分数。其计算公式为：

$$\text{CEEB 分数}=500+100Z \tag{5-7}$$

CEEB 分数的平均数为 500，标准差是 100，对于非常大的样本（如几万人），标准分数 *Z* 的范围可扩大至−4 到+4 的范围，因此，CEEB 分数的范围可从 100 分到 900 分。

四、标准参照测验

标准参照测验（criterion-reference test，简称 CRT）是在施测之前即已预定标准，施测后根据预定标准来核对测验分数，从而判定是否达到预定标准（张厚粲，2012）。标准参照记分法与一般标准化的测验不同。该类测验不需要建立常模，测验结果不按常模来解释个人的得分，只看个人成绩是否达到预定标准，且不考虑个人在团体中的相对地位。

标准参照测验的分数解释可以分为两类，第一类是从所包含的内容范围方面解释，可以叫做内容参照的分数解释；另一类是从与外在标准的关系方面考虑，即用预期的效标来解释测验分数，这种事结果参照的分数解释。

由于常模标准参照测验和标准参照测验的意义和作用不同，因此对它们的要求也不一样，对常模参照测验来说，要求它的题目应有高区分度，有较强的鉴别力，条目难度要适中，一般介于 0.3～0.7 之间。这种测验的分数通常全距大，分布广，多呈现正态。标准参照测验则不然，它主要看条目能否测出治疗的效果，有没有达到预期标准。常模参照测验与标准参照测验的根本区别就在于解释分数的参照点不同。常模参照测验解释分数的参照点的选取赖以常模群体的水平，属于相对评价范畴。标准参照测验的参照点是被测群体之外预先确定的目标，它独立于特定的群体，这种评价属绝对评价范畴。

在生命质量测评中是否制定常模争议较大，一般不主张制定常模。必要时可以用较大规模取样的相应得分值权当作为常模。

五、得分计算实例

下面以万崇华等开发的 QLICD-GM（V2.0）为例来详细说明极差法标准分数的计算。为了更好地阐释清楚该问题，首先会介绍该量表的记分方式和原始分数的计算，然后再介绍怎样计算标准化分数。

QLICD-GM（V2.0）是慢性病患者生命质量测定量表体系 QLICD（Quality of Life Instruments for Chronic Diseases）中的共性模块 QLICD-GM（General Module），该模块包括生理功能（9 个条目）、心理功能（11 个条目）、社会功能（8 个条目）3 个领域 9 个侧面共 28 个条目，每个条目均为五级等级式条目。

1. 条目计分　由于 QLICD-GM（V2.0）采取五点等距评分法，依次计为 1、2、3、4、5 分。在量表中有正负性条目之分，正向条目得分越高代表生命质量越好，逆向条目得分越高代表生命质量越差。对正向条目而言，无需进行转换，原始得分即为条目得分，对逆向条目，需对其进行“正向变换”，即用 6 减去原始得分得到条目得分。

用公式表达为：

正向条目得分=（0+回答选项数码）

逆向条目得分=（6–回答选项数码）

QLICD-DM（V2.0）中正向条目有 GPH1、GPH2、GPH4、GPH6、GPH7、GPH8；GPS1、GPS3、GPS10；GSO1、GSO2、GSO3、GSO4、GSO5、GSO8。其余均为逆向条目。

2. 领域、侧面及总量表计分　首先分别计算各领域、侧面、总量表的原始分 RS（Raw Score），同一领域/侧面的各个条目得分之和构成该领域/侧面的原始分，各个领域得分之和构成了总量表的原始分。

3. 计算标准化得分 为了便于相互比较，需要将原始分转化为标准得分 *SS*（Standard Score），采用的是极差化方法，即 $SS=(RS-\text{Min})\times 100/R$。

表 5-2 详细给出了原始分数的计算及极差化法标准分数的计算。

表 5-2 QLICD-GM（V2.0）各个领域的原始分、标准分计算方法

领域/侧面	代码	条目数	Min	Max	*RS*	*SS*
生理功能	PHD	9	9	45	BPF+IND+EAD	（*RS*-9）×100/36
基本生理机能	BPF	4	4	20	GPH1+GPH2+GPH3+GPH4	（*RS*-4）×100/16
独立性	IND	3	3	15	GPH6+GPH7+GPH8	（*RS*-3）×100/12
精力不适	EAD	2	2	10	GPH5+GPH9	（*RS*-2）×100/8
心理功能	PSD	11	11	55	COG+EMO+WIP	（*RS*-11）×100/44
认知	COG	2	2	10	GPS1+GPS2	（*RS*-2）×100/8
情绪	EMO	7	7	35	GPS3+GPS4+GPS5+GPS6+GPS7+GPS8+GPS9	（*RS*-7）×100/28
意志与个性	WIP	2	2	10	GPS10+ GPS11	（*RS*-2）×100/8
社会功能	SOD	8	8	40	INC+SSS+SOR	（*RS*-8）×100/32
人际交往	INC	3	3	15	GSO1+GSO2+GSO3	（*RS*-3）×100/12
社会支持	SSS	3	3	15	GSO4+GSO5+GSO6	（*RS*-3）×100/12
社会角色	SOR	2	2	10	GSO7+GSO8	（*RS*-2）×100/8
共性模块量表	CGD	28	28	140	PHD+PSD+SOD	（*RS*-28）×100/112

视窗 5-1

生命质量得分计算

（1）从量表上直接评定出来的分数叫作原始分数（raw score）。

（2）运用统计方法将原始分数转换成量尺上的分数，叫作转化分数、导出分数、标准分数（standard score）。

（3）有了转化分数，才可以对测验的结果做出有意义的解释。

第二节 测验得分解释

测验的基本任务就是用适当的方法，以量化的数值来描绘个人的生命质量情况。所以如何解释由测验工具所测得的分数，才能使所得分数具有意义，进而让人们真正了解自己生命质量的状况，这就是测评分数的解释。

一、解释测评分数者所应具备的资格

面对一张气象图，我们不懂它的意义，但在专业人员的解释下，就能知道高气压与低气压相互作用下使气候产生了什么变化，海洋气流又会产生什么影响。经验越丰富，气候预测得越准确。解释生命质量的测验分数也是同样的道理。不囿于测验的表面结果，汇集专业知识和相关素养，并配合受试者的多方资料，结合足够的专业伦理和自身成熟与稳定的特质，才能将测验分数解释得完善。所以，严格地讲，解释任何一个测验的结果都需要一定的资格限定，并不是任何人都能胜任。解释分数的人员必须经过专门的训练，懂得所使用的测验及其结果的解释原则。

二、解释测评分数的原则

1. 应参考其他相关资料　解释分数时，必须将个人的经验及背景因素考虑在内。

2. 必须考虑测验的效度　只有测验分数和常模分数并不足以对测验结果做出合理的解释，应该结合效度资料。因为任何一个量表都不是百分之百准确的，要使测验的结果解释比较合理，就必须根据效度资料加以说明。

3. 测验分数应是一个范围　由于测验分数不是完全可靠的，即测验的信度不等，因此，任何时候都要把测得的分数看成是一个范围而不是一个确定的点。在解释分数时，所提供的应该是一个可能的参考范围或是一个最佳估计，最好不要把它具体成一个精确的结果。实际上，这也是为自己的解释结果留有余地。

4. 不同的测验分数不能直接进行比较　即使两个名称相同的测验，由于所包含的具体内容不同、样本的组成不同、量表的单位各异，其分数便不具有可比性。为了使不同的测验分数可以进行比较，必须将两者放在统一的量表之上。

5. 解释分数时态度应该谨慎小心

6. 个体分数的意义要考虑其在群体中的相对位置　群体分数的意义要有参照对比，涉及临床时还要结合最小临床有意义差异 MCID（见本章第三节）才能合理解释。

三、测验结果的报告

为了使受试者准确地理解测验分数，在报告分数时务必做到以下几点：

1. 使用当事人所理解的语言　测验作为一个专门领域，有其自己的专用术语，在解释测验分数时必须考虑到受试者是否能够完全理解你所使用的专门词汇。一般情况下，应选用通俗的术语或受试者能理解的术语来解释测验分数。必要时可询问受试者是否明白所解释的意思。

2. 要让受试者知道这个测验的含义、功能、目的及可信度　并非要把测验的信度和效度都告诉被试，而是要让受试者明白这个测验能做什么、不能做什么，所得的分数代表什么意义。如果是常模参照测验，应该让受试者知道他是在和谁进行比较。

3. 要使受试者明白分数只是一个最好的估计，可能有误差　任何测验分数都不能绝对化，这样做是为了让受试者更好地使用他的分数。

4. 要考虑分数将给受试者带来的心理影响　由于测验分数的解释会影响受试者的自我评价和自我期待，从而影响其行为，所以在解释分数时要考虑受试者的反应。

视窗 5-2

测验得分解释

（1）解释分数的人员必须经过专门的训练。

（2）解释分数的人员必须懂得所使用的测验及其结果的解释原则。

第三节　得分的最小临床有意义差异制定

一、最小临床有意义差异的概念与作用

在生命质量量表应用中的一个核心问题就是得分的合理解释。越来越多的学者认识到仅根据治疗前后量表得分差异的假设检验 P 值来判断疗效是不科学的，只要样本例数足够大，P 值一般都会显示统计学意义，但并不能说明有临床意义。因此，量表应用中的一个关键问题是不同疾病的生命质量要改变多少才具有临床意义？亦即其最小临床重要性差异 MCID（minimal clinically important difference）如何确定？

MCID 也称最小临床重要性变化 MCIC（minimal clinically important changes）或临床有意义变化 CMC（clinically meaningful changes）或临床显著性变化 CSC（clinically significant changes），指生命质量得分要改变多少才具有临床意义，是得分解释和量表推广应用的关键问题。

案例 5-1

生命质量得分解释

某研究者在健康教育干预对慢性肾衰竭行维持性血液透析患者生活质量的影响的研究中，观察组和对照组样本量均为 68 例，所用量表领域有四，情感得分、一般感情指数、健康指数、生活满意度，两组结果比较如表 5-3，（$P<0.05$）：

表 5-3　两组慢性肾衰竭行维持性血液透析患者生活质量比较

组别	情感得分	一般感情指数	健康指数	生活满意度
观察组	51.80±8.44	8.20±1.66	11.20±4.24	9.43±1.81
对照组	33.64±7.30	8.68 ±1.25	7.69±3.50	9.21±1.25

思考：对于这个表格中结果有没有什么疑问？差异是否有实际意义？分数差异多大时才有意义？

生命质量临床有意义变化是指一个足够反映患者治疗或者护理效果的差异分。它能够让医生或者研究者更好地把握其得到的研究结果是否是真正的有意义；另外它将患者观点的重要性含蓄地与医生的解释结合在一起，生命质量量表的得分是直接由患者得到的，而最终的结果解释时还是需要结合临床资料。

为什么需要 MCID？第一，它能够让医生或者研究者更容易理解为什么通过生命质量量表得分考虑某个患者存在问题，MCID 确定后，当得分变化至少为多少时就说明有意义，这样医生或者研究者就能更好地把握其得到的研究结果是否是真正的有意义；第二，它强调将患者观点的重要性含蓄地与医生的解释结合在一起，量表的得分是直接由患者得到的，而最终的结果解释时还是需要结合临床资料，研究可以将 MCID 的结果与临床重要的指标结合，看该项或者几项指标的变化是多少，可以挖掘它们之间的量化关系；第三，MCID 结构组成的选择可以为研究者提供一个信息，那就是研究干预是否有效，一项干预

研究或者治疗实施后，如果其生命质量得分变化没有达到MCID的标准，那么这项干预或者治疗的效果在患者眼中可能就存在着争议，那么干预或者治疗方案可能就需要重新讨论；第四，它还可以帮助评估临床试验的样本量，在MID的应用中有一项是计算治疗所需要的治疗患者数量（NNT），其公式是：

$$NNT=1/[(I_a/T_a-I_c/T_c)] \tag{5-8}$$

其中 a 为治疗组，c 为对照组，T 为总分，I 为提高分。

MCID最重要的作用是帮助研究人员和医务人员，解释评价工具测量分数的变化或差异的临床意义。科研工作中，疗效结局通常以干预前后得分的变化或干预组和对照组的差异是否具有“统计学意义”判定，不一定具有“临床意义”。最小临床意义变化值最初被定义为在不考虑副作用和成本的前提下，被患者认可的最小问卷维度得分变化值。

二、以锚为基础的MCID制定

Eva Lydick and Robert Epstein 1993年首次介绍了生命质量测量变化解释的两种方法：以锚为基础和以分布为基础。相应地，MCID制定方法也有以锚为基础的方法（anchor-based methods）和以分布为基的方法（distribution-based methods）。

以锚为基础的方法就是将生命质量的变化与一个外部事件、评分（rating）或者条件相关联起来。这些外部的评价指标称为“锚”，可以是主观评分，也可以是客观指标。锚有横断面锚，也有纵向的锚。

横断面锚：与时间无关，可以是主观，也可以是客观，一般设计属于完全随机设计。例如：可以过街条数、自我评分、临床客观指标等，最终计算锚与得分变化之间的相关系数。

纵向锚：与时间有关，主客观均可，一般适应于自身配对设计。如自我评分、临床客观指标等，分析计算相关性。例如：SF-36用于关节炎患者时，关节肿胀或疼痛数减小1%到 20%则视为好转；肺癌治疗功能评价问卷前六月体重减轻＜5%则为好转；尿失禁生命质量量表压力垫重量下降≥25%为好转。此类方法的优点是可对所确定的最小临床意义变化值给出专业解释，其主要缺点是未考虑测量误差。

以锚为基础的方法需在测定的问卷中另外加入一个或者几个特定的条目，以此作为总体评价的一个“主观锚”或者标准，也可以寻找好的临床和实验指标为“客观锚”，调查后计算锚得分变化与所测量表得分变化的关系。

三、以分布为基础的MCID制定

将生命质量变化用成组数据的统计参数来反映，一般需大量数据，依赖于大量数据的统计参数。其方法主要包括：效应值（effect size，ES）、测量标准误（standard error of measurement，SEM）、标准化反应均数（standardized response mean，SRM）、可靠变化指数（reliable change index，RCI）等。效应大小是最具吸引力的，效应大小可以用来解释组间数据、治疗前后数据以及两个患者间的差异。常用的效应指标计算公式见表5-4。

表 5-4　基于分布法制定 MCID 常用的效应指标计算

方法	公式
相对变化	$(均数_{测试1}-均数_{测试2})/均数_{测试1}$
效应大小	$(均数_{测试1}-均数_{测试2})/标准差_{测试1}$
相关效率	$(效应大小_{维}/效应大小_{标准})^2$
标准化的反应均数	$(均数_{测试1}-均数_{测试2})/标准差_{差值}$
反应度统计量	$(均数_{测试1}-均数_{测试2})/标准差_{稳定组}$
配对 t 统计量	$(均数_{测试1}-均数_{测试2})/标准误_{差值}$
标准误	$标准差_{测试} * \sqrt{1-信度系数_{测试}}$

以分布为基础的方法需要先计算效应大小（ES）、标准化反应均数（SRM）、分半标准差（0.5SD）等。分布法考虑了测量误差，有明确的计算公式，易于实施。其缺点主要是：不同样本得出的结果可能不同，无法为所确定的最小可测变化值给出专业解释。

第四节　生命质量资料的分析方法

一、生命质量资料的特点

对生命质量进行评价，就需要对生命质量资料进行分析处理，这建立在对生命质量资料了解的基础上。生命质量资料不同于一般资料，具有特殊性。生命质量资料是不可直接观察的主观资料，生命质量的分析不同于一般客观指标的分析，开始时需进行很多的过渡性预处理，如量化记分、逆向指标的正向化等。生命质量包括多个领域，每个领域又分为多个维度和条目，因此生命质量资料是一种多指标多终点的资料。

前面已述及标准化量表测定是主流，要对量表测定的生命质量数据进行分析评价，首先要明确量表的计分方法及分析层次。

量表的计分方法包括四个层次，分别是条目、领域、亚领域或侧面及整个量表的计分方法，且有原始分（raw score）和转化分（prorated score，transformed score）之区别，因而其相应的分析上也有层次之别。生命质量资料的分析也应该从这四个层次进行。当然有的量表没有侧面层次或者不计算总分，其分析的层面就会减少。

1. 条目层次　对每个条目进行分析，信息量较大，但是当量表条目较多时，分析较为复杂，因此一般不使用或仅对某些重要条目进行分析。条目分析一般在条目数较少的临床测定中使用。

2. 侧面层次　以每个侧面的得分为变量进行分析。

3. 领域层次　以各领域的得分为变量进行分析。

4. 总量表层次　直接对总量表得分进行分析。

总的说来，条目分析过于繁杂，对总量表得分进行分析是只有一个变量，虽然简单易行，但往往不能发现不同方面的变化和差异，不能够深度挖掘资料信息，因此一般不单独使用。若对总量表得分分析，应辅以各领域的分析结果。相比之下，领域层次的分析既可得到各领域的情况又可得到各领域的相互关系以及总的作用结果。

视窗 5-3

生命质量资料的特点

（1）生命质量资料是不可直接观察的主观资料，需通过被测者的主观判断和反映才能得到。

（2）生命质量的时间依赖性决定了较深入的生命质量测定资料是一种纵向资料（多时点资料），既需进行横切面的分析，也需进行纵向的分析。

（3）生命质量包括多个领域，每个领域又分为多个小方面和条目，因此生命质量资料是一种多指标多终点的资料。

根据生命质量资料的特点，其分析评价可概括为三大类：同一时点的横向分析（横切面分析）、在时间上的变动分析（纵向分析）以及生命质量与其他指标（尤其是客观指标）的结合分析。

二、横 向 分 析

1. 横向分析概况 在人群生命质量现况调查及评价中，常进行一次横切面的测定。当仅进行一次生命质量的测定或虽在不同的时间进行了多次测定，但各个时点（横切面）的生命质量分别进行分析时即属这种情况，通常称为同一时点生命质量资料的分析，或横切面生命质量测定资料的分析。这是应用中常见的情形，目的是对某个时点不同特征组（如放疗组与化疗组，男性组与女性组）的生命质量进行比较。

生命质量资料横向分析时常用的统计方法有单变量分析方法，多变量分析方法，生命质量的影响因素分析（多重逐步回归分析、逐步判别分析、主成分回归分析、典型相关分析、Logistic 回归分析）。

2. 单变量分析方法 单变量分析方法即对每一个变量分别进行分析，因此可采用一些常规的统计检验方法进行处理：报告量表的各个条目、小方面、领域的均数、标准差，以及 t 检验、秩和检验的结果。具体来说，两组的比较可采用 t 检验或 Wilcoxon 秩和检验（正态分布用前者，非正态分布用后者），多组的比较可采用方差分析或 Kruscal-Walis 秩和检验。

单变量分析的明显优点就是处理方便，易于理解和应用。正因如此，目前的生命质量评价也大多采用单变量分析法。据 Schumacher 等（Schumacher，1991）报道，有关生命质量的文献中，1/3 都是采用计算频率和均数等描述性统计方法，50%文献采用单变量的参数或非参数检验方法进行组间比较，得到多个 P 值。

显然，单变量检验方法的缺点也是很突出：首先，它仅能对单个指标分别进行比较，缺乏对生命质量的总体评价；其次，当各个指标的改变方向不一致时，难以下结论；再者，计算多个 P 值明显增大了第一类错误。

针对上述问题，Miller（Miller，1981）提出了用 Bonferroni 不等式对 P 值进行校正后再行判断的方法，即用需检验的变量数乘以各自的 P 值，并以这样得到的最小 P 值作为综合判断的 P 值。显然，该法等价于将显著水准 α 变为 $\alpha'=\alpha/k$，然后用原来的最小 P 值与 α' 相比得出结论。

在应用中，Bonferroni 法存在两个问题：

（1）该法是基于各变量间相互独立推导出来的，因此严格说只适于各变量不相关的情形。但生命质量测定的各变量间往往是相关的，能否使用呢？Pocock（1987）通过计算机模拟发现当各变量间为等相关或各相关系数小于 0.5 时影响不大，但当相关较大时结果较为保守。此时可换用其他方法或者按 Worsley（1982）提出的方法按相关进行适当调整。有兴趣者可参阅原文，这里从略。

（2）该法的总结果判定取决于调整后的最小 P 值，忽略了其他 P 值的影响，因而有时不尽合理。比如一个 5 个变量的实验，检验结果 P 值分别为 0.01，0.7，0.7，0.7，0.7，而另一个实验 5 个 P 值都为 0.02，则按 Bonferroni 法前者比后者更认为有统计学意义差异，尽管后者看来更有证据说明不同。

3. 多变量分析方法 鉴于单变量检验法存在的问题，一种自然的想法就是将生命质量每一个分析指标当成一个变量，从而采用 Hotelling T^2 检验或多变量方差分析。

Hotelling T^2 检验是一种常用的多变量检验方法，是单变量检验的自然推广，常用于两组均向量的比较。多元方差分析（multivariate analysis of variance，MANOVA）是单变量方差分析的推广，用于多组均向量间的比较。

应用中的一些常见问题及解决方法：

（1）应用条件问题。理论上要求两组或多组来自多元正态分布，且协方差矩阵相等（齐性）。多元正态性检验问题至今仍无很好的方法解决，通常的做法是如每个变量都为正态分布，则将其视为多元正态分布。此外，检验对于不同分布具有一定的稳健性，也就是说无论其分布如何，当样本含量大时其检验结论一般不变。因此在实际问题中，常根据专业知识来判断是否多元正态，而且往往可视为多元正态处理。尤其在生命质量评价中，各层次的指标得分往往均是中间者较多，两端的逐渐减少，可认为是正态分布。相比之下，协差阵齐性与否对结果影响较大，而且协差阵不等的情形会经常遇到。为此，在比较前一般需先对协差阵进行检验。多组协差阵齐性检验可参阅方开泰的文献（方开泰，1989）。

此外，类似于单变量中 t 检验与方差分析的关系，Hotelling T^2 检验仅用于两组间的比较，而多元方差分析可用于多组或两组间的比较，用于两组时与 Hotelling T^2 检验等价。

（2）方差阵不齐的解决方法。经检验方差阵不齐，多组比较时可采用一些非参数的方法。两组比较时，若$\sum_1$，$\sum_2$相差不大可采用 Carter 等（1979）提出的方法解决，相差大时采用 Yao（1965）提出的近似 Hotelling T^2 检验法。

（3）结论问题。无论 Hotelling T^2 检验还是多变量方差分析，当差异有统计学显著性时，仅能认为各变量综合来看有差异，而不能认为每个变量间均有差异。此时往往再进一步作每个单变量间的比较，从而既得到综合比较的结果又可看出各变量的变化情况及作用。

（4）计算问题。在 SAS 软件中，不少过程如 ANOVA，GLM，DISCRIM 中均输出上述四个多变量方差分析的统计量值，因此可方便地解决计算问题。虽然 SAS 中没有专门的 Hotelling T^2 检验统计量，但其中的 Hoteling-Lawley 迹在两组比较时与 T^2 等价，两者仅相差一个常数（$n+m-2$）。此外，DISCRIM 过程可同时输出协差阵的检验结果。

（5）用于临床多指标比较及生命质量评价中的问题。一些学者（O'Brien，1985）认为 Hotelling T^2 检验或多变量方差分析仅能说明两组或多组间的不同，但不能区分是有利的还是不利的改变，尤其是各变量间的变化不一致时，难以说明各组的优劣，因而不太适合临床试验资料的分析。但笔者认为不能就此否认其价值，只要得到了差异有统计学意义的结论，就可判断为各组不同，至于怎样不同可通过单变量检验结果判断，而且这也是很有实际意义的。以生命质量评价来说，有的组可能是躯体功能好，有的可能是心理功能好，只要能区别出这种差异就可以了，不一定非要说明哪组为优。

（6）其他。类似于单变量方差分析，如果还有其他计量变量对生命质量有影响，可将其作为协变量而用多变量的协方差分析处理。比如我们在比较强制与自愿戒毒者生命质量的不同时，吸毒时间的长短可能是一个影响因素，因而将其作为协变量处理。

4. 生命质量的影响因素或相关因素分析　前述的方法总的来说仅能对一个因素的两个水平进行比较，如不同治疗组的比较，不同地区的比较等。但生命质量的影响因素或相关因素（下同）往往很多，常需同时考虑多个因素的共同影响。一般用于分析影响因素的统计方法有：

（1）多重逐步回归分析：可将影响因素（如性别、年龄、文化程度、病情等）作为多个自变量，总的生命质量得分或者各方面的得分分别作为因变量进行逐步回归分析，从而筛选出对因变量影响较大的因素。

（2）逐步判别分析：若将个体按生命质量得分划分为不同的类型，则可采用逐步判别分析选出对这些类别的判定贡献较大的因素。

（3）主成分回归分析：生命质量的各个方面常常是相关的，所以可通过主成分分析将它们综合成主成分，在对主成分进行多重逐步回归分析。

（4）典型相关分析：将生命质量各个方面的得分作为一个变量集团，各影响因素作为另一个变量集团，利用典型相关探究二者的联系。

此外，用于生命质量资料的分析方法还有对应分析、线性结构方程模型等。

视窗 5-4

生命质量资料横向分析时常用的统计方法

（1）单变量分析方法，两组的比较可采用 t 检验，多组的比较可采用方差分析。

（2）多变量分析方法，Hotelling T^2 检验或多变量方差分析 MANOVA。

（3）生命质量的影响因素或相关因素分析，多重逐步回归分析、逐步判别分析、主成分回归分析、典型相关分析、结构方程模型等。

三、纵向分析

1. 纵向分析概况　时间依赖性是生命质量的一大特点，因此需对同一个体的生命质量进行纵向的多次重复测定，可以说纵向的生命质量测定才真正体现了生命质量测评的精髓。纵向测评的目的主要有三：

（1）对同一组人群不同时点的生命质量进行比较，以说明生命质量在时间上的变化规律。此时往往还要考虑起始值（基线值，baseline）的影响。

（2）比较两组或多组人群的生命质量在时间上的变化规律是否相同，即多个时点作为一个整体的组间比较。

（3）既比较不同组间又比较不同时点的生命质量的变化，即上述两种情况的结合。

在实际研究中，不一定均要求上述三个目的，根据其侧重点不同可确定不同目的，相应的处理方法也不相同。具体处理时可根据资料特点及侧重点的不同，确定相应的分析评价方法。常用的纵向资料分析方法是探索性统计描述、重复测量资料的方差分析（repeated measures analysis of variance）、广义估计方程（generalized estimating equations）和潜变量增长曲线模型（Latent growth curve model）等。

2. 探索性描述统计分析 不论达到何种目的，采用何种高深的方法，探索性描述分析一般都是需要的，它可提供诸多的信息，并对进一步的分析提供线索和启示。

最常用的描述性方法就是分别计算各组各时点的一些描述性统计量。生命质量分析中主要是均数，标准差等。其次采用散点图或线图来直观地描述生命质量在时间上的变化趋势，通常将不同的比较组绘于同一图上以资比较。自然，最常用的是用各时点的均数来绘图。作为补充，也有人（Everitt，1995）建议每个个体都绘一条变换趋势图（曲线图），这样可提供更多的信息。但如各组例数多时，这样的曲线必然很多，很不方便。为此，可先用主成分分析（Q 型）选出典型个体再行绘图。

显然，对同一人群不同时点的比较问题，只要把不同时间点视为不同的处理组，将个体间的变异视为随机误差，则转化为多组比较的问题，通常用方差分析或秩和检验法解决。该法的优点是简单易行，而且不要求各时点的例数相同（可用于失访资料），但在生命质量评价中，由于生命质量的主观性，个体间的差异一般是不容忽视的，因此该法一般不可取。除非在某些特殊的生命质量评价中，其个体差异很小时采用。

考虑个体间的变异时，一般医学文献中常将其作为区组因素，不同时点作为处理因素，从而采用区组设计的方差分析或秩和检验（Freedman 检验）处理。然而这往往是不妥的，原因有二：①区组设计中的每个处理是随机安排的，而这种重复测量的各个时点不是随机的，因此严格说来不是随机区组设计；②由于同体性，各时点的数据往往是相关的，因而不服从一般方差分析的条件。那么在什么情况下可采用上述方法呢？Wilk（1946）已经说明在各时点不相关或等相关时，虽然不是区组设计资料，但可按区组设计资料来处理。此外，若作方差分析，还要考核其适用条件（正态性和方差齐性），这一点在区组设计中常被忽略。一种简单的办法就是通过残差图来考核（刘朝荣，1990）。如不满足方差分析的条件，可用 Friedman 秩和检验处理。

组间比较的简单方法就是每个时点分别进行比较，根据其分布情况选用适当的方法即可。Finney（1990）认为当时点数较少，且各时点间隔较长时这种方法较为有效。然而存在的问题也很多，主要有：①各检验间不是独立的，因而结果难以解释，尤其当各时点的变动方向及检验结果不一致时更是如此；②多次的重复检验增大了一类错误，虽然这可以采用前面的 Bonferroni 校正法得以适当的弥补；③各时点的分别检验没有给出总的全局性结论，尤其是未给出总的效应大小的度量，而这往往是组间比较需解决的问题。因此，一般只在满足 Finney 条件或对每个时点的检验有特殊意义时才使用这种方法。

3. 重复测量的方差分析法 该法将时间作为一个因素，不同时点作为其不同水平，不同处理作为另一个因素，然后用裂区设计方差分析的思想来处理。具体说，处理因素（不妨称为 A 因素）与时间因素（不妨称为 B 因素）的地位是不完全平等的，受试者先按处理因素分组，再在不同时点进行测定，因此，处理因素相当于一级因素，时间相当于二级因素。个体 S（区组因素）间的变异包含了处理因素的作用，而时间因素的作用体现在个体内的变异上，因而应分别用不同的误差项来说明其作用的大小。

（1）单变量情形：如果只对一个响应变量进行分析，按上述思想可得如下的模型：

$$Y_{ijk}=\alpha_i+\beta_{ij}+\gamma_{ik}+\varepsilon_{ijk} \tag{5-9}$$

$$i=1，2...g，j=1，2...n_i, k=1，2...q$$

式中，i 代表处理组（共有 g 组），j 代表第 j 个个体，k 代表时点（有 q 次重复测量）。

（2）多变量情形：上述方法每次只能处理一个响应变量，在生命质量评价中常需同时处理几个方面的得分，因而需要考虑多变量重复测量的分析。按上述方法的思想并结合一般的多元方差分析，不难推出有重复测量的多变量方差分析。

设 A、B、S、E、S（A）、AB 分别代表处理因素、时间因素、区组因素、二级误差、一级误差和交互作用项所对应的离差矩阵，根据多变量统计理论可得其相应的 Wilks 统计量为：

检验处理因素 A：
$$\Lambda_A=\frac{|S(A)|}{|A+S(A)|}=\frac{|S(A)|}{|S|} \tag{5-10}$$

检验时间因素 B：
$$\Lambda_B=\frac{|E|}{|B+E|} \tag{5-11}$$

检验 A 与 B 的交互作用：
$$\Lambda_{AB}=\frac{|E|}{|AB+E|} \tag{5-12}$$

得到 Wilks 统计量后，与一般的多元方差分析相同得到相应的 F 统计量，从而作出推断。

可见，该法与一般多元方差分析不同之处仅在于其检验不同效应时用的误差不是固定的，检验处理因素时用的是 $S（A）=S–A$，而检验时间因素和交互作用时用的是 E。

（3）特点及应用问题

第一，无论单变量还是多变量情形，该法均具有能得到多项结果的优点。既可得到不同时间点上、不同处理组间生命质量的比较结果，又可得到二者间有无交互作用的结论。

第二，对于单变量情形，严格说来，要求各时点的数据构成的协差阵满足于复合对称性（compound symmetry），即主对角线上的元素（方差）相同，非主对角线上的元素也彼此相同。此外，还要要求各处理组间协差阵相同。

复合对称性过严，一般只需满足球性（sphericity）即可。是否满足球性可用 Anderson 法进行球性检验（Anderson，1958）。

不满足球性时，可采用一些方法来进行适当的校正。主要有 Greenhouse-Geisser1959 年提出的 G-G 法（Greenhouse，1959）和 Huynh-Feldt 1970 年提出的 H-F 法（Huynh，1970）。两法都是求出一个校正因子，并乘以 F 统计量的分子和分母的自由度，再按新自由度得出 F 分布所对应的概率，即校正概率。一般来说，组间比较（处理因素）的检验较稳健，无需校正，而时间和交互作用受重复测量数据相关性的影响较大，需校正。

第三，计算上的关键问题是要用不同的误差项去度量不同的效应。只要把误差项正确表示出来，即可用 SAS 中的 ANOVA 或 GLM 来完成上述两种情形下的计算。

视窗 5-5

生命质量资料纵向分析时常用的统计方法

（1）探索性描述统计分析，各组各时点的一些描述性统计量或线图来直观地描述生命质量在时间上的变化趋势。

（2）重复测量资料的方差分析，广义估计方程和潜变量增长曲线模型等。

四、生命质量与客观指标的结合分析

生命质量是一种主观评价指标，若与一些客观指标结合分析可起到取长补短的作用。尤其是与生存时间的结合分析具有重要意义。

生命质量与生存时间的结合分析可采取多种途径实现。一种较直观的方法就是将生命质量引入传统的生存分析中，用生命质量的大小来对生存时间进行调整，故而称为质量调整生存分析（quality-adjusted survival analysis）（Glasziou，1990）。这样，既考虑到了生命质量，又利用了相对成熟的生存分析方法，具有事半功倍之效，而且，为生存分析的发展开拓了一片新天地。

质量调整生存分析不能处理（多个）预后因素对生存时间的影响。为此，Cole 等人将质量调整思想引入 COX 回归模型，于 1993 年提出了质量调整 COX 回归模型(Cole，1993)。这样，既解决了生存质量与生存时间的结合分析，而且能考虑其他预后因素的作用。其基本思想类似于质量调整生存分析，只是以每个状态为终点时是用 COX 回归法而不是 Kaplan-Meier 法。本质上即是以不同的“生存时间”（从起点到离开第一状态的时间、从起点到离开第二状态的时间……）来进行多个 COX 回归分析。因而可同时考虑多个协变量的影响。

学习思考

1. 原始分数和转化分数的关系是怎样的？
2. 什么是常模参照测验？如何解释它的分数？
3. 什么是标准参照测验？如何解释它的分数？
4. 解释分数时应该遵循什么原则？
5. 拿一份已经完成的生命质量测评问卷，向受试者解释所得分数的意义。
6. 什么是 MCID？如何制定？
7. 生命质量资料的分析方法有哪些？

（万崇华　禹玉兰）

第六章　常用的生命质量测定量表

学习目标

通过本章的学习，熟悉常见的生命质量普适性量表和常见的生命质量特异量表。重点掌握普适性生命质量量表 SF-36 量表与 WHOQOL-BREF 量表、三个癌症生命质量量表体系 FACTs，QLQs，QLICP 及慢性病生命质量量表体系 QLICD。

案例 6-1

某位医生想要测量某种慢性疾病患者的生命质量，鉴于国内尚无该病种的测量工具，于是他上网搜索想看看国外有没有相关的测量工具，考虑到测量生命质量的工具应该就是一个问卷，于是他先后用了问卷（questionnaire）和调查表（survey table）这两个词来进行检索，结果都没有检索到，令他困惑的是那测量生命质量的工具不是一个问卷吗？它应该叫什么呢？应该怎样检索才能得到需要的量表呢？

生命质量测定所用的调查表与一般的问卷是不相同的，通常要经过设计、条目分析和反映尺度定位等一系列过程来选择条目，并且必须按一定格式编排，每个条目的选项均在一定的反映尺度上表述出来，可按事先确定的标准记分来对每个条目选项进行量化处理。因此，生命质量的测量工具被称为生命质量测定量表。关于量表一词，使用上有些混乱，有的称为测定工具（instrument），有的称为问卷（questionnaire），有的称为调查表（survey table），……等等。但准确而言，Scale 一词在英文中尚有“尺度”的意思，正好体现了量表的主要特点，因此用 Scale 一词更好一些。当然有些人将仅测量生命质量某一部分的表格也称为量表。比如，测量躯体功能部分的称为躯体功能量表，测量共性部分的称为共性量表等，在不至于引起混淆的情况下也未尝不可，但为明确起见，还是将仅测的那部分称为模块为好，如共性模块、特异模块等。

目前，已经涌现出大量的生命质量测定量表，根据使用对象不同可以分为普适性量表和疾病特异性量表，以及其他特异量表。以下将分节进行阐述。

第一节　普适性量表

一、测量生命质量的常用普适性量表

一般普适性量表具有普遍性，它不针对某一种（类）患者，而是可用于健康人和各种疾病患者反映其一般的健康状况。普适性量表很多，常见的一些归纳于表 6-1。

表 6-1 常用的生命质量测定普适性量表

量表名（英文缩写）	开发年代	结构（考察的领域或侧面）	条目数
总体健康量表（GHQ-30）	1966	焦虑/紧张、自信/愉快、抑郁、精力、社会功能、失眠	30
诺丁汉健康调查表（NHP）	1970	个人体验 5 个方面（疼痛、躯体活动、精力、睡眠、情绪反应、社会孤独感） 日常生活 6 个方面（工作、家务、社会生活、家庭生活、性活动、爱好、休假）	45
疾病影响量表（SIP）	1975	躯体运动、灵活性、行走移动、情感行为、社会关系、警觉行为、交流、睡眠与休息、工作、家务管理、娱乐与消遣、饮食等 12 个方面	136
生命质量指数（QWB）	1976	计算权重的健康要素（移动、躯体活动、社会活动） 22 个加权的症状/复合的健康问题	50
McMaster 健康指数问卷（MHIQ）	1987	躯体、社会、心理 3 个方面	59
简明健康状况调查问卷（SF-36）	1988	生理功能、生理职能、心理健康、心理职能、社会功能、精力、疼痛、总体健康 8 个方面	36
欧洲五维度生存质量量表（EuroQoL EQ-5D）	1990	移动性、自我照顾、日常活动（工作、学习、家务、休闲）、疼痛或不适、焦虑或压抑	5
世界卫生组织生命质量量表（WHOQOL-100）	1993	躯体功能、心理功能、独立性、社会关系、环境、总健康 6 个方面	100
世界卫生组织生命质量简化量表（WHOQOL-BREF）	1996	躯体功能、心理功能、社会关系、环境、总健康 5 个方面	26

（一）总体健康问卷（The General Health Questionnaire，GHQ）

Berwick 等（1966）开发的总体健康状况量表（GHQ）。该量表于 1960～1970 年在英国开发出来，原来主要用于精神心理评价，后来推广于一般的医学评价，主要以问卷或图表形式来描述被测对象的焦虑、压抑等非精神性心理异常特征，也可用于有心理异常倾向的患者。最初从 140 个条目中选出 60 个条目构成量表。随后开发出 30、28、20 和 12 个条目的不同简化版。目前使用的主要有 5 种：GHQ-60，GHQ-30，GHQ-28H、GHQ-20 和 GHQ-12。

（二）诺丁汉健康量表（The Nottingham Health Profile，NHP）

诺丁汉健康量表 NHP 在 20 世纪 70 年代末发展的，1980 年由 Hun.SM 发表。最初用于流行病学研究，比较人群的健康状态，调查个人、社会及环境因素与健康的关系，以确定未得到满足的保健区域，后被广泛应用于泛美国家及其他国家。NHP 为患者自评量表，共 45 个问题，6 个方面（38 条目）的个人体验（包括睡眠、身体活动、精力、疾病、情绪反应和社会孤独感）和 7 个方面（7 条目）的日常生活活动（包括职业、家务、社会生活、家庭生活、性活动、嗜好和休假）。

（三）疾病影响程度量表（Sickness Impact Profile，SIP）

该量表由 Marilyn 和 Bergner 等人于 1975 年于美国发表，1981 年华盛顿大学卫生服务中心发表了对 SIP 的验证结果及其修订。SIP 包括 12 个方面 136 个问题，测定躯体、心理、社会健康状况、健康受损程度、健康的自我意识等。虽然量表较长，但每个问题均只回答

"是"、"否"两项，也不需要太多时间，一般20～30分钟可完成。每个问题都经过专家讨论，给予权重，据此可计算各方面得分和总量表得分。

（四）生命质量指数（The Quality of Well-Being Index，QWB）

生命质量指数是由Kaplan等于1976年发表，调查患者的日常生活的各个方面。量表由两部分组成，第一部分22个症状及相关健康问题，让观察对象识别出前六天内发生的症状或问题。第二部分为运动、身体活动、社会活动等一系列问题，采用标准方法探索活动受限是否与健康有关。评分从0（死亡）到1.0分（最佳功能）逐渐递增。优点在于将受试者与其功能和症状紧密联系在一起，从而可应用在数量评估和消耗–效益分析中。

QWB是一个结合患者特定健康状态效用的量表，不仅描述患者目前健康状况，还权衡期望的健康状态，其权重系数来源于总人口调查。由于它缺乏心理压力方面的内容，部分限制了它的评价领域。

（五）医学结局调查（The Medical Outcomes Study 36-Item Form Health Survey，SF-36）

该量表是美国医学结局研究（Medical Outcomes Study，MOS）组开发的一个普适性测定量表。该工作开始于1980年代初期，形成了不同条目不同语言背景的多种版本。含有36个条目的健康调查问卷简化版SF-36（V1.0）由Ware，Stewart等于1988年提出，1990年标准版的正式发行，1996年SF-36（V2.0）国际版研制完成。它可用于临床实践和研究、评价健康政策、总体人口调查，是目前应用最为广泛的健康状态测量方法。

SF-36有多种版本，其中用得较多的是英国发展版和美国标准版，两者均包含躯体功能、躯体角色、肌体疼痛、总的健康状况、活力、社会功能、情感角色和心理卫生8个领域以及1个自我评价健康变化条目，但在条目的归并和计分上略有不同（比如前者归为10个大题，后者归为11个大题）。英国发展版的SF-36领域划分和计分规则详见表6-2，完整的量表见附录1-1。

表6-2　SF-36英国发展版各领域及计分（原始分）方法

领域名称及代码	条目数	得分范围	计分方法（相应条目分相加）
躯体功能（PF）	10	10-30	$3a+3b+3c+3d+3e+3f+3g+3h+3i+3j$
躯体角色（RP）	4	4-8	$4a+4b+4c+4d$
肌体疼痛（BP）	2	2-12	7+8
一般健康状况（GH）	5	5-25	$1+10a+10b+10c+10d$
生命力（VT）	4	4-24	$9a+9e+9g+9i$
社会功能（SF）	2	2-11	$6+9j$
情感角色（RE）	3	3-6	$5a+5b+5c$
心理健康（MH）	5	5-30	$9b+9c+9d+9f+9h$

注：1、6、7、8分别是第1、6、7、8题得分，$3a$、$3b$分别为第3题中a小题和b小题的得分，其余类同。条目2为自我报告的健康变化，不参与量表得分的计算

除了计算上述领域得分外，还可以进一步合并为两个大的方面进行分析，即把前四个

领域加权合并为综合躯体组分（physical component summary，PCS）：PCS=*PF*+*RP*+*BP*+*GH*，后四个领域加权合并为综合心理组分（pental component summary，MCS）：MCS=*VT*+*SF*+*RE*+*MH*。（注：公式中没有给出权重）。

为便于比较和应用，通常采用极差变换法将各领域的原始分（raw score，*RS*）变换为在 0～100 内取值的标准化分（standardized score，*SS*），即

$$SS=（RS-\text{Min}）\times 100/R$$

其中 *SS* 为标准化分，*RS* 为原始分，Min 为该领域得分的最小值，*R* 为该领域得分的极差，即该领域得分最大值减去领域得分最小值。

Mc Horney（Mc Horney CA，1993）等对医疗结局（MOS）研究的 3445 例慢性躯体或精神疾病患者样本，全面进行了项目反映、信度和效度分析，表明 8 个分量表分布合理。综合多个研究，几乎所有量表 Alpha 内部一致性系数的中位数超过 0.80（除 2 个条目的社交功能量表为 0.76 外）。躯体功能、生命活力和总体健康感的 2 周重测相关系数超过 0.80，最低的是社交功能分量表 0.60。衡量一致性时发现，这些分数差别的均数未超过 1 个百分点。除了疼痛为 0.43 外，其他各分量表六个月的重测相关系数为 0.60～0.90。而因子分析结果显示，采用正交最大方差旋转法，获得反映生理健康和心理健康方面的两个因子，这两个因子的可解释方差占总方差的 82.4%。

（六）医学结局调查（The Medical Outcomes Study 12-Item Form Health Survey，SF-12）

美国医学结局研究中心先后又将 SF-36 简化为 SF-12 及 SF-8 版本，其中 SF-12 包含 12 个条目，保留了 SF-36 中的 1，3b，3d，4b，4c，5b，5e，8，9d，9e，9f，9j 等条目，其中条目 1 仍命名 1，3b 改为条目 2，3d 改为条目 3，4b 改为条目 4，4c 改为条目 5，5b 改为条目 6，5c 改为条目 7，8 仍命名 8，9d 改为条目 9，9e 改为条目 10，9f 改为条目 11，9j 改为条目 12，仍然可以划分为八个领域，再汇总为躯体组分和心理组分两个部分（量表内容详见附录 1-2）其计分方法类似于 SF-36，依旧可以计算躯体组分得分 PCS=PF+RP+BP+GH 和心理组分得分 MCS=VT+SF+RE+MH，详见表 6-3。

表 6-3　SF-12 各领域及计分（原始分）方法

领域名称及代码	条目数	得分范围	计分方法（相应条目分相加）#
躯体功能（PF）	2	2-6	2+3
躯体角色（RP）	2	2-4	4+5
肌体疼痛（BP）	1	1-6	8
一般健康状况（GH）	1	1-5	1
生命力（VT）	1	1-6	10
社会功能（SF）	1	1-6	12
情感角色（RE）	2	2-4	6+7
心理健康（MH）	2	2-12	9+11

该组织再次在 SF-12 的基础上进行了量表的压缩修改，修改为只含有 8 个条目，而且

每个条目的回答选项均改为五等级评分，全部都是负向条目，根据其回答依次计为 5、4、3、2、1 分，内容详见附录 1-3。

对 SF-36 与 SF-12 的对比研究发现（Ware J Jr，1996）PCS-12 在美国和英国的重测信度分别为 0.890、0.864，MCS-12 在美国和英国的重测信度分别为 0.760、0.774。PCS-12 和 PCS-36 相关性在 0.94～0.96 之间，MCS-12 和 MCS-36 相关性在 0.94～0.97 之间；SF-12 可解释 PCS-36 方差变异的 89%～92%，可解释 MCS-36 方差变异的 88%～94%（Gandek B，1998）。

（七）欧洲五维度生存质量量表（EuroQoL　EQ-5D）

该量表是由欧洲生存质量学会（EuroQoL Group）设计的，既可以用于健康人群以评价特定人群的健康状况，又可以用于患患者群以评价某种疾病导致的健康状况的下降。EQ-5D 由问卷和效用值换算表两部分组成。问卷调查结果可以用来描述人群的健康状况和获得 EQ-VAS 得分，使用效用值换算表则可进一步获得 EQ-5D 指数得分。问卷又可分为 EQ-5D 健康描述系统和 EQVAS 两个部分。EQ-5D 健康描述系统包括五个维度：行动能力（mobility）、自己照顾自己能力（self-care）、日常活动能力（usual activities）、疼痛或不舒服（pain/discomfort）、焦虑或抑郁（anxiety/depression）。每个维度又包含三个水平：没有任何困难、有些困难、有极度困难。EQVAS 是一个长 20cm 的垂直的视觉刻度尺。顶端为 100 分代表""心目中最好的健康状况"，底端为 0 分代表"心目中最差的健康状况"。使用前者描述健康状况时主要进行的是分组频数或频率分析，使用后者描述健康状况时主要进行的是分组集中趋势和离中趋势的描述，量表内容详见附录 1-4。

有学者（Wang H，2005）研究发现：①EQ-5D 在测量中国人的健康相关生命质量时是一个有效的工具，但是存在明显的天花板效应；②VAS 得分是 77.0 分。18 岁及以上年龄段的得分是 78.3 分，低于英国的 82.5 分和美国的 82.2 分，非常接近加拿大的 78.8 分，高于日本的 77.8 分和西班牙的 71.1 分。胡海燕等将 EQ-5D 应用于测评慢性肾脏病患者健康状况，得到如下结果信度检验显示健康描述系统内部一致性信度 Cronbach'α 系数为 0.815，五维度及可视化评分（visual analogue scale，VAS）的重测信度在 0.150～0.450 之间；效度检验结果显示健康描述系统中的行动能力、自我照顾、日常活动三个维度分别解释总变异方差的 20.846%、20.526%、20.367%，其累计贡献率为 61.758%，且量表内部健康描述系统中五维度与 VAS 的相关系数 r 依次为：–0.475、–0.415、–0.517、–0.494 和–0.444（胡海燕，2007）。

世界卫生组织健康相关生命质量测定量表（WHOQOL-100，WHOQOL-BREF）　该量表是 WHO 组织 20 余个国家和地区共同研制的跨国家、跨文化并适用于一般人群的普适性量表（WHO，1993）。1991 年开始研制，经几年的探索形成含 100 个条目的标准版量表 WHOQOL-100，该量表覆盖了生命质量的 6 个领域和 24 个方面，包括生理领域（PHYS）（疼痛与不适，精力与疲倦，睡眠与休息）、心理领域（PSYCH）（积极感受，思想、学习、记忆和注意力，自尊，身材与相貌，消极感受）、独立性领域（IND）（行动能力，日常生活能力，对药物及医疗手段的依赖性，工作能力）、社会关系领域（SOCIL）（个人关系，所需社会支持的满足程度，性生活）、环境领域（ENVIR）（社会安全保障，住房环境，经济来源，医疗服务与社会保障；获取途径与质量，获取新信息、知识、技能的机会，休闲娱乐活动的参与机会与参与程度，环境条件（污染/噪声/交通/气候），交通条件）、精神支柱/宗教/个人信仰（DOM6）（精神支柱/宗教/个人信仰）每个方面有 4 个条目，加上 4 个有关总体健康和总体生命质量的问题，共计 100 个条目，其构成及计分情况见表 6-4，完整量表见附录 1-5。

为了方便实际应用，1996 年 WHOQOL-100 被进一步简化为含 26 个条目的简化版（WHOQOL-BREF）。简化版覆盖其 6 个领域中的 4 个领域外加两个反映总的生命质量和健康状况的条目（G1、G4），其构成与计分方法见表 6-5，完整的量表见附录 1-6。其中条目得分的计算规则是：正向条目（得分越高代表生命质量越好）根据其回答依次计为 1、2、3、4、5 分，逆向条目（得分越高代表生命质量越差）需进行“正向变换”，即用 6 减去回答选项得到条目得分。

表 6-4　WHOQOL-100 各小方面及其计分方法*

小方面及其相应的条目简述	性质**	得分范围
G. 总生命质量及总健康		4～20
G1 怎样评价您的生命质量	+	1～5
G2 满意您的生命质量吗	+	1～5
G3 怎样评价您的生活	+	1～5
G4 满意您的健康吗	+	1～5
F1.疼痛及不适		4～20
F1.1 经常躯体疼痛吗	–	1～5
F1.2 担心疼痛吗	–	1～5
F1.3 处置疼痛困难吗	–	1～5
F1.4 疼痛多大程度上妨碍生活	–	1～5
F2.精力及疲倦		4～20
F.2.1 有足够精力吗	+	1～5
F2.2 容易累吗	–	1～5
F2.3 对精力满意吗	+	1～5
F2.4 疲倦的影响大吗	–	1～5
F3.睡眠与休息		4～20
F3.1 睡眠好吗	+	1～5
F3.2 睡眠有困难吗	-	1～5
F3.3 对睡眠满意吗	+	1～5
F3.4 睡眠问题使您焦虑吗	–	1～5
F4.正性情绪		4～20
F4.1 享受生活吗	+	1～5
F4.2 总的感到满意吗	+	1～5
F4.3 对未来有信心吗	+	1～5
F4.4 好的情绪多吗	+	1～5
F5.思考、学习、记忆与注意力		4～20
F5.1 怎样评价记忆力	+	1～5
F5.2 对学习能力满意吗	+	1～5
F5.3 能集中注意力吗	+	1～5
F5.4 对决策能力满意吗	+	1～5

续表

小方面及其相应的条目简述	性质**	得分范围
F6.自尊	+	4～20
F6.1 怎样评价自己	+	1～5
F6.2 自信吗	+	1～5
F6.3 对自己满意吗	+	1～5
F6.4 对自己的能力满意吗		1～5
F7.体型及外貌		4～20
F7.1 能接受您的外貌吗	+	1～5
F7.2 因外貌感到压抑吗	–	1～5
F7.3 外貌上有使您不自在的部分吗	–	1～5
F7.4 对外貌满意吗	+	1～5
F8.负性情绪（不良情绪）		4～20
F8.1 经常有负性情绪吗	–	1～5
F8.2 忧虑吗	–	1～5
F8.3 悲伤或忧郁等对日常活动干扰	–	1～5
F8.4 忧郁对您烦扰大吗	–	1～5
F9.移动性		4～20
F9.1 到处走动能力怎样	+	1～5
F9.2 对走动能力满意吗	+	1～5
F9.3 行动困难烦恼大吗	–	1～5
F9.4 行动困难影响生活吗	–	1～5
F10.日常生活活动		4～20
F10.1 能进行日常生活活动吗	+	1～5
F10.2 日常活动困难大吗	–	1～5
F10.3 对日常生活能力满意吗	+	1～5
F10.4 日常活动受限烦扰大吗	–	1～5
F11.对药物及治疗的依赖		4～20
F11.1 依赖药物吗	–	1～5
F11.2 日常活动需药物帮助吗	–	1～5
F11.3 日常活动需治疗帮助吗	–	1～5
F11.4 生存质量多大依赖药物及医疗	–	1～5
F12.工作能力		4～20
F12.1 能工作吗	+	1～5
F12.2 能履行职责吗	+	1～5
F12.3 怎样评价您的工作能力	+	1～5
F12.4 对工作能力满意吗	+	1～5
F13.人际关系		4～20
F13.1 生活中感到孤独吗	–	1～5
F13.2 对与家人的关系幸福吗	+	1～5
F13.3 对自己人际关系满意吗	+	1～5
F13.4 对自己帮助别人能力满意吗	+	1～5

续表

小方面及其相应的条目简述	性质**	得分范围
F14.社会支持		4～20
F14.1 能得到所需的支持吗	+	1～5
F14.2 多大程度能依赖朋友	+	1～5
F14.3 对家庭的支持满意吗	+	1～5
F14.4 对朋友的支持满意吗	+	1～5
F15.性活动		4～20
F15.1 怎样评价您的性生活	+	1～5
F15.2 性需要得到满足吗	+	1～5
F15.3 对性生活满意吗	+	1～5
F15.4 有性生活困难的烦扰吗	–	1～5
F16.人身安全及保障		4～20
F16.1 日常感到安全吗	+	1～5
F16.2 感觉生活于安全保障的环境中吗	+	1～5
F16.3 担心自己的安全保障吗	–	1～5
F16.4 对人身安全满意吗	+	1～5
F17.家庭环境		4～20
F17.1 居住地舒服吗	+	1～5
F17.2 住所质量符合要求吗	+	1～5
F17.3 对住所条件满意吗	+	1～5
F17.4 喜欢住所吗	+	1～5
F18.经济情况		4～20
F18.1 有足够钱满足所需吗	+	1～5
F18.2 有经济困难吗	–	1～5
F18.3 对家庭经济满意吗	+	1～5
F18.4 有多担心钱	–	1～5
F19.卫生及社会保健		4～20
F19.1 容易得到医疗保健吗	+	1～5
F19.2 怎样评价社会服务质量	+	1～5
F19.3 对能得到的卫生服务满意吗	+	1～5
F19.4 对社会保健服务满意吗	+	1～5
F20.获得信息及技艺的机会		4～20
F20.1 能得到所需信息吗	+	1～5
F20.2 有足够机会得到所需信息吗	+	1～5
F20.3 对得到信息的机会满意吗	+	1～5
F20.4 对学习新知识的机会满意吗	+	1～5
F21.娱乐与闲暇		4～20
F21.1 多大程度上有机会闲暇	+	1～5
F21.2 能放松和享受生活吗	+	1～5
F21.3 空闲时间享受的乐趣大吗	+	1～5
F21.4 对利用空闲时间的方式满意吗	+	1～5

续表

小方面及其相应的条目简述	性质**	得分范围
F22.生活环境		4～20
F22.1 生活环境卫生吗	+	1～5
F22.2 关注住所的噪声吗	–	1～5
F22.3 对生活环境满意吗	+	1～5
F22.4 对住所气候满意吗	+	1～5
F23.交通		4～20
F23.1 有足够的交通工具吗	+	1～5
F23.2 多大程度上有交通问题	–	1～5
F23.3 对您的交通满意吗	+	1～5
F23.4 交通问题对生活限制大吗	–	1～5
F24.精神/宗教/个人信仰		4～20
F24.1 个人信仰对生活有意义吗	+	1～5
F24.2 多大程度上感到生活有意义	+	1～5
F24.3 个人信仰给您力量克服困难吗	+	1～5
F24.4 个人信仰帮您理解生活困难吗	+	1～5
躯体功能领域得分：PHD=F1+F2+F3		
心理功能领域得分：PSD=F4+F5+F6+F7+F8		
独立性功能领域得分：IND=F9+F10+F11+F12		
社会关系领域得分：SOD=F13+F14+F15		
环境领域得分：EVD=F16+F17+F18+F19+F20+F21+F22+F23		
精神/宗教/信仰领域得分：SPD=F24		
总量表得分：QOL=PHD/3+PSD/5+IND/4+SOD/3+EVD/8+SPD/1		
以上计算的是原始分 RS，可采用下式来计算标准化分 SS，即（RS-4）×100/16		

* 各小方面得分等于其相应条目得分之和

** +、–分别代表正、逆向条目。逆向条目计分时要先经正向变换

表 6-5　WHOQOL-BREF 各小方面及其计分方法

小方面及其相应的条目简述	性质**	得分范围
G1 怎样评价您的生命质量	+	1 ~ 5
G4 满意您的健康状况吗	+	1 ~ 5
F1.4 疼痛多大程度上妨碍生活	–	1 ~ 5
F.2.1 有足够精力应付日常生活吗	+	1 ~ 5
F3.3 对睡眠情况满意吗	+	1 ~ 5
F4.1 你觉得生活有乐趣吗?	+	1 ~ 5
F5.3 能集中注意力吗	+	1 ~ 5
F6.3 对自己满意吗	+	1 ~ 5
F7.1 你认为自己的外形过得去吗	+	1 ~ 5
F8.1 你有消极感受吗	–	1 ~ 5
F9.1 你行动的能力如何	+	1 ~ 5
F10.3 对日常生活能力满意吗	+	1 ~ 5
F11.3 日常活动需治疗帮助吗	–	1 ~ 5
F12.4 对工作能力满意吗	+	1 ~ 5

续表

小方面及其相应的条目简述	性质**	得分范围
F13.3 对自己人际关系满意吗	+	1 ~ 5
F14.4 对朋友的支持满意吗	+	1 ~ 5
F15.3 对性生活满意吗	+	1 ~ 5
F16.1 日常感到安全吗	+	1 ~ 5
F17.3 对住所条件满意吗	+	1 ~ 5
F18.1 有足够钱满足所需吗	+	1 ~ 5
F19.3 对能得到的卫生服务方便程度满意吗	+	1 ~ 5
F20.1 获得信息齐备吗？	+	1 ~ 5
F21.1 多大程度上有机会闲暇	+	1 ~ 5
F22.1 生活环境对健康好吗	+	1 ~ 5
F23.3 对您的交通情况满意吗	+	1 ~ 5
F24.2 多大程度上感到生活有意义	+	1 ~ 5
躯体功能领域得分：PHD=（f1.4+f11.3+f2.1+f9.1+f3.3+f10.3+f12.4）×4/7		
心理功能领域得分：PSD=（f4.1+f24.2+f5.3+f7.1+f6.3+f8.1）×4/6		
社会关系领域得分：SOD=（f13.3+f15.3+f14.4）×4/3		
环境领域得分：EVD=（f16.1+f22.1+f18.1+f20.1+f21.1+f17.3+f19.3+f23.3）×4/8		
以上计算的是原始分 RS，可采用下式来计算标准化分 SS，即（RS-4）×100/16		

WHOQOL-BREF 各个国家的各个领域的 Cronbach′α 系数均大于 0.7，分布在 0.7 至 0.88 之间。除了英国和挪威之外，其他国家的社会关系领域的 Cronbach′α 系数均大于 0.65。采用根据世界卫生组织生存质量研究小组研制量表时构建的四因子模型对数据分别进行拟合，拟合优度指数（CFI）均大于 0.8，其中德国、西班牙和美国的拟合优度指数大于 0.9。多组验证性因子分析发现模型拟合尚可，CFI 等于 0.88，各个国家的因子负荷不全相等，因子负荷的轮廓相似（郝元涛，2006）。

二、普适性量表的优缺点

1. 优点　应用广泛：普适性量表不涉及特殊体现，既适应于健康人，同时也适应于患者，应用范围较为广泛。

可比性强：该特点是由应用广泛这一特点派生的，使用普适性量表比较不同人群（健康人与患者、不同疾病的患者）、或者不同研究的生命质量，标准统一，具有可比性。

2. 缺点　由于没有特殊体现内容，因此在测量某些特定疾病的时候，很难测量出疾病特殊的影响，不够特异，反应就可能不会很明显。

普适性量表基本是在西方文化背景下制定的，有些条目对中国人群的影响可以与制定预期强度不一致，或者某些很影响中国人群的内容并没有纳入测评，针对测评要求，可能需要在使用过程中要有部分补充内容。

第二节　疾病特异性量表

不同病种有不同的症状、不同的体征、不同的心理状况，就需要不同的问题来反映，从而构成了不同的特异量表，有专门针对癌症患者的生命质量测定量表，有专门针对慢性病患者的生命质量测定量表。专门针对癌症患者的量表又分两类，一类是适合各种癌症患者使用的量表（即癌症普适性量表），实际上测定了癌症患者生命质量的共性部分，另一类是专门针对特定的癌症病种（如肺癌）患者使用的量表，即癌症特异性量表。

一、癌症患者生命质量测定量表

总的说来，用于癌症领域的生命质量量表可分为三类，一是一般普适性量表，二是癌症普适性量表，三是癌症特异性量表。

一般普适性量表并非针对癌症患者开发，而是针对一般人群开发，是各种人群和疾病均能使用的量表，主要反映被测者的总体生命质量。这些量表一般具有知名度高、应用广泛的特点，因此也常常被用于癌症患者的生命质量评价中，或者单独使用或者作为辅助工具与其他量表一起使用。用于癌症领域的一般普适性量表主要有疾病影响程度量表（SIP）、医学结局调查（SF-36）、健康质量指数（QWB）、诺丁汉健康调查表（NHP）等。该类量表是为多种条件下的应用而设计的，所以可用于比较各种疾病的干预因素。缺陷是不能集中于生命质量某些方面的测量（尤其是缺乏有关疾病症状和治疗副作用），广泛而不集中，可能导致测量工具不敏感，会遗漏某些微小的对生命质量有特殊意义的改变，从而难于适用于临床。为此，又开发了专门针对癌症患者的量表，可分两类：一类是适合各种癌症患者使用的量表（即癌症专用普适性量表），实际上测定了癌症患者生命质量的共性部分，另一类是专门针对特定的癌症（如乳腺癌）患者使用的量表，即癌症特异性量表。

（一）癌症普适性量表

癌症专用普适性量表是专门针对癌症患者开发，充分体现癌症普遍症状与治疗副作用，常见的癌症普适性量表有以下几个：

1. 癌症患者生活功能指标（FLIC） FLIC 量表即癌症患者生活功能指标（The Functional Living Index-Cancer）（Schipper H，1984），包括躯体良好和能力（physical well-being and ability）、心理良好（psychological well-being）、因癌造成的艰难（hardship due to cancer）、社会良好（social well-being）和恶心（nausea）5 个领域，22 个条目，目前已经有中文版。

量表的计分方法：每个条目的回答均在一条标有 7 个刻度（1～7）的线段上划记，根据所划的位置即可得到条目得分，然后再按照条目归属来计算 5 个领域及总量表，详见表 6-6。

表 6-6 FLIC 量表各领域及其计分方法

领域	条目数	计分方法（相应的条目得分相加）
躯体良好和能力（physical well-being and ability）	9	item4+item6+item7+item10+tem11+item13+item15+item20+item22
心理良好（psychological well-being）	6	item1+item2+item3+item9+item18+item21
因癌造成的艰难（pardship due to cancer）	3	Item8+item 12+ item 14
社会良好（social well-being）	2	item 16+ item 19
恶心（nausea）	2	item 5+ item 17
总量表	22	全部条目

2. 欧洲癌症研究与治疗组织的生命质量核心量表 该量表（英文是 European Organization for Research and Treatment Quality of Life Questionnaire-Core，EORTC QLQ-C30）是欧洲癌症研究与治疗组织 EORTC 研制的生命质量核心量表（Aaronson NK，1993），该量表可用于所有癌症患者的生命质量测定（测定其共性部分），在此基础上增加不同癌症的特异性条目（模块）即构成不同癌症的特异量表。该量表包含 30 个条目，可分为 15 个领域（domain）或亚量表（sub-scale），分别是 5 个功能领域（躯体、角色、认知、情绪和社会功能）、3 个症状领域（疲劳、疼痛、恶心呕吐）、1 个总体健康状况/生命质量领域和 6 个单一条目（每个作为一个领域），量表详见附录 1-7。

量表计分方法：条目 29、30 分为七个等级，根据其回答选项，计为 1 分到 7 分；其他条目分为 4 个等级：从没有、有一点、较多至很多，评分时，直接评 1 到 4 分。将各个领域所包括的条目得分相加并除以所包括的条目数即可得到该领域的得分（原始分 *RS*，Raw Score）详见表 6-7。

表 6-7 QLQ-C30（V3.0）各领域的计分方法（原始分 *RS*）

领域/亚量表	代码	性质	条目数	得分全距（*R*）	计分方法
躯体功能（physical functioning）	PF	功能型	5	3	$(Q_1+Q_2+Q_3+Q_4+Q_5)/5$
角色功能（role functioning）	RF	功能型	2	3	$(Q_6+Q_7)/2$
情绪功能（emotional functioning）	EF	功能型	4	3	$(Q_{21}+Q_{22}+Q_{23}+Q_{24})/4$
认知功能（cognitive functioning）	CF	功能型	2	3	$(Q_{20}+Q_{25})/2$
社会功能（social functioning）	SF	功能型	2	3	$(Q_{26}+Q_{27})/2$
总健康状况（global health status/QoL）	QL		2	6	$(Q_{29}+Q_{30})/2$
疲倦（fatigue）	FA	症状型	3	3	$(Q_{10}+Q_{12}+Q_{18})/3$
恶心与呕吐（nausea and vomiting）	NV	症状型	2	3	$(Q_{14}+Q_{15})/2$
疼痛（pain）	PA	症状型	2	3	$(Q_9+Q_{19})/2$
气促（dyspnoea）	DY	症状型	1	3	Q_8
失眠（insomnia）	SL	症状型	1	3	Q_{11}
食欲丧失（appetite loss）	AP	症状型	1	3	Q_{13}
便秘（constipation）	CO	症状型	1	3	Q_{16}
腹泻（diarrhea）	DI	症状型	1	3	Q_{17}
经济困难（financial difficulties）	FI	症状型	1	3	Q_{28}

QLQ-C30 量表中除条目 29、30 外均为逆向条目（取值越大，生命质量越差），而在计分规则中明确规定：对于功能领域和总体健康状况领域得分越高说明功能状况和生命质量越好，对于症状领域得分越高表明症状或问题越多（生命质量越差）。因此，计算功能领域的标化分时还要改变方向。此外，使得各领域得分能相互比较，计算出原始分后，还需要进一步采用极差化方法进行线性变换，将原始分化为在 0～100 内取值的标准化得分（*SS*）。具体而言，分别按下式计算（式中 *R* 为各领域或条目的得分全距）：

功能领域：$SS=[1-(RS-1)/R]\times 100$

症状领域：$SS=[(RS-1)/R]\times 100$

总体健康状况领域：$SS=[(RS-1)/R]\times 100$

3. 癌症治疗功能评价系统一般量表（FACT-G）　FACT 是由美国西北大学（Northwestern university）结局、研究与教育中心 CORE 的 Cella 等（1993）研制的癌症治疗功能评价系统 FACT（Function Assessment of Cancer Therapy）。该系统是由一个测量癌症患者生命质量共性部分的一般量表，也称共性模块（generic scale）FACT-G 和一些特定癌症的特异条目（特异模块）构成的量表群。他们均是采用共性模块与特异模块相结合的方式形成针对各种特定癌症的特异量表，如 FACT-B 就是由 FACT-G 和 9 个针对乳腺癌的特异条目（特异模块）构成，专门用于乳腺癌患者的生命质量测定。可见，FACT-G 在整个体系中起着关键作用，各种癌症的生命质量测定均需使用，既可以与各特异模块结合使用，也可以单独使用测定各癌症生命质量的共性部分。由于 CORE 的支持和推动，已经开发出 40 多种语言版本的 FACT-G，目前使用的是第四版的 FACT-G，该量表由 4 个领域 27 个条目构成：生理状况 7 条（编码为 GS1～GS7）、社会/家庭状况 7 条（编码为 GS1～GS7）、情感状况 6 条（编码为 GE1～GE6）和功能状况 7 条（编码为 GF1～GF7），量表详见附录 1-8。

量表计分方法：各条目均采用五级评分法，分为：一点也不、有一点、有些、相当、非常五个等级。在评分时正向条目直接计 0～4 分，逆向条目则反向计分，即填写第一个等级者计 4 分、填写第二个等级者计 3 分，依次类推。量表中除 GP1～GP7、GE1、GE3～GE6 为逆向条目外，其余均为正向条目。将各个领域所包括的条目得分相加即可得到该领域的得分，若条目的回答上有缺省值（未回答），则相应领域的计分方法为：该领域各条目得分之和×该领域的条目数÷实际回答的条目数。各领域的得分相加得到总量表的得分，详见表 6-8。

表 6-8　FACT-G（V4.0）的各领域及总量表计分（原始分）方法

领域	条目数	得分范围	计分方法（相应条目得分相加）
生理状况（PWB）	7	0～28	GP1+GP2+GP3+GP4+GP5+GP6+GP7
社会/家庭状况（SFWB）	7	0～28	GS1+GS2+GS3+GS4+GS5+GS6+GS7
情感状况（EWB）	6	0～24	GE1+GE2+GE3+GE4+GE5+GE6
功能状况（FWB）	7	0～28	GF1+GF2+GF3+GF4+GF5+GF6+GF7
量表总分（TOTAL）	27	0～108	PWB+SWB+EWB+FWB

为了比较的方便，必要时还可按 Logit 变换法将各领域和总量表的原始分转化为 0～100 取值的标准分。已有现成的表格可查阅 FACT-G 的总分（原始分）相对应的标准分值。

4. 癌症患者生命质量测定量表体系共性模块（Quality of Life Instruments for Cancer Patients-General Module，QLICP-GM）　该量表是具有中国文化特色的癌症患者生命质量测定量表体系中的共性模块（万崇华，2007），可以单独使用，也可以与特异模块结合使用。该共性模块包括了躯体功能（7 个条目）、心理功能（12 个条目）、社会功能（6 个条目）、共性症状及副作用（7 个条目）四个领域 32 个条目。每个条目均为五级等级式条目，量表详见附录 1-9。

量表计分方法：采取五点等距评分法，依次计为 1、2、3、4、5 分。在量表中有正负性条目之分，正向条目得分越高代表生命质量越好，逆向条目得分越高代表生命质量越差。对正向条目而言，无需进行转换，原始得分即为条目得分，对逆向条目，需对其进行“正向变换”，即用 6 减去原始得分得到条目得分。

用公式表达为：正向条目得分=（0+回答选项数码）

逆向条目得分=（6–回答选项数码）

QLICP-GM 中逆向条目有 GPH3、GPS1、GPS2、GPS3、GPS4、GPS5、GPS6、GPS7、GPS8、GPS9、GPS10、GPS11、GSO5、GSO6、GSS1、GSS2、GSS3、GSS4、GSS5、GSS6、GSS7。

首先分别计算各领域、小方面、总量表的原始分 *RS*（raw score），同一领域/小方面的各个条目得分之和构成该领域/小方面的原始分，五个领域得分之和构成了总量表的原始分。为了便于相互比较，需要将原始分转化为标准得分 *SS*（standard rcore），采用的是极差化方法。即 *SS*=（*RS*–Min）×100/*R*。实际应用中，如果不需要进一步的深入分析，可以只计算领域得分和总量表得分。

其中 *SS* 为标准化分，*RS* 为原始分，Min 为该该领域/小方面/总量表得分的最小值，*R* 为其得分极差，即最大值减去其最小值（*R*=Max–Min）。详见表 6-9。

表 6-9　QLICP-GM 各个领域及其所属小方面的计分方法

领域	代码	条目数	Min	Max	*RS*	*SS*
躯体功能	PHD	7	7	35	BPF+SXF+IDF	（*RS*-7）×100/28
基本生理功能	BPF	2	2	10	GPH1+GPH2	（*RS*-2）×100/8
性功能	SFX	1	1	5	GPH3	（*RS*-1）×100/4
独立功能	IDF	4	4	20	GPH4+GPH5+GPH6+GPH7	（*RS*-4）×100/16
心理功能	PSD	12	12	60	EMO+REC	（*RS*-12）×100/48
情绪	EMO	9	9	45	GPS1+…+GPS8+GPS11	（*RS*-9）×100/36
认知	REC	3	3	15	GPS9+GPS10+GPS12	（*RS*-3）×100/12
社会功能	SOD	6	6	30	SSS+ELE	（*RS*-6）×100/24
社会支持	SSS	4	4	20	GSO1+GSO2+GSO3+GSO4	（*RS*-4）×100/16
对生活/经济影响	ELE	2	2	10	GSO5+GSO6	（*RS*-2）×100/8
共性症状与副作用	SSD	7	7	35	SEF+CST	（*RS*-7）×100/28
副作用	SEF	4	4	20	GSS1+ GSS2+GSS3+ GSS6	（*RS*-4）×100/16
共性症状	CST	3	4	15	GSS4+GSS5+GSS7	（*RS*-3）×100/12
共性模块	TOT	32	32	160	PHD+PSD+SOD+SSD	（*RS*-32）×100/128

实际应用中，如果不需要进一步的深入分析，可以只计算领域得分和总量表得分

5. 癌症康复评价系统　该量表（Cancer Rehabilitation Evaluation System，CARES）包括 139 个项目，用于全面评价癌症患者生命质量（Schag，1990，1991）。1991 年作者将其简化为含 59 个项目的简表（CARES-SF），包含躯体、心理、医患关系、婚姻和性功能五个主要方面。

6. 中国癌症化疗患者生活质量量表　该量表（Quality of Life Questionnaire for Chinese Cancer Patients with Chemo Biotherapy，QLQ-CCC）由 35 个条目构成，分为躯体方面（16 条）、心理方面（5 条）、社会方面（5 条）和其他方面（9 条）四个领域，可用于采用化学生物治疗的各种癌症患者生命质量的测定（罗健，1997）。

（二）癌症特异性量表

癌症特异性量表仅针对某种具体的癌症患者。目前针对癌症患者的生命质量测定有三

个量表体系，即欧洲 EORTC 的 QLQ 量表体系、美国的 FACT 体系量表以及中国的 QLICP 量表体系。他们均是采用共性模块与特异模块相结合的方式形成针对各种特定癌症的特异量表。如美国的 FACT-B 就是由 FACT-G 和 9 个针对乳腺癌的特异条目构成，专门用于乳腺癌患者的生命质量测定。而 EORTC QLQ 系列中也有专门用于乳腺癌患者生命质量测定的特异量表 QLQ-BR23，该量表由 23 个条目组成，在对乳腺癌患者进行测定时，必须与 QLQ-C30 结合一起使用。QLCIP 系列是万崇华等从 1997 年开始研制的，有中国的文化特色，例如该系列中乳腺癌特异量表 QLICP-BR 就是由共性模块 QLCIP-GM 和一个由 7 个专门针对乳腺癌患者的特异条目构成特异模块共同组成（万崇华，2003，2007）。

以上三个癌症患者生命质量测定量表系列归纳在表 6-10 中。

表 6-10 三个癌症患者生命质量测定量表体系比较

癌症	美国 FACT 系列（V4.0）[a]			欧洲 EORTC 系列（V3.0）[b]			中国 QLICP 系列（V1.0）[c]		
	名称	条目数	状态	名称	条目数	状态	名称	条目数	状态
肺癌	FACT-L	36	#	QLQ-LC13	13	#	QLICP-LU	40	#
乳腺癌	FACT-B	36	#	QLQ-BR23	23	#	QLICP-BR	39	#
头颈癌	FACT-H&N	38	#	QLQ-H&N35	35	#	QLICP-HN	46	#
大肠癌	FACT-C	36	#	QLQ-CR38 QLQ-CR29	38 29	#	QLICP-CR	46	#
肝癌	FACT-Hep	45	#	QLQ-HCC18	18	*	QLICP-LI	38	※
食管癌	FACT-E	44	*	QLQ-OES24 QLQ-OES18	24 18	*	QLICP-ES	40	※
胃癌	FACT-Ga	46	*	QLQ-STO22	22	#	QLICP-ST	39	#
膀胱癌	FACT-Bl	39	*	QLQ-BLM30 QLQ-LLS24	30 24	*	QLICP-BL	48	※
前列腺癌	FACT-P	39	*	QLQ-PR25	25	*	QLICP-PR	46	※
胰腺癌	FACT-Pa	36	*	QLQ-PAN26	26	*	QLICP-PA	-	
卵巢癌	FACT-O	39	#	QLQ-OV28	28	#	QLICP-OV	42	*
宫颈癌	FACT-Cx	42	#	QLQ-CX24	24	*	QLICP-CE	40	#
脑癌	FACT-Br	46	*	QLQ-BN20	20	*	QLICP-BN	-	※
血癌	FACT-Leu	40	*	QLQ-CLL16	16	*	QLICP-LE	-	※

a.包含 FACT-G 的 27 个条目；b.应用时需增加 30 个条目的 QLQ-C30；c.包含 QLICP-GM 的 32 个条目

#.中国或中文版的已经研制完成；*.中国或中文版的正在进行研制或测试中；※ .已经完成第二版测试版或正在测试过程中，第二版的共性模块也包含 32 个条目但条目内容有一定调整

二、慢性病患者生命质量测定量表

（一）慢性病的普适性量表

慢性病的普适性量表指专门用于慢性病并且可以用于各种慢性病的测定量表，实际上就是慢性病的共性量表。目前，可用于慢性病的只有 FACT-G 和 QLICD-GM 两个共性量表，前者是从癌症中转换过来，这里仅介绍 QLICD-GM。

QLICD-GM 是慢性病患者生命质量测定量表体系 QLICD（Quality of Life Instruments for Chronic Diseases）中的共性模块（general module），可用于各种慢性病患者的生命质

量测定，从而便于不同病种间的相互比较。更重要的是可以结合各自疾病的特异模块形成针对那个疾病的特异量表(如 QLICD-HY 就是由共性模块 QLICD-GM 加上 17 个针对高血压患者的特异条目组成的高血压特异量表），从而更全面地进行测定与评价。目前已经研制完成第二版的共性量表 QLICD-GM（V2.0），量表内容详见附录 1-10。

QLICD-GM（V2.0）包括生理功能（9 个条目）、心理功能（11 个条目）、社会功能（8 个条目）三个领域共 28 个条目，在领域下可以再划分小方面，例如生理功能领域可以划分为基本生理机能、独立性、精力不适等 3 个小方面；心理功能领域可划分为认知、情绪、意志与个性等 3 个小方面；社会功能领域可划分为人际交往、社会支持、社会角色等 3 个小方面。每个条目均为五级等级式条目，采取五点等距评分法，依次计为 1、2、3、4、5 分。在量表中有正负性条目之分，正向条目得分越高代表生命质量越好，逆向条目得分越高代表生命质量越差。对正向条目而言，无需进行转换，原始得分即为条目得分，对逆向条目，需对其进行“正向变换”，即用 6 减去原始得分得到条目得分。

用公式表达为：正向条目得分=（0+回答选项数码）

逆向条目得分=（6–回答选项数码）

QLICD-GM（V2.0）中正向条目有 GPH1、GPH2、GPH4、GPH6、GPH7、GPH8；GPS1、GPS3、GPS10；GSO1、GSO2、GSO3、GSO4、GSO5、GSO8。其余均为逆向条目。

计算出各个条目得分之后，第一步是分别计算各领域、小方面、总量表的原始分 RS（raw score），同一领域/小方面的各个条目得分之和构成该领域/小方面的原始分，五个领域得分之和构成了总量表的原始分。第二步，为了便于相互比较，需要将原始分转化为标准得分 SS（standard score），采用的是极差化方法。即 *SS*=（*RS*–Min）×100/*R*。其中 SS 为标准化分，*RS* 为原始分，Min 为该领域/小方面/总量表得分的最小值，*R* 为其得分极差，即最大值减去其最小值（*R*=Max–Min）。详见表 6-11。

表 6-11　QLICD-GM（V2.0）各个领域及其所属侧面的计分方法

领域/侧面	代码	条目数	Min	Max	*RS*	*SS*
生理功能	PHD	9	9	45	BPF+IND+EAD	（*RS*–9）×100/36
基本生理机能	BPF	4	4	20	GPH1+GPH2+GPH3+GPH4	（*RS*–4）×100/16
独立性	IND	3	3	15	GPH6+GPH7+GPH8	（*RS*–3）×100/12
精力不适	EAD	2	2	10	GPH5+GPH9	（*RS*–2）×100/8
心理功能	PSD	11	11	55	COG+EMO+WIP	（*RS*–11）×100/44
认知	COG	2	2	10	GPS1+GPS2	（*RS*–2）×100/8
情绪	EMO	7	7	35	GPS3+GPS4+GPS5+GPS6+GPS7+GPS8+GPS9	（*RS*–7）×100/28
意志与个性	WIP	2	2	10	GPS10+ GPS11	（*RS*–2）×100/8
社会功能	SOD	8	8	40	INC+SSS+SOR	（*RS*–8）×100/32
人际交往	INC	3	3	15	GSO1+GSO2+GSO3	（*RS*–3）×100/12
社会支持	SSS	3	3	15	GSO4+GSO5+GSO6	（*RS*–3）×100/12
社会角色	SOR	2	2	10	GSO7+GSO8	（*RS*–2）×100/8
共性模块量表	CGD	28	28	140	PHD+PSD+SOD	（*RS*–28）×100/112

实际应用中，如果不需要进一步的深入分析，可以只计算领域得分和总量表得分。

（二）慢性病特异性量表

慢性病的生命质量特异量表是专门针对某一种慢性病而研制的量表。在慢性病方面，国际上还未见系统开发量表体系的报道，只有美国 CORE 在 FACT 系列的基础上，增加了一些针对某些慢性病和症状的特异模块（如 HIV 感染、帕金森氏病），从而将 FACT 推广应用于慢性病，并将 FACT 改名为 FACIT（Functional Assessment of Chronic Illness Therapy），即慢性病治疗的功能评价。显然，其应用的共性模块 FACT-G 是针对癌症患者的而并非针对各种慢性患者，必然漏掉一些一般慢性病患者具有的共同特性，而且其开发的慢性病特异模块也比较少。在国家自然科学基金的资助下，万崇华负责的生命质量研究团队开发了我国慢性病患者生命质量测定量表体系 QLICD（Quality Of Life Instruments For Chronic Diseases），目前该量表体系已经形成了第 2 版。该体系目前包括一个可以用于各种慢性病的共性模块 QLICD-GM（V2.0）以及在此基础上形成的 19 种慢性病的特异测定量表，分别是高血压 QLICD-HY、冠心病 QLICD-CHD、慢性胃炎 QLICD-CG、消化性溃疡 QLICD-PU、慢性阻塞性肺病 QLICD-COPD、慢性肺源性心脏病 QLICD-CPHD、支气管哮喘 QLICD-BA、糖尿病 QLICD-DM、关节炎 QLICD-AR、类风湿性关节炎 QLICD-RA、系统性红斑狼疮 QLICD-SLE、脑卒中 QLICD-ST、慢性肝炎 QLICD-CH、肺结核 QLICD-PT、前列腺炎 QLICD-CP、前列腺增生 QLICD-BPH、慢性肾衰竭 QLICD-CRF、药物成瘾 QLICD-DA、艾滋病/HIV 感染者 QLICD-HIV 等，其次还有肠易激综合征、肾病综合征、痛风、炎症性肠病等的特异测定量表正在研制中，还有精神分裂症、抑郁症等特异测定量表正在测试中，详见表 6-12。

表 6-12　慢性病生命质量测定量表体系 QLICD 系列各量表研究现状

疾病名称	疾病英文名称	量表名称	条目数	状态
共性模块	General module	QLICD-GM	28	#
高血压	Hypertension	QLICD-HY	41（13）	#
冠心病	Coronary heart disease	QLICD-CHD	42（14）	#
慢性胃炎	Chronic gastritis	QLICD-CG	39（11）	#
消化性溃疡	Peptic ulcer	QLICD-PU	41（13）	#
肠易激综合征	Irritable bowel syndrome	QLICD-IBS	–	*
慢性阻塞性肺病	Chronic obstructive pulmonary diseases	QLICD-COPD	37（9）	#
慢性肺源性心脏病	Chronic pulmonary heart diseases	QLICD-CPHD	44（16）	#
支气管哮喘	Bronchia asthma	QLICD-BA	44（16）	#
糖尿病	Diabetes mellitus	QLICD-DM	42（14）	#
骨关节炎	Osteoarthrits	QLICD-OA	43（15）	#
类风湿性关节炎	Rheumatoid arthritis	QLICD-RA	43（15）	#
系统性红斑狼疮	Systemic lupus erythematosus	QLICD-SLE	47（19）	#
脑卒中	Stroke	QLICD-ST	43（15）	#
前列腺增生	Benign Prostatic hyperplasia	QLICD-BPH	44（16）	#
慢性前列腺炎	Chronic Prostatitis	QLICD-CP	44（16）	#
慢性肾衰竭	Chronic renal failure	QLICD-CRF	38（10）	#
肾病综合征	Nephrotic syndrome	QLICD-NS	–	*

续表

疾病名称	疾病英文名称	量表名称	条目数	状态
慢性肝炎	Chronic Hepatitis	QLICD-CH	46（18）	#
肺结核	Pulmonary Tuberculosis	QLICD-PT	40（12）	#
HIV/AIDS	Human immunodeficiency virus	QLICD-HIV	43（15）	#
药物成瘾	Drug addiction	QLICD-DA	44（16）	#
精神分裂症	Schizophrenia	QLICD-SC	–	※
抑郁症	Depression	QLICD-DE	–	※
焦虑症	Anxiety Disorder	QLICD-AD	–	※
癫痫	Epilepsy	QLICD-EP	–	*
骨质疏松	Osteoporosis	QLICD-OS	–	※
银屑病	Psoriasis	QLICD-PS	–	※
痛风	Gout	QLICD-GO	–	*
炎症性肠病	Inflammatory bowel disease	QLICD-IBD	–	*
网络成瘾	Internet addiction	QLICD-IA	–	*

#. 已经研制完成，*. 正在进行研制中，※. 在测试中

慢性病涉及多个系统，以下主要对心血管系统、呼吸系统、消化系统、泌尿系统和代谢疾病的其他生命质量测定特异量表作介绍。

1. 心血管系统疾病患者生命质量测定特异量表（杨瑞雪，2005）

疾病	量表名称	领域（方面）	条目数
心脏病	生命质量指数-心脏模块（Quality of life Index-Cardiac Version，QLI-Cardiac Version）	健康和功能、社会经济状况 心理状态、家庭关系、总体状况	36
高血压	西班牙高血压生命质量量表（Spanish Hypertension Quality of life Questionnaire）	精神状态、躯体表现	–
	老年原发性高血压生活质量表	躯体、心理、社会	22
冠心病	西雅图心绞痛问卷（Seattle Angina Questionnaire，SAQ）	躯体受限程度、心绞痛频率 对治疗的满意程度、疾病感受、心绞痛稳定情况	19
	心肌梗塞后生命质量量表/MacNew 心脏病问卷（Quality of Life after Myocardial Infarction /MacNew Heart Disease Questionnaire，QLMI/MacNew）	躯体、心理、社会	27
	心绞痛生命质量表（Angina Pectoris Quality of Life，APQOL）	躯体活动、情绪紧张、生活满意度、躯体症状	
	心血管症状及功能受限评价量表（Cardiovascular Limitations and Symptoms Profile）	心绞痛、气短、踝部水肿、疲劳、移动、社会生活及娱乐活动、室内活动、忧虑、性功能	37
	心肌梗塞综合评价量表（Myocardial Infarction Dimensional Assessment Scale，MIDAS）	躯体活动、不安全感、情绪反应、依赖性、饮食、药物、副作用的关注	35
心衰	明尼苏达心衰问卷（Minnesota Living with Heart Failure Questionnaire，LHFQ）	心衰的典型症状和体征、躯体活动、社会关系、性活动、工作、情绪	21
	慢性心衰量表（Chronic Heart Failure Questionnaire，CHQ）	疲劳、呼吸困难、情绪	21
	堪萨斯城心肌症问卷（Kansas City Cardiomyopathy Questionnaire，KCCQ）	症状、躯体受限、社会功能、患者的价值感、生命质量（心理方面）	23
心律失常	房颤严重程度量表(Atrial Fibrillation Severity Scale，AFSS）	频率、耐受、发生的严重程度	14

2. 慢性呼吸系统疾病生命质量测定特异量表（王国辉，2007；万崇华，2013）

疾病	量表名称	领域（方面）	条目数
COPD，哮喘、间质性肺炎、肺癌、慢性支气管炎	呼吸疾病量表（St George's Respiratory Questionnaire，SGRQ）	症状（频率和严重程度）、活动（能导致气促或受到限制的活动）、对日常生活的影响（气道疾病引起的社会能力损害和心理障碍）	
	呼吸障碍问卷（Breathing Problem Questionnaire，BPQ）		33
COPD	西雅图阻塞性肺病问卷	生理功能、情感功能、克服挫折的能力、治疗满意度	29
	慢性呼吸系统疾病问卷（Chronic Respiratory Questionnaire，CPQ）	呼吸困难、乏力、情绪、自我控制	20
呼吸困难	修订版的肺功能状态和呼吸困难问卷（Pulmonary Functional Status and Dyspnea Questionnaire，PFSDQ）	功能变化、呼吸困难程度、疲倦	40
哮喘	哮喘患者生命质量问卷（Asthma Quality of Life Questionnaire，AQLQ）	症状、活动受限、心理状态、环境刺激原的反应	32
	哮喘患者生活问卷（Living with Asthma Questionnaire，LWAQ）	社会活动、休闲、体育活动、假期、睡眠、工作和其他活动、寒冷、活动性、对他人的影响、性生活、烦躁不安状态及态度	68
	青少年哮喘生命质量量表	症状、医疗、躯体活动、情绪、社会影响、正性效应	32
	中国成人哮喘生命质量量表	活动受限、哮喘症状、对刺激原反应、心理情绪、自我健康的关心	35

3. 消化系统疾病特异量表（高丽，2006；万崇华，2013）

疾病	量表名称	领域（方面）	条目数
慢性肝脏疾病	慢性肝脏疾病量表（Chronic Liver Disease Questionnaire，CLDQ）	疲乏、活动、情绪功能、腹部症状、系统症状、焦虑	29
肝脏疾病	肝脏疾病生命质量（Liver Disease Quality of Life，LDQOL）	躯体功能、限定角色、肝脏疾病标志、相关症状、结果和影响、认知、情绪	36
慢性乙肝	中国乙型肝炎患者的生存质量测定量表（QOL-HBV）	社会适应、心理、生理	30
消化性溃疡、食管炎、功能性消化不良	胃肠道生活质量指数（Gastro intestinal quality of life index，GIOLI）	生理、情绪、社会、症状	36
	QPD 消化性疾病生命质量量表	疼痛引起的焦虑、社会制约、可感知症状	32
肠易激综合征和功能性消化紊乱	功能性消化紊乱生命质量量表	日常活动、忧虑、饮食、睡眠、不适、疾病处理、疾病控制、压力	43
	消化健康状态量表（Digestive Health Status Instrument，DHSI）	肠易激综合征腹泻、肠易激综合征便秘、反流、疼痛	34
消化不良	消化不良健康相关满意度（Satisfaction with Dyspepsia Related Health Scale，SODA）	一般症状的严重程度、疼痛强度、疼痛使能力丧失程度、对消化不良相关健康的满意度	14
	胃肠症状评估（Gastrointestinal Symptom Rating Scale，GSRS）	胃功能失调、消化不良、肠机能紊乱	15
	尼平消化不良指数（Nepean dyspepsia index，NDI）	紧张及睡眠、日常生活干预、饮食、知识及自制力、工作或学习	25
肠易激综合征	肠易激综合征生命质量量表（Irritable Bowel Syndrome Quality of Life Questionnaire，IBSQOL）	情绪、精神健康、健康信仰、饮食	30

续表

疾病	量表名称	领域（方面）	条目数
	肠易激综合征-生命质量测量 Patrick 发展（Irritable Bowel Syndrome-Quality of Life Measure，IBSQOL）	疾病频率、讨厌的症状、良好的功能状态、可感知的特异生命质量	34
消化性溃疡	消化性溃疡疾病量表（Peptic Ulcer Disease Questionnaire，PUDQ）	溃疡疼痛、情绪、社会机能	17
溃疡、食管炎	溃疡、食管炎主观症状量表（Ulcer Esophagitis Subject Symptom Scale，UESS）	腹部不适、肠机能紊乱、反流性症状、睡眠障碍	10
十二指肠溃疡	十二指肠溃疡患者生活质量量表（Quality of Life in Duodenal Ulcer Patients，QLDUP）	身体社会机能、躯体和心理角色、心理健康、健康状况变化、家庭	54
溃疡性结肠炎和 Crohn 氏病	溃疡性结肠炎和 Crohn 氏病健康状态量表（Ulcerative Colitis and Crohn's Disease Health Status Scales，UC/CDHSS）	腹泻、其他消化系统疾病症状	
胃食管反流疾病	胃食管反流疾病健康相关生命质量量表(Gastro Esophageal Reflux Disease Health Related Quality of Life Scale，GERD-HRQL）	心痛症状满意程度、吞咽困难、日常治疗影响、目前条件总体满意度	10
胃食管反流及消化不良	胃食管反流及消化不良的生命质量量表（Quality of Life in Reflux and Dyspepsia，QOLRAD）	情感压力、活力、睡眠障碍、饮食、躯体/社会功能	25
肠炎	肠炎疾病量表（Inflammatory Bower Disease Questionnaire，IBDQ）	胃肠症状、系统症状、不良情绪、社会功能不良	32
	肠炎患者评定量表（Rating Form of IBD Patient Concerns，RFIPC）	疾病影响、性行为、疾病并发症、身体不良标记	25
慢性胰腺炎	慢性胰腺炎健康相关生命质量量表（Chronic Pancreatitis Health Related Quality of Life，CPHRQL）	躯体状态或活动能力、心理状态或幸福安宁、社会相互作用、经济状况	24

4. 泌尿系统疾病特异量表（黄新萍，2012；万崇华，2013）

疾病	量表名称	领域（方面）	条目数
良性前列腺增生	良性前列腺增生症患者生命质量量表 BPHQLS	疾病、生理、社会、心理、满意度	74
	国际前列腺症状评分 IPSS	排尿问题、与排尿有关的困扰问题	8
慢性前列腺炎	慢性前列腺炎症状评分指数表（NIH-chronic prostatitis symptom index）	疼痛、排尿异常和对生活质量的影响	
	Danish 前列腺症状评分（Danish Prostate Symptom Score，DAN-PSS-1）	12 种下尿路症状，所有症状都含有频度和对生活的影响程度两个平行条目	24
	国际尿控协会问卷（International Continence Society-Benign Prostatic Hyperplasia，ICS-BPH）	下尿路症状、对生命质量的影响、性功能	50
	国际尿控协会男性问卷简表（International Continence Society male questionnaire Short Form，ICSmaleSF）	排尿症状子量表、刺激症状子量表及 3 个独立条目即排尿频率、夜尿次数、排尿症状对患者生活对患者生活的影响程度。	14
	前列腺结局问卷（Prostate Outcome Questionnaire，POQ）	排尿症状、术后并发症、患者生命质量、患者对治疗结果的满意度	27
慢性肾衰竭	肾病生命质量量表（Kidney Disease Quality of Life instrument，KDQOL）：	SF-36 作为共性部分，特异部分含症状、日常生活影响、肾病负担、工作状况、认真功能、社会互动质量、性功能、睡眠、社会支持、透析鼓励、患者满意度等小方面	134

续表

疾病	量表名称	领域（方面）	条目数
	肾病生命质量量表简化版（Kidney Disease Quality of Life instrument-Short Form，KDQOL-SF）	SF-36 作为共性部分，特异部分含症状、日常生活影响、肾病负担、工作状况、认真功能、社会互动质量、性功能、睡眠、社会支持、透析鼓励、患者满意度等维度，外加一个单独分析总体健康的条目	80
	终末期肾病症状检查表-移植模块（The End-Stage Renal Disease Symptom Checklist-Transplantation Module，ESRD-SCL-TM）	有限的实际能力、有限的认知能力、心脏和肾功能不全、皮质类固醇的副作用、gum 和头发的增长、移植相关的心理痛苦	43
	国家肾透析及肾移植研究组症状检查表（The National Kidney Dialysis and Kidney Transplantation Study（NKDKTS）symptom checklist）	疼痛、容易疲劳/没有能量、虚弱/力量不足、痛/肿胀/患者感觉、昏厥/头晕、紧张/紧张/焦虑、气短/呼吸困难、抑郁症、头痛、绞痛、胸痛、下背痛、身体部位肿胀、混乱、难以入睡、气体的痛苦	16
	肾移植问卷（The Kidney Transplant Questionnaire）	生理症状、疲劳、无把握的恐惧、表现主要针对肾移植患者	25
	Ferrans and Powers 肾移植患者生活质量量表	健康功能、心理/精神、社会经济和家庭	64
	肾病组成摘要（Kidney Disease Component Summary，KDCS）	疼痛，心理依赖，认知功能，社会功能，透析相关症状，心肺症状，睡眠，能源，抽筋，饮食，食欲	11
	肾移植患者生活质量评定量表	生理功能、心理功能、社会功能及治疗	34
	（肾移植患者）生活质量评分专用量表	认知能力、药物相关不良反应、心理及情绪、心肾等器官功能、体质	49
	慢性肾衰竭患者生活质量量表	情感得分、一般感情指数、健康指数、生活满意度	16

5. 糖尿病特异量表（万崇华，2013）

疾病	量表名称	领域（方面）	条目数
糖尿病	糖尿病发展生命质量列表 Audit of Diabetes Dependent Quality of Life（ADDQOL）	就业、社会生活、家庭关系、朋友关系、性关系、运动、假期或休闲活动等	18
	糖尿病生存质量临床试验调查表 Diabetes Quality of Life Clinical Trial Questionnaire（DQLCTQ）	躯体功能、精力/疲劳、躯体不适、心理健康、满意度、治疗满意度、治疗依从性、症状强度	142
	糖尿病患者生存质量特异性量表	生理、心理、社会关系、治疗	26
	糖尿病生活质量量表（Diabetes Quality of Life，DQOL）	满意度、影响程度、社会或职业的烦恼、糖尿病相关的忧虑	46
	糖尿病评估量表(Appraisal of Diabetes Scale，ADS）	单维度	7
	糖尿病控制状况量表	糖尿病自觉症状、生活习惯、治疗情况、生存技能、治疗目标、疾病知识	70
1 型糖尿病	糖尿病特异生命质量量表（Diabetes Specific Quality Of Life Scale，DSQOLS）	治疗目的、治疗满意度、对糖尿病负担的认识	64
	糖尿病健康指南 1（Diabetes Health Profile，DHP）	心理压抑、活动能力、饮食限制	32
	儿童 1 型糖尿病生存质量量表	满意度、影响度和担忧度	29
2 型糖尿病	糖尿病健康指南 2（Diabetes Health Profile，DHP）	心理压抑、活动能力、饮食限制	18
	糖尿病患者生存质量评价量表	生理、心理、社会	
	NIDDM 型糖尿病患者生存质量量表	疾病对社会活动的影响、日常生活能力、抑郁、焦虑障碍	
	2 型糖尿病生活质量量表	疾病、生理、社会、心理、满意度	87

视窗 6-1

常用的生命质量测定量表

一般普适性量表：SF-36，WHOQOL-100，WHOQOL-BREF，EQ-5D，QWB，NHP。

癌症专用普适性量表：FLIC，CARES，FACT-G，QLQ-C30，QLICP-GM。

慢性病专用普适性量表：FACT-G，QLICD-GM。

癌症特异性量表：FACTs 系列，QLQs 系列，QLICP 系列。

慢性病特异性量表：FACIT 系列，QLICD 系列。

第三节　其他特异量表

其他特异量表主要包括用于一些特定人群生命质量量表，这些特定人群有着一些独特的性质，需用特定的量表才能反映与其相关的问题。如老年人、儿童、药物依赖者（吸毒者）、酒依赖者、残疾人、妓女等。

目前，除老年人的生命质量研究多一些外，其他均还很少涉及。因此专门的量表也很少。Pearlman 等专为测定老年人机能状况而建立了老人综合评价量表（COPE）。万崇华等为测定吸毒者的生命质量而开发出了药物成瘾者生命质量测定量表（QLICD-DA），正在研制网络成瘾者的生命质量测定量表（QLICD-IA）。

学 习 思 考

1. 何为普适性量表？其优缺点如何？常见的普适性量表有哪些？
2. 癌症领域的生命质量测定量表有哪些？应该怎样选择？
3. 临床上不同治疗方案的疗效比较时能否采用普适性量表？为什么？

（孟　琼）

第七章　生命质量研究的应用

学习目标

掌握生命质量测评应用范围及生命质量量表选择标准；灵活运用并使用合适的生命质量量表进行测评。

案例 7-1

一个年轻人正值人生巅峰时却被查出患了白血病，无边无际的绝望一下子笼罩了他的心，他觉得生活已经没有任何意义了，拒绝接受任何治疗。

一个深秋的午后，他从医院里逃出来，漫无目的地在街上游荡。忽然，一阵略带嘶哑又异常豪迈的乐曲吸引了他。不远处，一位双目失明的老人正把弄着一件磨得发亮的乐器，向着寥落的人流动情地弹奏着。还有一点引人注目的是，盲人的怀中挂着一面镜子！

年轻人好奇地上前，趁盲人一曲弹奏完毕时问道："对不起，打扰了，请问这镜子是你的吗？"

"是的，我的乐器和镜子是我的两件宝贝！音乐是世界上最美好的东西，我常常靠这个自娱自乐，可以感到生活是多么的美好……"

"可这面镜子对你有什么意义呢？"他迫不及待地问。

盲人微微一笑，说："我希望有一天出现奇迹，并且也相信有朝一日我能用这面镜子看见自己的脸，因此不管到哪儿，不管什么时候我都带着它。"

白血病患者的心一下子被震撼了：一个盲人尚且如此热爱生活，而我……他突然彻悟了，又坦然地回到医院接受治疗，尽管每次化疗他都会感受到死去活来的痛楚，但从那以后他再也没有逃跑过。

他坚强地忍受痛苦的治疗，终于出现了奇迹，他恢复了健康。从此，他也拥有了人生弥足珍贵的两件宝贝：积极乐观的心态和屹立不倒的信念。

讨论：

疾病的治疗效果评价通常考虑什么？

年轻人治疗效果首要决定因素是什么？

年轻人的治疗首要因素可以用什么来评估体现？

参考要点：

在某些时候，我们可以量化的指标往往并不能很好的评估我们的生活状态，现今社会很多亚健康人群的存在就是这种情况的体现，在生理-心理-社会健康模式的当今社会，我们必须要有特殊的评价手段，充分考虑被测人员的主观感受，这，就是生命质量。

视窗 7-1

生命质量可应用于以下几个方面

评定人群健康状况；
临床治疗方案或药物的评价与选择；
临床预后及影响因素分析；
预防性干预及保健措施的效果评价；
卫生资源配置与利用的决策；
促进医患沟通和个体化治疗。

生命质量测评目前已广泛应用于社会各领域，成为不可或缺的重要指标和评定工具。在医学领域 Cox 提出了 4 个方面的应用：①人群健康状况的测量；②资源利用的效益评价；③临床疗法及干预措施的比较；④治疗方法的选择与决策。陈友仁等（2007）提出了 8 个方面的应用：①一般人群健康状况评定；②预防性干预及保健措施效果评价；③临床治疗措施效果评价；④临终患者应用；⑤癌症患者使用；⑥慢性病患者使用；⑦卫生效益评价、卫生政策制定；⑧药物不良反应评价。根据不同的目的，我们将生命质量的应用归纳为以下几个方面：①评定人群健康状况；②临床治疗方案或药物的评价与选择；③临床预后及影响因素分析；④预防性干预及保健措施的效果评价；⑤卫生资源配置与利用的决策；⑥促进医患沟通和个体化治疗。本章主要详述这 6 个方面的应用。

第一节　评定人群健康情况

（一）一般人群生活状态评价

一些普适性的生命质量测定量表并不针对某一种疾病患者，测评的目的不在于评价治疗效果，而在于了解一般人群的综合健康状况，甚至作为一种综合的社会经济和医疗卫生指标，以便比较不同国家、不同地区、不同民族人民的生活质量和发展水平以及对其影响因素的研究。这在早期的生活质量评定中较为常见，目前社会经济领域中也多如是。比如，Gurin 等（1992）联合美国的几个大院校进行了一次全国抽样调查，主要研究美国民众的精神健康和幸福感；Sun S 等（2012）运用 EQ-5D 调查了解斯德哥尔摩县无家可归者健康相关生活质量情况；Pittman J O 等（2012）调查了退伍军人的生命质量情况；Jardim R 等（2007）运用 Voice-Related Quality of Life（VRQL）量表调查了教师的生命质量情况；Nunes M F 等（2008）调查了巴西戈亚尼亚公共卫生服务牙医的生活质量；Park Y.等（2015）对韩国成人视力障碍及生活健康质量关系进行了研究。

国内生命质量在一般人群生活状态评价中的应用也是比较广泛的，李净海（2009）调查了丹东市贫困人群生命质量；张燕（2011）采用 SF-36 量表对泰山市警察群体生命质量进行了研究等

有时，生命质量的评定仅限于某些特殊人群，以了解其健康状况及其影响因素，并解决某些相关的问题。比如，老年人问题是一个特殊问题，随着人口老龄化的发展愈显重要。对老年人而言，都有不同程度的健康受损，但如果没有引起功能障碍则不算严重威胁，更

重要的是日常生活自理能力和在功能减退情况下自理生活需要帮助的程度。因此老年人生命质量及相关问题有其特殊性，引起了学术界的关注和研究，巩存涛（2014）维吾尔族、哈萨克族农村老年人生命质量及其影响因素进行了研究，其主要测评工具为 SF-8 生命质量量表（该量表为 SF-36 量表的简化版本）。

（二）患者生活状态评价

在医学领域，生命质量的测评主要运用于肿瘤及慢性病患者，目前，每年有数百篇文章甚至更多涉及肿瘤与慢性病的生命质量测定。

1. 癌症患者生命质量的测评 早在 1980 年，欧洲癌症治疗研究组织（EORTC）即创立了有 7 个国家参加的生命质量研究组，从较大的规模上进行癌症生命质量测评的协作研究。目前，16 个欧洲国家和澳大利亚、加拿大、美国均参加了该研究组，并已制定出一个反映癌症患者共性的核心量表 QLQ-C30，以及很多具体癌症的特异量表。在美国，美国癌症研究所（NCI）已在其 6 个社区临床肿瘤计划（CCOPS）地和德克萨斯大学的 Anderson 医院及肿瘤研究所开展生命质量评价研究，主要目标是探明与癌症临床试验同时进行的生命质量研究的有关问题并提出解决方法。芝加哥的 Rush-Presbyterian-St.Luke 医学中心研制出了癌症治疗功能评价系统 FACT（functional assessment of cancer therapy）（1995）。该系统由一个测量癌症患者生命质量共性部分的一般量表 FACT-G 和一些特定癌症的子量表构成。

目前国内外，运用生命质量对癌症患者进行测评已经成为了常态，Na D 等（2015）对口腔癌患者重建游离股前外侧穿支皮瓣后的生命质量进行了研究；郎颖等（2012）对宁夏地区胃癌患者生命质量及其影响因素进行了研究；陈鹏等（2007）对胃肠道恶性肿瘤患者生命质量及其影响因素的进行了 FLIC 问卷评估；方飞等（2015）对口腔癌患者手术前后生存质量的进行了比较研究。程金湘（2013）对胶质瘤患者健康相关生命质量进行了研究，纳入了 2008 年 7 月至 12 月、经过 CT 或 MRI 扫描怀疑或诊断为脑肿瘤、在第四军医大学西京医院神经外科入院接受手术的患者。对纳入研究的脑肿瘤患者进行标准中文版的 EORTC QLQ-C30（3.0 版）评估，结果显示脑转移瘤者表现出最差的功能评分、总体健康状况/生命质量，以及较为严重的症状，其后依次为胶质细胞瘤、脑膜瘤、垂体腺瘤和胆脂瘤。

诸如此类的研究目前卷帙浩繁，可见在癌症患者的生活状态评价中社会各界对于患者本身的感受越来越重视。

2. 慢性病生命质量测评 慢性病由于其病程长、难治愈、终身服药或者控制等特点，需要患者注意的事项过多，导致对患者的生活带来了各种程度的影响，例如心脏病患者必须禁止参与一些剧烈运动，高血压、糖尿病患者需要严格控制饮食等等。从医学上讲，控制好就是各项指标稳定，但是患者因此会失去很多乐趣，这些不适甚至于痛苦只有患者本人清楚，生命质量评估恰恰能够反映出这些问题。Pichon-Riviere A 等（2015）对在阿根廷布宜诺斯艾利斯胰岛素治疗的 2 型糖尿病患者生命质量进行了横断面研究；Tripp DA 等（2013）对慢性前列腺炎伴疼痛患者及其配偶的生命质量进行了 2 年的跟踪随访研究，得知相较于配偶而言，患者本人的生命质量、焦虑、抑郁等情况明显偏高；陈莹等（2015）对基慢性胃炎患者生命质量进行了评价，SF-36 结果显示慢性胃炎患者的各项得分均低于全国常模；王瑞（2011）对慢性丙型肝炎患者生命质量进行了研究，采用目 SF-36 健康简表和慢性肝病问卷测评患者生命质量，结果显示漫性丙型肝炎患者生命质量水平较低，且性别、文化程度、感染途径等对其有影响。

（三）其他特殊人群生命质量测评

生命质量的状态测评，绝不仅仅限于以上的人群范围，例如 O'Brien KK 等（2015）对吸毒流浪汉的生命质量进行过研究；陈宇婧等（2015）对艾滋病感染者患者的生命质量进行了研究。

现今全球正进入老龄化时代，由于老年人年纪较大，易患疾病，身体健康状况较差，因此，改善老年人的身体健康状况、精神健康状况，提高社会参与度和保持其活力至关重要，有很多学者也对老年人生命质量情况进行了关注，叶旭军等（2002）对老年人的特征及其对生命质量的影响进行了研究，阐述了老年人生命质量评价方法与应用，认为“无论是患病老人还是非患病老人，其在生理、心理和社会适应功能等各方面都有一定程度的减退，并因退休、生病住院等原因参加社会交往的机会大为减少，使老年人易产生孤独感。”

牛迪（2013）探讨了湿热体质与平和体质血清 ICAM-1、IL-4 检测和 MOS SF-36 生命质量研究，以中医体质量表作为中医体质类型判定工具辨识平和体质与湿热体质总共 57 人，从试验角度观察湿热体质和平和体质体内血清中 ICAM-1 及 IL-4 水平的变化关系，再以 MOS SF-36 量表得分作为健康状况评价指标，对湿热体质和平和体质生命质量进行对比。运用统计学方法分析并归纳湿热体质和平和体质免疫反应机理和生命质量的内在客观规律，发现湿热体质在生理机能维度得分最高，而情感职能维度得分最低，平和体质在社会功能维度得分最高，其次依次为生理机能维度、躯体疼痛维度和生理职能维度，而一般健康状况维度得分最低，湿热体质各维度的平均分均低于平和体质维度的平均分，且除躯体疼痛此维度外。

生命质量的应用范围正在被逐渐扩大，一般来讲，只要是有正常的自我意识能力的个体，其生活状态的评估都可以运用生命质量作为指标。

第二节　临床治疗方案或药物的评价与选择

在临床领域，生命质量同样可以用于药物疗效和治疗方案的评价与选择，以便在治疗方案的选择过程中充分考虑到患者的因素，即通过对这些疾病患者在不同疗法或措施中生命质量的测定与评价，为其治疗与康复措施的比较提供新的结局指标。在这些方面的研究比较多。

Lisznianskl P 等（2015）分析了心律失常患者实施射频消融治疗的疗效，收集 81 例患者（包括 24 例房室折返性心动过速、30 例房室结折返性心动过速、27 例室性早搏）治疗前和治疗 6 个月时的生命质量数据，采用的量表包括 SF-36，结果显示，这群患者三个量表测量的生命质量得分在治疗后综合都有提高。进一步进行亚组分析，不同诊断的患者的得分在消融后也分别的有所增加，其中 SF-36 测量的治疗前后室性早搏患者群变化最大，研究还发现，行消融治疗后生命质量改善情况往往与基线心室期外收缩呈高度负相关，而在房室折返性心动过速、房室结折返性心动过速两类患者之间的治疗效果比较中，没有明显差异。

Resić H 等（2014）运用 SF-36，贝克抑郁量表（BDI），贝克焦虑量表（BAI）和物理性能（修改视觉模拟评分（VAS）和手动肌力测试（MMT））量表等评价了透析锻炼计划对血液透析患者生存质量和物理性能的影响，他们开展了一项为期 16 周的前瞻性临床研究，选择了 52 例透析至少 6 个月的患者进行生命质量、抑郁、焦虑、视力、手动肌力等的测量，分别收集基线数据和治疗四个月后的数据，得出结论，透析锻炼计划能够提高生命质量的部分方面，同时也能够降低患者焦虑、抑郁的发生。

姚薇等（2014）运用头颈癌生命质量测定量表对头颈部癌症患者心理护理模式及效果进行了研究，选择住院综合治疗后好转的头颈部癌症患者 30 例，分为观察组和对照组各 15 例。对照组给予常规护理，观察组在常规护理基础上实施认知、心理、行为干预。两组干预前后应用头颈癌生命质量测定量表 QLICP-HN（V1.0）进行功能测评，结果显示，干预后观察组心理功能、社会功能及整体生命质量得分较对照组明显增高，得出结论：心理行为干预对头颈部癌症患者心理功能、社会功能及整体生命质量的提高具有重要作用。

陈万泓（2013）对 40 例 T2DM 患者在服用原有药物、饮食及运动不变的情况下，针刺“消渴组穴”，取双侧曲池、合谷、足三里、下巨墟、三阴交、太溪，及关元、气海、素髎。周一至周五每天上午针刺一次，每次留针 30 min，两周为 1 个疗程，共治疗 2 个疗程。病例筛选入组后于第一次针刺治疗前，治疗 2 周、4 周后，疗程结束后 2 周、4 周共 5 个时间点，记录患者糖尿病特异性生命质量量表（diabetes specific quality of life，DSQL）评分，结果显示，“消渴组穴”改善 T2DM 患者糖尿病特异性生命质量疗效明显，可显著改善 T2DM 患者的生理功能、精神/心理状态、社会关系处理能力，且有一定的远期治疗效果。

目前临床治疗方案和药物的评估归纳后发现多数应用于慢性病和癌症患者，且应用的评估工具包括国内和国外的。国内的生命质量量表一般是基于中国特殊的文化背景下开发的，具有较强的适应性。目前，在生命质量量表研究领域，国内具有系统性的则是万崇华负责的生命质量研究团队从 1998 年开始研制具有中国文化特色的癌症患者生命质量测定量表体系 QLICP（quality of life instruments for cancer patients）以及慢性病患者生命质量测定量表体系 QLICD（quality of life instruments for chronic diseases）。QLICP 体系包括 10 多种我国常见癌症的生命质量测定量表，其中 QLICP-GM（general module）是各种癌症患者均能使用的共性模块，可以单独使用，也可以与特异模块结合使用。QLICD 体系同样包括一个可以用于各种慢性病的共性模块 QLICD-GM 以及在此基础上形成的 30 多种慢性病的特异测定量表。

第三节　临床预后及影响因素分析

生命质量既已作为一个健康与生活水平的综合指标，而且已经或正在成为医学或社会发展的目标。评估临床预后及其影响因素，已经不仅仅局限于传统的临床客观指标。

董博（2010）分析了 D 型人格对冠心病冠脉支架置入术患者生命质量影响，选取中国医科大学附属第一医院心血管内科住院的冠心病行支架置入术患者，运用简明 36 项健康问卷（SF-36）、D 型人格量表（DS14）及自行设计的一般人口学及临床特征调查问卷，分别于冠脉支架手术前、术后三个月进行调查，共收集患者 104 例。冠心病冠脉支架手术前患者的生命质量的平均分为 38.44，维度“生理机能”得分最高。术后三个月平均分为 72.72，维度“躯体疼痛”得分最高，冠脉支架后的生命质量 9 个维度及总分上均较支架术前有所提高；D 型人格比非 D 型人格患者在术后三个月的生命质量比较上“生理机能”、“情感职能”、“精神健康”三个方面，D 型人格的患者得分低；影响患者生命质量的因素有性别、年龄、吸烟、医疗保障、合并其他疾病、文化程度、体重、病程、支架数量等。

彭双运（2009）对乳腺癌术后化疗患者生命质量进行了现状调查及影响因素分析，选取 2008 年 4 月～2008 年 11 月在中国医科大学附属盛京医院南湖院区肝胆乳腺外科和滑翔院区第二乳腺外科就诊的乳腺癌患者 84 名。采用自行设计的一般状况调查问卷、欧洲癌症研究和治疗组织研制的生命质量核心量表 QLQ-C30（3.0）和乳腺癌特异模块 QLQ-BR23（1.0）来收集资料，影响患者生命质量的因素有：年龄、临床分期、经济状况、医疗保障形式、文化程度和职业状况等。

王秀丽（2014）探讨了音乐疗法对改善癌症患者身心症状和睡眠质量的疗效研究，实验组接受音乐疗法和常规护理；对照组只接受常规护理，不接受其他任何音乐治疗。实施本课题前先用匹兹堡睡眠质量指数量表、患者健康抑郁量表、广泛性焦虑量表、癌症患者生活质量评定量表对患者的身心症状、睡眠质量以及患者的生命质量进行评估，并对癌症患者的身心症状及患者的睡眠质量以及患者的身心症状和患者的生命质量进行相关性研究，实施音乐疗法后，评价音乐疗法对癌症患者的焦虑、抑郁症状、睡眠质量及患者的生命质量的效果。

姜傲（2012）对大肠癌结肠造口患者生命质量及影响因素进行了研究，研究对象为住院及复查、造口门诊就诊以及参加科室造口联谊会的 126 例永久性大肠癌结肠造口的患者，测评工具采用 QLQ-C30（V3.0）及 QLQ-CR38（V1.0），结果显示，造口患者生命质量各维度受到明显影响。尤其是情绪功能、认知功能、躯体功能、角色功能、社会功能、性功能、性乐趣有影响，患者与人工肛门有关的问题、疲倦、疼痛等症很严重。大肠癌造口患者生命质量的影响因素包括性别因素、年龄因素、造口时间、文化程度、职业、经济状况、医保形式、不同压力来源。

在 CNKI（2015 年 8 月 3 日），以“生命质量”+“影响因素”为主题词检索，显示有 1291 条记录，目前相关研究日益增多。

第四节　预防性干预及保健措施的效果评价

预防性干预及保健措施是面向社区一般人群的，随着预防医学和初级卫生保健的发展，对其措施的效果评价日益重视。对其效果进行综合评价可借生命质量这一高度概括的指标来进行，调查的例数宜多一些。这与第一方面的应用非常相似，只是前者是作为状况指标，因此只需一次横断面测定即可，而这里必须进行干预前后的生命质量对比才能进行评价，因此需进行至少两次的纵向测定。但二者也不是截然分开的。实际上，如果必要的话，可通过事先周密的设计而同时达到这两个目的。

魏咏兰等（2006）研究了健康促进对社区老年人生命质量的影响，以某社区 60 岁以上老年人 1609 名为干预组，开展控烟、营养、定期测量血压、心理健康、合理运动等一系列健康促进干预活动。以城区 60 岁以上全体老年人 280 440 名为对照组。干预组在干预前后分别采用 SF-36 生命质量量表，评价老年人生命质量/对照组同时进行调查。结果显示干预组在干预后生命质量得分提高，对照组两次调查生命质量得分差别无统计学意义。在控制性别、年龄、文化程度、婚姻状况、家庭收入、家庭规模的影响后，生命质量得分与是否进行健康促进干预呈正相关，相关有统计学意义。

罗雪婷等（2011）分析了运动干预对大一新生生命质量的影响，对照组只参加体育课，运动组在此基础上进行中等强度的运动干预，共持续3个月。应用健康状况调查问卷评价干预前后大学生的生命质量。结果表明：干预前两组学生各项评分差异均无统计学意义，干预后，运动组各项评分明显高于干预前，对照组除生理功能评分明显高于实验前，其他各项变化无统计学差异；运动组生理功能、总体健康、活力、社会职能、精神健康等5个方面评分明显高于对照组。

张静文等（2011）进行了太极拳干预社区中老年人亚健康状态的临床随机对照试验，采用随机单盲方法，将符合亚健康诊断标准的受试者100例，随机分为太极拳干预组和一般运动干预组。两组受试者分别进行每周三次，每次 30 分钟的太极拳锻炼和一般体育运动锻炼，疗程均为 16 周。临床疗效观察采用 SF-36 生命质量评分，结果显示，太极拳干预组生命质量干预前后评分差值与一般体育运动组比较在总体健康和生命活力两个维度的差异有统计学意义。

张静等（2012）通过气象环境预警预报技术对哮喘儿童进行积极干预，探索该技术对改善哮喘儿童症状及生活质量的影响，社区招募哮喘儿童，66 例，年龄 2～12 岁，共分为两组，气象环境预警预报技术干预组 80 例和对照组 86 例。最终完成随访过程的干预组与对照组分别是 71 例和 63 例，两组同时使用儿童哮喘控制问卷和儿童生存质量量表在干预前后进行评估；其中干预组接受为期3个月的儿童支气管哮喘城市宏观环境干预，主要以短信和邮件形式每日向家长发送预防服务指引。多元回归分析显示气象环境预警预报技术对改善哮喘儿童的生理功能，情感功能及学校表现方面有统计学差异。

第五节 卫生资源配置与利用的决策

卫生资源配置与利用决策分析的主要任务就是选择投资重点，合理分配与利用卫生资源并产生最大的收益。这在卫生经济学中有着重要的地位，通常用成本-效益或成本-效果分析来实现，随着生命质量研究的深入和广泛开展，人们愈来愈倾向于用“质量调整生存年（QALYs）”这一指标来综合反映投资的效益，因为QALYs综合考虑了生存时间与生命质量，克服了以往将健康人生存时间和患者生存时间同等看待的不足。于是，相同成本产生最大的QALYs或同一QALYs对应的最小成本就是医疗卫生决策的原则。

QALYs 是一种试图将生命年数和生命质量两大尺度结合起来的评价方法，它是一种重要的评价生命质量的方法。QALYs 的计算方法简单直观，即 QALYs=（预期生命年数）×（生命质量权重）；生命质量的权重以 0～1 之间的值来评价，将一年预期健康生命的价值定为 1，死亡的价值定位 0，处于死亡与健康之间的状态，即疾病、残疾或好于死亡、不及完全健康的状态，其值定为 0 和 1 之间。

QALYs 方法也可作为分配卫生资源的一种工具，它能够使研究人员比较不同治疗方案和保健措施的成本效果，并根据目标做出合理选择。假定某个地区有 100 万美元的医疗预算可用于三个方面：①在冠心病监护病房中监测低危患者；②每 3 年一次的宫颈癌涂片检查；③中年人左主冠状动脉搭桥手术。若将 100 万美元用于监测低风险冠心患者则收获 3 个 QALYs，对妇女每 3 年一次宫颈涂片可收获 52 个 QALYs，对中年人的搭桥手术可收获 134 个 QALYs（Louise B 等，1992）。据此，若医疗资源分配的目标是使挽救的 QALYs 最大化，那冠状动脉搭桥则是最佳的卫生资金投入领域。

国外 Drummond 等（1987）早在 20 世纪 80 年代就将生命质量用于资源分配中；Mosteller（1987）用于卫生立法和卫生政策的制定。

我国王煜（2010）对中国居民健康相关生命质量及其对卫生服务利用影响进行了研究，采用欧洲生命质量量表（EQ-5D）测评研究对象的生命质量，根据研究设计对第四次国家卫生服务调查资料深入剖析，探索中国人群的健康相关生命质量对卫生服务利用的影响作用，并在两者建立了关联的基础上延伸出卫生服务费用预测、质量调整寿命年损失估计等研究内容。发现健康相关生命质量与门诊和住院服务利用均存在关联：门诊服务利用方面来看，行动和日常活动维度存在健康问题会降低门诊服务利用的概率和费用，而自我照顾维度存在问题会增大城市患者的就医费用。从住院方面来看，存在行动问题的城市高血压患者有过住院经历的概率较大。无论在城市或是农村，总体健康评分较高的患者有较低的住院概率和较少的医疗费用。该研究还建立了高血压患者门诊和住院服务概率及费用预测模型、计算了总人群质量调整寿命年，每十万人群中，每年因患循环系统疾病造成质量调整寿命年下降 238.7 年；其次为肌肉骨骼系统疾病，每年降低质量调整寿命年 145.1 年。

第六节　促进医患沟通和个体化治疗

生命质量强调关注被试者主观感受，符合以人为本的社会要求。现代社会，紧张的医患关系很大一部分是由于医患之间沟通不足或者沟通不当，导致信任缺失。医护人员在忙碌的工作环境中，过分依赖于临床客观指标而淡化了患者个人感受，造成患者及其家属的不信任，甚至造成悲剧，各类袭医杀医的恶性事件层出不穷。因此，医护人员应用生命质量作为观察指标能够促进医患沟通，缓解医患关系紧张度，同时，也能够根据针对影响患者生命质量的主要方面进行有针对性的个体化治疗。

梁明明等（2012）研究了患者信任医生与焦虑、健康相关生命质量的关系，通过对住院患者的调查，编制患者对医生的信任量表，并结合 SF-36 健康状况问卷和状态-特质焦虑问卷展开研究，结果表明，患者对医生的信任程度对其状态焦虑有预测作用，对生命质量的活力、社会功能、情感职能、精神健康有预测作用；焦虑在患者对医生的信任与生命质量之间有中介作用。

学 习 思 考

1. 生命质量测量应用于哪些方面？
2. 除教材上的外，你觉得还可以用于哪些方面？
3. 你觉得现在社会关注生命质量的必要性在哪里？

（黄新萍）

第二篇 实践篇（提升）

第八章 生命质量的提升——身体健康

学习目标

通过本章的学习，了解身体健康的重要意义，掌握保持身体健康的方法，改变观念、适当锻炼以及注意饮食与睡眠增强身体健康，从而提升生命质量。

案例 8-1

健康等于 1，其他等于 0

一位野心勃勃的男子，看着他只有 1000 元的存款簿心想，如果我能让存款再多两个零多好。接着他努力的工作，没有多久，终于达到目标。

男子看着他 100 000 元的存款簿又想：若能再多两个零、四个零不就更棒了？男子更努力工作了。

从此以后，他不眠不休的工作，经过长期的努力，心愿终于达成，成为一位富翁。

但是，在这时富翁却病倒了。此时，他一生所创造的 0 也跟着倒下！

讨论：

（1）健康与事业以及功成名就的关系是什么？

（2）怎样才能获得健康的身体？

（3）通过学习改变观念、适当锻炼以及注意饮食与睡眠能增强身体健康吗？

要点参考：

健康为“1”，“1”倒了，有再多的“0”都不具任何意义。身体是革命的本钱，日常的工作、学习、生活都离不开健康的身体。拥有健康不代表拥有一切，失去健康就等于失去一切。要保持身体的健康就不能饿了才吃，不能渴了才喝，不能困了才睡，不能累了才歇，不能病了才检查，不能老了再后悔！通过学习，改变观念、适当锻炼以及注意饮食与睡眠能增强身体健康。

第一节 身体健康的内涵和标准

身体健康是人类生存发展的一个基本要素，没有身体健康就一事无成，身体健康既属于个人，又属于社会。故而，世界卫生组织总干事马勒博士一针见血地指出：“必须让人们认识到，健康并不代表一切，但失去了健康，便失去了一切。”

一位疾病缠身的年轻人难以攀登事业的顶峰；我们更能够想象在剧烈疼痛中的张海迪说最大的快乐就是死亡时的那种心情！钱用光了我们还可以去赚，“千金散尽复还来”。但是身体健康呢？身体健康走了我们还会有什么？

所以，人们应该好好珍惜身体，拥有健康。那什么是身体健康?身体健康的标准又是什么?

一、身体健康素质

泛指人体发育的健全程度、智力状况、身高、体重、体质、耐力等。目前各国公认以下几个健康指标反映人口健康素质：（1）婴儿死亡率。指 0～12 个月的婴儿死亡数与同期婴儿数之比，一般以千分率表示。它与社会经济生活水平、医疗条件有密切关系，并反映出一个国家经济生活水平和医疗条件水平。（2）平均寿命。反映全体人口的生命长短。它对全体人口的健康素质提供了一个更明确、更形象、更富有积极含义的指标。平均寿命实际是指 0 岁组的平均期望寿命。它是反映人口健康素质的重要指标。（3）智能发育不全和伤残人口。据世界卫生组织（WHO）统计，全世界约有 13%属于精神上和肉体上的伤残者。伤残者在发展中国家约有 4 亿。全世界智能不全者约占总人口的 1%，其中以先天性遗传和近亲婚配造成的占大多数。（4）发病率。各类疾病发病率是反映人口健康素质的重要指标。提高人口健康素质的措施有：①宣传优生学，制定优生法规，防止和减少患有严重遗传和先天性疾病的孩子出生。②提高人民生活水平，改善食物结构，合理营养。③改善医疗卫生条件，健全完善医疗卫生服务体系。④采取社会医学与行为医学相结合的措施，大规模地改善社会生活环境条件，净化社会环境卫生，开展体育运动，严禁吸烟、吸毒等。

二、身体健康的标准

1. 世界卫生组织的标准 世界卫生组织归纳和总结了在人群实践的经验，于 1999 年提出了身心健康的新标准，即“五快”和“三良好”。“五快”指的是身体健康，“三良好”指的是精神健康，下面我们具体看看体现身体健康的五个方面：

“五快”具体指：吃得快、拉得快、走得快、说得快、睡得快。

吃得快，说明消化功能好，有良好的食欲，不挑食，不厌食，不偏食，不狼吞虎咽。

拉得快，说明吸收功能好，一旦有便意，能很快排泄，感觉轻松。

走得快，说明运动功能及神经协调机能良好，步履轻盈，行走自如。

说得快，说明思维敏捷，反应迅速，口齿伶俐。

睡得快，说明神经系统兴奋-抑制过程协调好，上床很快入睡，睡得沉，醒后精神饱满，头脑清醒。

怎样衡量一个人是否健康，世界卫生组织定出了健康的 10 条标准：

（1）有充沛的精力，能从容不迫地担负日常生活和繁重的工作，而且不感到过分紧张疲劳；

（2）处事乐观，态度积极，乐于承担责任，事无大小，不挑剔；

（3）善于休息，睡眠好；

（4）应变能力强，能适应外界环境各种变化；
（5）能够抵抗一般性感冒和传染病；
（6）体重适当，身体匀称，站立时，头、肩、臂位置协调；
（7）眼睛明亮，反应敏捷，眼睑不易发炎；
（8）牙齿清洁，无龋齿，不疼痛，牙龈颜色正常，无出血现象；
（9）头发有光泽，无头屑；
（10）肌肉丰满，皮肤有弹性。

2. 身高体重指数 身高体重指数（又称身体质量指数、体重指数，英文为 body mass index，简称 BMI）是世界卫生组织于 1990 年公布的判断人体胖瘦程度的一项重要指标，主要用于比较及分析一个人的体重对于不同高度的人所带来的健康影响，它是通过身高计算，不受性别影响，而且偏差较小，操作也比较简便，便于测量和应用。

身高体重指数（BMI），是体质测量中身高和体重的一个关系值，这个概念是由 19 世纪中期比利时的凯特勒最先提出。它的定义如下：$BMI=W/h^2$，W=体重，单位：千克；h=身高，单位：米。

国际生命科学委员会中国办事处规定符合中国人的体质等级：低于 15.6 为营养不良；15.6～17.5 之间为较轻体重；17.5～18.5 为轻体重；在 18.5～24 为正常体重，24～28 为超重；28 以上为肥胖，超过 31 为中度肥胖，超过 34 为重度肥胖。我国大学生已经步入成人阶段，属于成年人群体，可以把身高体重指数的标准范围确定为 18.5～24。我国著名营养学家、中国工程院院士陈君石也提出建议，用 BMI 来判断人的体重是否健康是较为合理的指标，同时他认为：“在正常体重范围内，越瘦越好”。

3. 国家学生体质健康标准 《国家学生体质健康标准》的内涵是测量学生体质健康状况和锻炼效果的评价标准，是国家对不同年龄段学生体质健康方面的基本要求，是学生体质健康的个体评价标准。它从身体形态、身体机能和身体素质等方面综合评定学生的体质健康水平，是促进学生体质健康发展、激励学生积极进行身体锻炼的教育手段，是国家学生发展核心素养体系和学业质量标准的重要组成部分，是学生体质健康的个体评价标准。

新修订（2014 年修订）的《国家学生体质健康标准》适用于全日制普通小学、初中、普通高中、中等职业学校、普通高等学校的学生，将学生按照年级划分为不同组别，身体形态类中的身高、体重，身体机能类中的肺活量，以及身体素质类中的 50 米跑、坐位体前屈为各年级学生共性指标。根据学生学年总分评定等级：90.0 分及以上为优秀，80.0～89.9 分为良好，60.0～79.9 分为及格，59.9 分及以下为不及格。

《国家学生体质健康标准》是促进学生体质健康发展、激励学生积极进行身体锻炼的教育手段。所选用的指标可以反映与身体健康关系密切的身体成分、心血管系统功能、肌肉的力量和耐力以及关节和肌肉的 柔韧性等要素的基本状况。《国家学生体质健康标准》的实施将使学生和社会能够对影响身体健康的主要因素有一个更加明确的认识和理解，引导人们去积极追求身体的健康状态。

第二节 健康身体动出来

在中国的宁夏灵武市有一个村庄，全村三千人中有六百多人是 70 岁以上的老人，20

名是百岁以上的老人，是一个名副其实的长寿村。人们不禁好奇，是什么“法宝”让这里的老人们能够如此长寿呢？当地的人介绍，老人们长寿有三个原因：其一，适当的锻炼；其二，健康的饮食；其三，健康带来的好心情和知足常乐的心态。可见，健康是快乐的要素之一，要想快乐的生活，首先要有健康的体魄，如果每天都在疾病中度过，连忍受都很难，何谈快乐？此外，研究发现（陈冰洋，2013；严东，2011），在体育锻炼时，人的情绪更好，而且思维的敏捷性也更高，如果在心情不好的时候运动，还能够转移注意力、缓解不良的情绪，放松心情。一些不爱运动的人往往性格更为内向和孤僻，不愿意与人打交道，产生不良情绪的时候也居多。因此说，要想保持快乐的心情，一定要经常运动，比如说每天散步半小时，骑车去上班，这些简单的运动能够都会使人感到快乐，就像作家考奇所说的那样，即使五分钟的漫步也能使人变得精神饱满。如果每天都花上 10 分钟甚至是半小时的时间来得到快乐，那么我们何乐而不为呢？何况，这样的快乐是最真实的体验，没有任何副作用，对一些小毛病，比如郁闷、烦躁等，保证药到病除！

一、好身体，动出来

古希腊有三句名言：你想变得健康吗？你就跑步吧；你想变得聪明吗？你就跑步吧；你想变得美丽吗？你就跑步吧。这一名言生动体现了体育运动在人类健康生活中的重要作用。法国有一位名医曾经说过这样一句话：“运动几乎可以代替任何药物，但是世界上的一切药品，并不能代替运动的作用。”的确，运动对维持和增强身体健康非常有益。运动能促进心脏和呼吸功能，增加肌肉强度和骨质密度，提高反应灵敏度，从而增强体质，主要表现在以下几个方面（Ernst E，1998；刘忠厚等，1992）：

1. 运动可增强体质 健身运动，可增加肺活量，使得气体充分交换，增加血中含氧量，加快新陈代谢；增强大脑皮质的兴奋和抑制过程；使心肌纤维粗壮，加强心肌收缩，改善心肌供氧；还能改善睡眠质量，减轻生活压力，减少沮丧和焦虑；防止胆固醇在血管中的沉淀，可以有效地预防血管硬化、高血压和冠心病的发生。

2. 运动可增强机体的免疫功能 运动可促进身体的新陈代谢更加旺盛，从而避免体内衰老细胞的恶变；运动能促使心肌收缩有力，使体内血液循环加快，并使血液中吞噬细菌、病毒和癌细胞的白细胞明显增多，而且能更及时、迅速清除疾病；运动时身体所产生的内源性致热物质，能促使体内的 T 淋巴细胞增多，而 T 淋巴细胞所分泌的抗体能够有效地歼灭侵入人体内的细胞和毒素。

3. 运动可防止人体器官衰老 经常运动能促进人的血液畅通，为机体各部位细胞通过微血管提供充足的营养，使得组织器官减缓衰老。增强平衡能力和耐力。还可以延缓大脑衰老，研究证实，人从 30 岁以后，每天有 1 万个脑细胞死去；70 岁以后，脑细胞只剩 1/3。健身运动及勤于思考的人，脑血管经常处于舒展状态，减缓神经细胞衰老，有助于改善记忆，提高思维能力。

4. 运动可延缓骨质老化 改善骨骼肌与关节韧带的弹性和韧性等，从而提高骨骼抗拉、抗折、抗压和抗扭转的能力。运动还能提高关节和韧带活动的幅度、灵活性和准确性；改善骨骼血液循环，增强物质代谢，使骨骼有机成分增加。

5. 运动可改善消化系统功能 促使腹直肌、腹壁肌活动，加强消化道的蠕动和消化腺的分泌，促进食欲，改善肠胃道血液循环，增强消化腺功能，对肠胃起到按摩作用。有利于食物的消化和营养物质充分地吸收，减少萎缩性胃炎的出现，防止胃下垂、胃神经官能症、便秘等。

6. 运动可改善内分泌调节功能 运动改善体内糖的代谢，防治糖尿病；能降低胆固醇，防止动脉硬化；能控制体重，促进多余脂肪的利用，防止发胖。

7. 运动可改善肾脏功能 促其排出代谢废物。

8. 运动可改善生殖系统的功能 由于对内分泌系统的刺激，特别是性腺，使人保持正常的青春活力，还能改善性功能和提高性生活质量。研究表明，40 岁以上经常运动的女性比不运动者的性生活更和谐。

9. 运动可延缓皮肤老化 皮肤的健康是人健美的表征。皮肤老化也是肌体衰老的表现。运动可使皮肤血液丰富，血液运送氧气、营养物到达皮肤，使人容光焕发，充满活力，防止衰老。保持皮肤健美，主要从运动、营养、睡眠等方面来加以保养。

10. 运动可使人身心愉悦 运动不仅可以促进人体各种系统功能旺盛、协调；还可以通过运动参与各种社交活动，提高人的生活质量，增加生活乐趣。

二、恰当时间，动起来

清晨、上午、下午和晚上，在什么时间锻炼最合适呢？每一个人的锻炼时间是要受到自身工作、学习的限制。但是，如果可以任意选择的话，那么是否存在最佳的锻炼时间呢？专家们说：有。但是这个时间在很大程度上依赖于我们自己。

近年来，科学家们在不断地探索生物钟和运动之间的关系，以求找到一个每天能够消耗脂肪最多的时间。结果发现，身体温度的变化将最大程度地影响锻炼的质量与效果（徐代红等，2007）。也就是说，锻炼时体温越高，锻炼的效果就越好。

通常，在起床前的 1～3 小时内，体温是最低的，而到了下午的时候就会升到最高。因此，运动的最佳时间是在下午。在这个时间里，个体的肌肉温暖、体力充沛、心率平稳、血压较低。但科学家们也警告说，不要认为生物钟的规律就能决定一切，个体锻炼的最佳时间还得取决于本人是否能够按时去做。所以把时间安排在不会影响正常学习、工作的时间里，而且也不要总是想着身体的生物钟。

在决定什么时间锻炼之前，最好先问自己两个问题。“第一，我的作息时间是什么？我是不是在下午或晚上的时候都很忙？是不是早上的锻炼更适合于我？或者，我是否有必要调整早上、下午或晚上的锻炼？”“第二，我何时感觉状态最佳？我早上起床有困难吗？我是不是那种办事拖拉的人？那样的话，锻炼肯定就会被我排到最后一项了。”也许你会认为早上更活跃，你的状态最好而愿意在早上锻炼，但你是否想过，你还有一整天的事情要做，还需要你以更充沛的精力去处理一天的事务。清晨锻炼比下午锻炼有一个最大的优点：人们很容易坚持下来。因为这时锻炼不会存在时间安排冲突的问题，人们也不会受其他事情的影响而分心。而能否持之以恒是锻炼的一个很重要的影响因素。

有些时间是不宜运动的，比如进餐后，这时较多的血液流向胃肠部，以帮助食物消化及吸收。此时运动会妨碍食物消化，时间一长会导致肠胃系统的疾病，影响身体的健康。饮酒后也不宜运动，酒精吸收到血液中，进入脑心、肝等器官。此时运动将加重这些器官的负担。同餐后运动相比，酒后运动对人体产生的消极影响更大。

但是，做运动时，要注意以下几点：

（1）每天至少运动半小时。散步、慢跑、瑜伽等有氧运动不仅可以锻炼身体，还可以舒缓紧张情绪。尽量不要集中运动，因为这有可能导致肌肉过度牵拉和身体的疲劳，甚至会导致昏厥。

（2）尽量避免高强度的运动。因为高强度的运动会加重心脏的负担和肌肉的负荷，从而增加心脏病、脑出血等疾病的风险。我们在平时的生活中，要适时地做一些低强度的运动，以维持和促进我们的身体健康。

视窗 8-1

体育锻炼的要点

（1）经常适当地进行体育运动，能达到锻炼身体、祛病延年的目的，但如运动过度则对人有害无益。

（2）运动锻炼应该根据自己的年龄、身体状况，选择适合自己的运动，不要违背常规，使身体过于疲劳。

（3）在饭后及刚睡醒后不宜剧烈运动，以免给身体带来不利影响。

（4）每天运动半小时以上，避免高强度的运动。

第三节　健康身体吃出来

我们赶着去赴约，时间仓促，来不及吃饭，当见到重要的朋友，与他聊到高兴处时，我们的肚子发出“咕咕”的声音。

我们聚精会神地学习或工作，太过投入，几乎忘我，过了吃饭点时，我们的肚子再次发出声音，胃开始冒酸水。

……

这就是身体在提醒我们，我们能量不够了，需要食物来补充了。但是，如果吃得太多也不行。君不见，那些大腹便便的人不但行动不便，而且常常是疾病缠身、“三高”相伴。根据 WHO 统计，60%的死亡归因于慢性病，70%的慢性病由不良行为造成，其中很大部分是饮食问题。为此，WHO 提出的健康四大基石中包括了合理膳食、戒烟和限制饮酒这两大与“吃”相关的基石。

那么，怎样吃才好呢？

一、营 养 均 衡

人体每天需要的营养物质包括：糖类、蛋白质、脂肪、各种维生素和矿物质。这些营养物质主要从饮食中吸取。我国为了指导广大群众合理的摄取膳食，特由中国营养学会制定了《中国居民膳食指南》（中国营养学会，2007），这个指南是根据营养学原则，结合国情制定的，引导群众采用平衡膳食，以摄取合理营养促进健康，具有普遍的指导意义。同时为了帮助广大群众在日常生活中运用《中国居民膳食指南》，使指南更加形象化，又制定了《中国居民平衡膳食宝塔》，以宝塔的形式，根据各类食物摄入量的多少，提出具体的每日应吃的食物种类和相应的数量，这些数量是根据成年人标准制定的，对不同生理状况的人群尚有具体说明。

（一）中国居民膳食指南

1. 食物多样、谷类为主　人类的食物是多种多样的。各种食物所含的营养成分不完全相同。除母乳外，任何一种天然食物都不能提供人体所需的全部营养素。平衡膳食必须由多种食物组成，才能满足人体各种营养需要，达到合理营养、促进健康的目的，因而要提倡人们广泛食用多种食物。

多种食物应包括以下五大类。

第一类为谷类及薯类：谷类包括米、面、杂粮，薯类包括马铃薯、甘薯、木薯等，主要提供碳水化合物、蛋白质、膳食纤维及B族维生素。

第二类为动物性食物：包括肉、禽、鱼、奶、蛋等，主要提供蛋白质、脂肪、矿物质、维生素A和B族维生素。

第三类为豆类及其制品：包括大豆及其他干豆类，主要提供蛋白质、脂肪、膳食纤维、矿物质和B族维生素。

第四类为蔬菜水果类：包括鲜豆、根茎、叶菜、茄果等，主要提供膳食纤维、矿物质、维生素C和胡萝卜素。

第五类为纯能量食物：包括动植物油、淀粉、食用糖和酒类，主要提供能量。植物油还可提供维生素E和必需脂肪酸。

谷类食物是中国传统膳食的主体。随着经济发展，生活改善，人们倾向于食用更多的动物性食物在一些比较富裕的家庭中，动物性食物的消费量已超过了谷类的消费量。这种“西方化”或“富裕型”的膳食提供的能量和脂肪过高，而膳食纤维过低，对一些慢性病的预防不利。提出谷类为主是为了提醒人们保持我国膳食的良好传统，避免发达国家膳食的弊端。

另外要注意粗细搭配，经常吃一些粗粮、杂粮等。稻米、小麦不要碾磨太精，否则谷粒层所含的维生素、矿物质等营养素和膳食纤维大部分流失到糠麸之中。

2. 多吃蔬菜、水果和薯类　蔬菜与水果含有丰富的维生素、矿物质和膳食纤维。蔬菜的种类繁多，包括植物的叶、茎、花苔、茄果、鲜豆、食用蕈藻等，不同品种所含营养成分不尽相同，甚至相差悬殊。红、黄、绿等深色蔬菜中维生素含量超过浅色蔬菜和一般水果，它们是胡萝卜素、维生素B_2、维生素C和叶酸、矿物质（钙、磷、钾、镁、铁）、膳食纤维和天然抗氧化物的主要或重要来源。我国近年来开发的野果如猕猴桃、刺梨、沙棘、黑加仑等也是维生素C、胡萝卜素的丰富来源。

有些水果维生素及一些微量元素的含量不如新鲜蔬菜，但水果含有的葡萄糖、果糖、柠檬酸、苹果酸、果胶等物质又比蔬菜丰富。红黄色水果如鲜枣、柑橘、柿子和杏等是维生素C和胡萝卜素的丰富来源。

薯类含有丰富的淀粉、膳食纤维，以及多种维生素和矿物质。我国居民近10年来吃薯类较少，应当鼓励多吃薯类。

含丰富蔬菜、水果和薯类的膳食，对保持心血管健康、增强抗病能力、减少儿童发生眼干燥症的危险及预防某些癌症等方面，起着十分重要的作用。

3. 常吃奶类、豆类或其制品　奶类除含丰富的优质蛋白质和维生素外，含钙量较高，且利用率也很高，是天然钙质的极好来源。我国居民膳食提供的钙质普遍偏低，平均只达到推荐供给量的一半左右。我国婴幼儿佝偻病的患者也较多，这和膳食钙不足可能有一定的联系。大量的研究工作表明，给儿童、青少年补钙可以提高其骨密度，从而延缓其发生骨质疏松的年龄；给老年人补钙也可能减缓其骨质丢失的速度。因此，应大力发展奶类的生产和消费。豆类是我国的传统食品，含丰富的优质蛋白质、不饱和脂肪酸，钙及维生素 B_1、维生素 B_2、烟酸等。为提高蛋白质摄入量及防止城市中过多消费肉类带来的不利影响，应大力提倡豆类，特别是大豆及其制品的生产和消费。

4. 经常吃适量鱼、禽、蛋、瘦肉，少吃肥肉和荤油 鱼、禽、蛋、瘦肉等动物性食物是优质蛋白质、脂溶性维生素和矿物质的良好来源。动物性蛋白质的氨基酸组成更适合人体需要，且赖氨酸含量较高，有利于补充植物性蛋白质中赖氨酸的不足。肉类中铁的利用较好，鱼类特别是海产鱼所含不饱和脂肪酸有降低血脂和防止血栓形成的作用。动物肝脏含维生素 A 极为丰富，还富含维生素 B_{12}、叶酸等。但有些脏器如脑、肾等所含胆固醇相当高，对预防心血管系统疾病不利。我国相当一部分城市和绝大多数农村居民平均吃动物性食物的量还不够，应适当增加摄入量。但部分大城市居民食用动物性食物过多，吃谷类和蔬菜不足，这对健康不利。

肥肉和荤油为高能量和高脂肪食物，摄入过多往往会引起肥胖，并是某些慢性病的危险因素，应当少吃。目前猪肉仍是我国人民的主要肉食，猪肉脂肪含量高，应发展瘦肉型猪。鸡、鱼、兔、牛肉等动物性食物含蛋白质较高，脂肪较低，产生的能量远低于猪肉。应大力提倡吃这些食物，适当减少猪肉的消费比例。

5. 食量与体力活动要平衡，保持适宜体重 进食量与体力活动是控制体重的两个主要因素。食物提供人体能量，体力活动消耗能量。如果进食量过大而活动量不足，多余的能量就会在体内以脂肪的形式积存即增加体重，久之发胖；相反若食量不足，劳动或运动量过大，可由于能量不足引起消瘦，造成劳动能力下降。所以人们需要保持食量与能量消耗之间的平衡。脑力劳动者和活动量较少的人应加强锻炼，开展适宜的运动，如快走、慢跑、游泳等。而消瘦的儿童则应增加食量和油脂的摄入，以维持正常生长发育和适宜体重。体重过高或过低都是不健康的表现，可造成抵抗力下降，易患某些疾病，如老年人的慢性病或儿童的传染病等。经常运动会增强心血管和呼吸系统的功能，保持良好的生理状态、提高工作效率、调节食欲、强壮骨骼、预防骨质疏松。

6. 吃清淡少盐的膳食 吃清淡膳食有利于健康，即不要太油腻，不要太咸，不要过多的动物性食物和油炸、烟熏食物。目前，城市居民油脂的摄入量越来越高，这样不利于健康。我国居民食盐摄入量过多，平均值是世界卫生组织建议值的两倍以上。流行病学调查表明，钠的摄入量与高血压发病呈正相关，因而食盐不宜过多。世界卫生组织建议每人每日食盐用量不超过 6 克为宜。膳食钠的来源除食盐外还包括酱油、咸菜、味精等高钠食品，及含钠的加工食品等。应从幼年就养成吃少盐膳食的习惯。

7. 如饮酒应限量 在节假日、喜庆和交际的场合人们往往饮酒。高度酒含能量高，不含其他营养素。无节制地饮酒，会使食欲下降，食物摄入减少，以致发生多种营养素缺乏，严重时还会造成酒精性肝硬化。过量饮酒会增加患高血压、中风等危险，并可导致事故及暴力的增加，对个人健康极其有害。应严禁酗酒，若饮酒可少量饮用低度酒，青少年不应饮酒。

8. 吃清洁卫生、不变质的食物 在选购食物时应当选择外观好，没有泥污、杂质，没有变色、变味并符合卫生标准的食物，严把病从口入关。进餐要注意卫生条件，包括进餐环境、餐具和供餐者的健康卫生状况。集体用餐要提倡分餐制，减少疾病传染的机会。

（二）中国居民平衡膳食宝塔及其应用

见图 8-1。

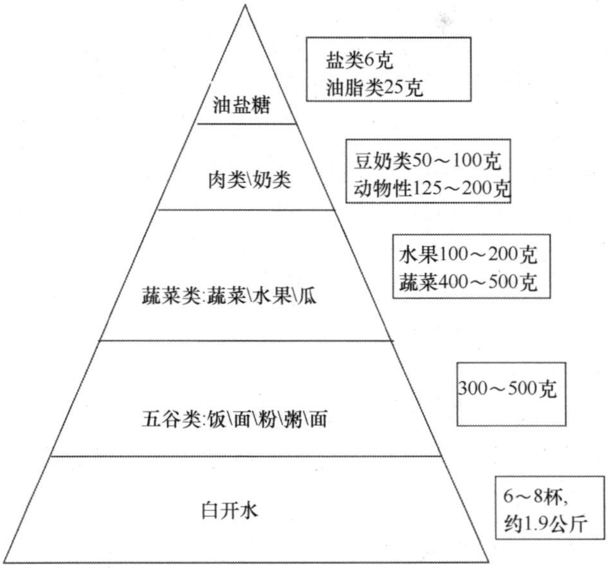

图 8-1　中国居民平衡膳食宝塔

1. 首先确定每日的食物量　每人每日各类食物的摄入量应根据个人年龄、性别、身高、体重、劳动强度、季节等情况适当安排。年轻人、劳动强度大的人需要能量高，应适当多吃些主食；年老、活动少的人需要能量少，可少吃些主食。表 8-1 列出了三个能量水平各类食物的参考摄入量。

表 8-1　平衡膳食宝塔建议不同能量膳食的各类食物参考摄入量（克/日）

食物	低能量（约 1800 千卡）	中等能量（约 2400 千卡）	高能量（约 2800 千卡）
谷类	300	400	500
蔬菜	400	450	500
水果	100	150	200
肉、禽	50	75	100
蛋类	25	40	50
鱼虾	50	50	50
豆类及豆制品	50	50	50
奶类及奶制品	100	100	100
油脂	25	25	25

从事轻微体力劳动的成年男子如办公室职员等，可参照中等能量（2400 千卡）膳食来安排自己的进食量；从事中等强度体力劳动者如钳工、卡车司机和一般农田劳动者可参照高能量（2800 千卡）膳食进行安排；不参加劳动的老年人可参照低能量（1800 千卡）膳食来安排。女性一般比男性的食量小，因为女性体重较轻及身体构成与男性不同。女性需

要的能量往往比从事同等劳动的男性低200千卡或更多些。一般说来，人们的进食量可自动调节，当一个人的食欲得到满足时，他对能量的需要也就会得到满足。

平衡膳食宝塔建议的各类食物摄入量是一个平均值和比例。每日膳食中应当包含宝塔中的各类食物，各类食物的比例也应基本与膳食宝塔一致。日常生活无需每天都样样照着“宝塔”推荐量吃。例如烧鱼比较麻烦就不一定每天都吃 50 克鱼，可以改成每周吃 2～3 次鱼、每次 150～200 克较为切实可行。实际上平日喜吃鱼的多吃些鱼、愿吃鸡的多吃些鸡都无妨碍，重要的是一定要经常遵循宝塔各层各类食物的大体比例。

2. 营养与口味并重 人们吃多种多样的食物不仅是为了获得均衡的营养，也是为了使饮食更加丰富以满足人们的口味享受。假如人们每天都吃同样的 50 克肉、40 克豆，难免久食生厌，那么合理营养也就无从谈起了。宝塔包含的每一类食物中都有许多品种，虽然每种食物都与另一种不完全相同，但同一类中各种食物所含营养成分往往大体上近似，在膳食中可以互相替换。

应用平衡膳食宝塔应当把营养与美味结合起来，按照同类互换、多种多样的原则调配一日三餐。同类互换就是以粮换粮、以豆换豆、以肉换肉。例如大米可与面粉杂粮互换，馒头可以和相应量的面条、烙饼、面包等互换；大豆可与相当量的豆制品或杂豆类互换；瘦猪肉可与等量的鸡、鸭、牛、羊、兔肉互换；鱼可与虾、蟹等水产品互换；牛奶可与羊奶、酸奶、奶粉或奶酪等互换。

多种多样就是选用品种、形态、颜色、口感多样的食物，变换烹调方法。例如每日吃 50 克豆类及豆制品，掌握了同类互换多种多样的原则，就可以变换出数十种吃法。可以全量互换，全换成相当量的豆浆或熏干，今天喝豆浆、明天吃熏干：也可以分量互换，如 1/3 换豆浆，1/3 换腐竹、1/3 换豆腐，早餐喝豆浆、中餐吃凉拌腐竹、晚餐再喝酸辣豆腐汤。

3. 要因地制宜，充分利用当地资源 我国幅员辽阔，各地的饮食习惯及物产不尽相同，只有因地制宜充分利用当地资源，才能有效地应用平衡膳食宝塔。例如牧区奶类资源丰富，可适当提高奶类摄取量；渔区可适当提高鱼及其他水产品摄取量；农村山区则利用山羊奶以及花生、瓜子、核桃、榛子等资源。在某些情况下，由于地域、经济或物产所限，无法采用同类互换时，也可以暂用豆类替代乳类、肉类；或用蛋类替代鱼、肉；不得已时也可用花生、瓜子、榛子、核桃等坚果替代肉、鱼、奶等动物性食物。

4. 要养成习惯，长期坚持 膳食对健康的影响是长期的结果。应用平衡膳食宝塔需要自幼养成习惯，并坚持不懈，才能充分体现其对健康的重大促进作用。

营养学家根据我们对各种物质需求量的大小，制定一个“平衡膳食宝塔”。宝塔共分五层，包含我们每天应吃的主要食物种类。底层的食物在膳食中的比重最大，层次越高的食物在膳食中的地位和比重越小。

第一层（底层）：谷类。包括米、面、杂粮。主要提供碳水化合物、蛋白质、膳食纤维及 B 族维生素。它们是膳食中能量的主要来源，多种谷类掺着吃比单吃一种好。

第二层：蔬菜和水果。主要提供膳食纤维、矿物质、维生素和胡萝卜素。蔬菜和水果各有特点，不能完全相互替代，不可只吃水果不吃蔬菜。一般来说，红、绿、黄色较深的蔬菜和深黄色水果含营养素比较丰富，所以应多选用深色蔬菜和水果。

第三层：鱼、虾、肉、蛋（其中肉类包括畜肉、禽肉及内脏）。主要提供优质蛋白质、脂肪、矿物质、维生素 A 和维生素 B。

第四层：奶类和豆类食物。奶类主要包括鲜牛奶、奶粉等。除含丰富的优质蛋白质和维生素外，含钙量较高，且利用率也高，是天然钙质的极好来源。豆类含丰富的优质蛋白质、不饱和脂肪酸、钙及维生素 B_1、B_2 等。

第五层（塔尖）：油脂类。包括脂肪、植物油等。主要提供能量。植物油还可提供维生素 E 和必需脂肪酸。

二、饮食习惯

现代人随着生活节奏的加快，许多人都面临着生存的挑战。因为工作，因为学习，人们的用餐习惯也面临着很多的问题和挑战。例如，生活用餐没有规律，不是忘了早餐，就是晚餐，其实这是一个非常严重的问题，也是一个非常不好的习惯。这个不良习惯会给身体带来很大麻烦。是不是健康，主要看一个人的生活习惯。《黄帝内经》有云：“食饮有节，起居有常，不妄作劳，故能形与神俱，而尽终其天年，度百岁乃去。”相反“起居无常，起居无节，故半百而衰也。”所以健康的生活习惯就是最好的养生方式。

1. 早餐 早餐中的“两宜两不宜”。一是宜少不宜多：饮食过量会超过胃肠的消化能力，食物便不能被充分的消化吸收，久而久之，会使消化功能下降，胃肠功能发生障碍而引起胃肠疾病。另外，大量的食物残渣储存于大肠中，被大肠中的细菌分解，其中蛋白质的分解物——苯酚等会经肠壁进入人体血液中，对人体十分有害，并容易患血管疾病。因此，早餐不可不吃，但也不可吃得过饱。二是宜软不宜硬：在清晨，人体的脾脏困顿呆滞，常使人胃口不开、食欲不佳，老年人更是如此。故早餐不宜进食油腻、煎炸、干硬以及刺激性大的食物，否则容易导致消化不良。早餐宜吃容易消化的温热、柔软食物，如牛奶、豆浆、面条、馄饨等，最好能吃点粥。如能在粥中加些莲子、红枣、山药、桂圆、薏米等保健食品，则效果更佳。

早餐时间最好不要在九点之后，更不能不吃早餐。不吃早餐对健康损害很大（刘姿含，2012）：第一，造成低血糖，出现面色苍白、四肢无力、精神不振的现象，甚至休克；第二，大脑能量不足严重影响记忆力；第三，易患胃炎、溃疡病等慢性疾病；第四，诱发胆结石。

2. 中餐 每日饮食中最主要的一餐就是午餐。如果午餐不吃饱吃好，人往往会在繁重工作数小时后（特别是下午 3～5 点）出现明显的低血糖反应，表现为头晕、嗜睡、工作效率降低，甚至心慌、出虚汗等，严重的还会导致昏迷。所以午餐的作用可想而知，午餐的作用可归结为“承上启下”四个字：既要补偿早餐后至午餐前 4～5 个小时的能量消耗，又要为下午 3～4 个小时的工作和学习做好必要的营养储备。

所以在午餐的食物挑选上也要动一番心思，不能或有或无的凑合，午餐食物的选择大有学问。午餐所提供的能量应占全天总能量的 40%，这些能量来自足够的主食、适量的肉类、油脂和蔬菜。比如，①最佳的蛋白质来源——鱼肉。鱼肉可提供大量的优质蛋白质，并且消化吸收率极高，是补充优质蛋白质的最佳选择。同时，鱼肉中的胆固醇含量很低，在摄入优质蛋白质的同时，不会带入更多的胆固醇。有研究表明，多吃鲜鱼还有助于预防心血管疾病。②降脂食品——洋葱。洋葱可清血，有助于降低胆固醇。③抗衰老抗痛食品——西兰花。西兰花富含抗氧化物维生素 C 及胡萝卜素。科学研究证明，十字花科的蔬菜是最好的抗衰老和抗癌食物。④保持活力食物——圆白菜。圆白菜也是开十字花的蔬菜，维生素 C 含量很丰富，同时富含纤维，能促进肠胃蠕动，让消化系统保持年轻活力。⑤抗氧化食品——豆腐。除了瘦肉和鱼虾类食物外，豆腐也是良好的蛋白质来源。同时，豆类食品含有一种被称为异黄酮的化学物质，是一种有效的抗氧化剂。请大家记住，“氧化”意味着“衰老”。⑥养颜食物——新鲜果蔬。新鲜果蔬中含有丰富的胡萝卜素、维生素C和维生素E。胡萝卜素是抗衰老的最佳元素。胡萝卜素能保持人体组织或器官外层组织的健康，而维生素C和维生素E则可延缓细胞因氧化所产生的老化。此外，这些富含膳食纤维的新鲜蔬果还能促进大直肠健康，帮助排毒。

3. 晚餐 有句话是这样说的，晚餐少吃睡得香。正确的晚餐应该吃8分饱，以自我感觉不饿为度。晚餐的时间最好安排在晚上6点左右，尽量不要超过晚上9点。晚上9点之后最好不要再吃任何固体食物。并且，晚餐后4个小时内不要就寝，这样可使晚上吃的食物充分消化。

晚餐常存在的以下几个问题：

一是晚餐太晚（琴佳，2013）。一些家庭要在晚上8、9点，甚至10点多才进晚餐。老人为了等儿子、儿媳们一起回家进餐，尽管肚子已饥饿，仍坚持忍受。小孩子肚子饿了要吃饭，爷爷奶奶总是说：“再等一下，爸爸妈妈就回来了。”长此以往，胃肠疾病自然难免发生。晚餐早吃少患结石，晚餐早吃是医学专家向人们推荐的保健良策。有关研究表明，晚餐早吃可大大降低尿路结石病的发病率。人的排钙高峰期常在进餐后4～5小时，若晚餐过晚，当排钙高峰期到来时，人已上床入睡，尿液便潴留在输尿管、膀胱、尿道等尿路中，不能及时排出体外，致使尿中钙不断增加，容易沉积下来形成小晶体，久而久之，逐渐扩大形成结石。所以，傍晚6点左右进晚餐较合适。

二是比例失调。一日三餐进食量的比例应当根据每个人的生活习惯及健康状况而定。一般来说，早中晚三餐的比例应为3∶4∶3；如果晚上9～10时睡觉，其比例应为4∶4∶2。这样既能保证活动时能量的供给，又能在睡眠中让胃肠得到休息。禁晚餐吃太饱，晚餐吃少睡眠好。与早餐、中餐相比，晚餐宜少吃。如果晚餐吃得过多，易引起胆固醇升高，刺激肝脏制造更多的低密度与极低密度脂蛋白，诱发动脉硬化；长期晚餐过饱，反复刺激胰岛素大量分泌，往往造成胰岛素β细胞提前衰竭，从而埋下糖尿病的祸根。此外，晚餐过饱可使胃鼓胀，对周围器官造成压迫，胃、肠、肝、胆、胰等器官在餐后的紧张工作会传送信息给大脑，引起大脑活跃，并扩散到大脑皮层其他部位，诱发失眠。

三是营养过剩。在现实生活中，由于大多数家庭晚餐准备时间充裕，晚餐菜肴丰盛，且多是高蛋白、高脂肪、高能量食物，这样对健康不利。晚餐一定要偏素，以富含碳水化合物的食物为主，而蛋白质、脂肪类吃得越少越好。若脂肪吃得太多，可使血脂升高。研究资料表明，晚餐经常吃荤食的人比吃素者的血脂要高2～3倍。碳水化合物可在人体内生成更多的血清素，发挥镇静安神作用，对失眠者尤为有益。但据科学研究报告，晚餐时吃大量的肉、蛋、奶等高蛋白食品，会使尿中的钙量增加，一方面降低了体内的钙贮存，诱发儿童佝偻病、青少年近视和中它年骨质疏松症；另一方面尿中钙浓度高，罹患尿路结石病的可能性就会大大提高。另外，摄入蛋白质过多，人体吸收不了就会滞留于肠道中，会变质，产生氨、硫化氢等毒质，刺激肠壁诱发癌症。

调查资料显示（米热古·祖农，2010），危害中老年人健康的许多疾病，与长期进食丰盛的晚餐有十分密切的关系。大量的高蛋白、高脂肪、高能量食物，会使血脂的凝固性增强，极易沉积在血管壁上，促使动脉硬化和血栓的形成，又可导致肝脏制造更多的低密度和极低密度脂蛋白，把过多的胆固醇运载到动脉壁堆积起来，造成“雪上加霜”的局面。

随着年龄的增长，人体处理糖的能力下降。每天的热量供应集中在晚餐，会加速糖耐量的降低，加重胰岛负担，促使胰腺衰老，最终发生糖尿病。而糖尿病和血管病变互为因果，形成恶性循环。进食后如果很快就上床睡觉，被食物充盈的胃肠可压迫肝、胰、胆等消化器官，极易发生胰腺炎、胆囊炎，有的甚至在睡梦中突然发生休克与猝死。晚餐太饱、太丰盛，消化液分泌供不应求，食物停滞于胃肠。高蛋白食物在肠道内受到厌氧菌的作用，胺、酚、氮、甲基吲哚等有害物质可直接刺激肠壁，还可进入血液，损害心、肝、肾、脑等重要器官。胆汁酸在肠道细菌的作用下，还会生成脱氧胆酸等致癌物质，因此，丰盛的晚餐是恶性肿瘤，尤其是结肠癌的重要诱发因素。

一项实验结果表明，晚餐过饱会使人在睡眠中常做噩梦，久之引发失眠、神经衰弱等病症。其原因是胃肠紧张而又过重的劳作，会把大量信息传入脑细胞，兴奋的“波浪”扩散到大脑皮层，促使中枢神经系统兴奋、疲劳。有专家认为，长期失眠、多梦的患者，不妨在晚餐上找找原因，少而精的晚餐，或许可以解除失眠、多梦的痛苦（朱闻慧，2010）。

晚餐不科学还容易导致以下病症（于康，2012；陆家仕等，2012）：

（1）结石。人体排尿高峰一般在饭后 4～5 小时，而晚餐吃得过晚，晚餐后产生的尿液就会全部堵在尿路中，不能及时排出体外。这样，尿路中尿液的钙含量就会不断增加，久而久之就会形成尿路结石。

（2）肠痛。如果一日的副食品大部分由晚餐吃下，这些物质在大肠内受到厌氧菌的作用，就会产生有害物质。这些物质可增加肝肾的负担和对大脑的毒性刺激，加之睡眠时蠕动减少，又会相对延长这些物质在肠腔内停留的时间，从而易导致大肠癌。

（3）胰腺炎。晚餐吃得过好过饱，加上饮酒过多，很容易诱发急性胰腺炎，使人在睡眠中休克。如果胆道壶腹部原有结石嵌顿、蛔虫梗塞以及慢性胆道感染，则更容易诱发急性胰腺炎。

（4）肥胖。晚餐吃得过饱时，多余的热量合成脂肪在体内储存，可使人发胖。因此，晚餐摄入的热量不应超过全天摄入的总热量的 30%，这对于防止和控制发胖来说至关重要。

（5）冠心病。晚餐摄入过多的热量，可引起血胆固醇增高。而过多的胆固醇运载到动脉壁堆积起来，就会成为诱发动脉硬化和冠心病的一大原因。

（6）高血压。晚餐过多进食肉类，不但会增加胃肠负担，而且会使血压猛然上升，加上人在睡觉时血流速度大大减慢，大量血脂就会沉积在血管壁上，从而引起动脉粥样硬化。据科学实验证明，晚餐经常进食荤食的人比经常进食素食的人血脂一般要高 2～3 倍，而患高血压、肥胖症的人如果晚餐爱吃荤食，害处就更大。

（7）多梦。晚餐过饱，鼓胀的胃肠会对周围的器官造成压迫，使大脑相应部位的细胞活跃起来，诱发各种各样的梦。噩梦常使人疲劳，久而久之，会引起神经衰弱等疾病。

（8）糖尿病。如果中年人长期晚餐过饱，反复刺激胰岛素大量分泌，往往会诱发糖尿病。

所以一个人的用餐习惯很重要，直接关系到人体的健康和生活质量。科学合理的调配一天三餐，养成一种很好的生活习惯，不仅可以提高身体的抵抗力，减少疾病的侵袭，更能让自己用一个健康的人生。

视窗 8-2

健康饮食的要点

（1）营养均衡。

（2）制定属于自己的平衡膳食宝塔。

（3）健康的生活习惯是最好的养生方式。

第四节　健康身体睡出来

世人一生中有三分之一的时间是在睡眠中度过的。睡眠作为生命所必需的过程，是人的生理需要，也是机体复原、整合和巩固记忆的重要环节，是健康不可缺少的组成部分。当我们长途跋涉后，会四肢无力；当我们在书桌前坐了整整一天的时候，我们会哈欠连连……所有这些反应，都是身体给出的信号——我们已经劳累了，需要休息。

一、睡眠质量影响生命质量

充足的睡眠、均衡的饮食和适当的运动，是国际社会公认的三项健康标准。但人们对睡眠的重要性普遍缺乏认识。心理学家曾用狗做过睡眠剥夺的实验，实验过程是：将健康的狗关在笼子里，照常给予水和食物，但是一旦它睡觉就施予电击，通过电击的方式强制性地剥夺其睡眠。结果发现，较长时间的睡眠剥夺后，狗的肌肉松弛，体温降低。成年狗在被持续地剥夺睡眠后只能存活 13 天，而幼年狗只能活 4～6 天。

失眠对生活质量的负面影响很大，但相当多的患者没有得到合理的诊断和治疗。失眠障碍已成为威胁世界各国公众的一个突出问题。偶尔失眠会造成第二天疲倦和动作不协调，长期失眠则会带来注意力不能集中、记忆出现障碍和工作力不从心等后果。

此外，失眠与躯体疾病关系密切。睡眠不足会使人体免疫力下降，抗病和康复的能力低下，容易感冒，并加重其他疾病或诱发原有疾病的发作，如心血管、脑血管、高血压等疾病。实践还证明，手术后的患者如睡眠不好，伤口愈合的时间会明显延长。儿童如严重睡眠不足，可影响其身体发育。

可见睡眠对机体的重要性。就人而言，睡眠能帮助消除机体的疲劳，促进组织器官尤其是脑的恢复。因此，我们需要合理地作息，来保证充足的睡眠。

二、在疲劳之前休息

学习和工作要适度，尽量在疲劳之前休息，这样能够将清醒的时间增加 1 小时。

弗雷德里克·泰勒是著名的管理专家，在担任贝德汉钢铁公司工程师时曾做过一个实验：普通工人每天可以往货车上装大约 12.5 吨的生铁，一般到中午时就已经筋疲力尽了。为了提高效率、减少疲劳，泰勒从搬运工中选了一位名叫施密特的先生，并指挥他的工作时间与休息时间：“现在开始工作，搬生铁，走……现在坐下来休息……现在开始工作，搬生铁，走……现在坐下来休息……”如此循环往复，施密特每个小时只工作 26 分钟，而休息时间却有 34 分钟。日复一日，实验持续了整整 3 年。结果如何呢？尽管施密特休息的时间要比工作的时间多，但每天却能搬运 47 吨生铁，几乎是其他工人搬运量的 4 倍。实验得出的结论是：施密特之所以能如此高效地工作，是因为在疲劳之前就已经休息了。

美国陆军的多次实验证明，如果疲劳一旦出现，它的增加速度就会快得出奇。如果经过多年军事训练又很坚强的年轻军人，行军中每小时能休息十几分钟，那么其速度不仅会明显加快，而且会更加持久；即使只是打短短 5 分钟的瞌睡，也会非常有利于防止过度疲劳的产生。

沃尔特·加伦是哈佛医学院的博士，曾对心脏进行过专门的研究。他发现：一个人的心脏每天压出的血液，足够装满运油火车的一节车厢；每天释放出的能量，相当于用铲子把 20 吨的煤铲到一个 3 英尺（约 0.91 米）高的平台上。心脏的跳动能持续 50 年、70 年、90 年，不少长寿者心脏的工作甚至能超过百年。人的心脏之所以能承受如此繁重、令人难以置信的工作量，并不像许多人认为的那样，它在一天 24 个小时里一直不停地跳动。事实上，它在每次收缩之后，都抓紧时间休息。如果按心脏的正常频率，即每分钟跳 72 次来计算，它一天的工作时间实际只有 9 个小时，而休息时间达到了 15 个小时。心脏，可以说是既会休息又会工作的典范。

二战期间，英国首相丘吉尔已达 70 岁的高龄，但是他一方面要处理国内事务，另一方面还要指挥作战，每天都要工作 16 个小时。如此长时间的工作，他确能保持很高的效率，究其原因，其中非常重要的一点就是，他会在工作一段时间之后，身体感到疲劳之前就休息。他早上清醒后，并不立即起床，而是看报纸，口述命令，打电话，甚至在床上举行一些非常重要的会议。午饭后，他会再回到床上睡 1 个小时。晚上 8 点吃晚饭之前，还会再睡 2 个小时，这样他就可以一直工作到凌晨。

我们当然不必像丘吉尔一样地作息，但是，从他的作息规律中，可以借鉴的一点就是，工作要适度，尽量在感到疲倦之前，就休息一下，这样，不但我们清醒的时间会增加，我们工作的效率也能得到保持，甚至是提高。

“不会休息的人就不会工作。”休息，积极地休息，并不是浪费生命，而是在积蓄新的能量，以便更有效率地工作。

三、合理的作息时间表

多年来，医生和保健师们提倡：遵守大自然的规律，日出而作，日落而息。顺时而养，掌握最佳睡觉时机。

现在我们把一天分为 24 个小时，古时人们则把一天分为十二个时辰，其中晚上对应的分别是子丑寅卯四个时辰。从养生的角度来看这四个时辰又分别对应着人体的胆经、肝经、肺经以及大肠经。子时（23 点到 1 点）处于太极生命钟的阴极，阴气是最重，这时胆经值班，阳气发动，而阴主睡眠，阳气微弱，所以在这个时候我们要处于熟睡的状态。随后，肝经、肺经、大肠经值班，解毒、造血、肃降，都需要保证充足的睡眠才得以顺利进行。

另外，中午 11 点到 13 点，心经当令，阳气最盛，但也在此由盛转衰，阴气初起，所以，最好是小睡片刻。这就是民间常说的子午觉。

以阴养阳　晚睡乃万病之源

夜晚为阴，白天为阳，睡觉就是以阴养阳。日夜颠倒，或连续几天不睡觉，阴阳之间的调和就有大问题。一个人该睡觉时一定得睡觉，这才是应天地，否则就是逆天而行。那伤害可就大了，最主要的是伤元气伤肝。元气本藏于肾，为先天之本，其余则藏在奇经八脉里，但是奇经八脉是药物所不能及，所以，护元气只有补肾。护元气并不是增补元气而是调元气。护在调，调在储，储即少用。少用的办法就是睡觉。

肝脏是体内负荷最大的器官，熬夜伤肝、酗酒伤肝，就连有点情绪或怒或悲最后都是肝脏来付出代价。此外，女性的生殖系统疾病，如子宫肌瘤、卵巢囊肿，以及各种妇科肿瘤等，归根结底都是因为肝的功能弱了，所以保肝护肝并不是有肝病的人才应该关注的，它是所有人都应该注意的。

现在人们生活节奏快、压力大，失眠缺眠常有的事。很多人因为睡不着开始借助药物的力量。我们建议，对于一般的临时的睡不着只要按时躺下闭目养神即可，因为卧则归于肝。严重的失眠那就不得不求助于医生了。

但是，每个人都有自己的作息特点，如，有人像百灵鸟，早上的工作效率比较高，而有的人像猫头鹰，喜欢晚上做事。这样的话，可以将一天中最重要的事情，安排在自己效率最高的时间完成。

有一个普适的原则是，制订一个适合自己的作息时间表，并且尽量遵守，不要打乱。

四、提高睡眠质量要遵守的几项规定

1. 顺应生物钟 如果我们每天准时起床，定时去迎接每天早晨的阳光，那么你的生物钟就会准时运转。研究表明，这是提高睡眠质量的关键要素之一。影响生物钟的运行的因素之一是体温。研究证明，人的体温波动对生物钟的节律有很大的影响。人的体温下降就容易引起睡意，这是利用体温调节生物钟的有效方法。如果体温调节失控，就会引起睡眠生物钟发生紊乱。控制体温的方法很多，例如睡前洗澡，或睡前做 20 分钟的有氧运动等，睡觉的时候体温就会有所下降。总之，形成习惯之后，人就会按时入睡。青少年要养成良好的睡眠习惯，这是最重要的。生物钟是不能轻易破坏的，千万不要在星期六、星期天晚上不睡，白天不起，破坏了自己的生物钟。

2. 睡眠要适量 什么是“适量”，主要是“以精神和体力的恢复”作为标准。人的睡眠分为慢动眼睡眠和快动眼睡眠两个时向。记忆存储、维持组织、信息整理及新的学习、表现等都发生在快动眼睡眠的最后阶段，而快动眼睡眠通常发生在 8 小时睡眠期的后部，并可以持续 90 分钟左右。虽然我们可能并没有觉察到，但是，我们当中大部分人的睡眠其实都是不够的，这不仅降低了生活质量，还可能引发疾病。

3. 睡前不进食 人在睡觉休息的时候，人体的消化系统也会随之进入休息状态，睡前吃东西，喝提神饮料，茶水，咖啡都会影响睡眠。我们经常看到这样的情况：有少数人在晚上大量食用咖啡、巧克力、可乐、茶等食品或饮料之后，主观上没有睡眠不良的感觉，但是实验证实，他们的深度睡眠会受到不良的影响。所以睡觉之前，不要食用这些东西。为了获得一个良好的睡眠效果，睡前应该有以下几个方面忌讳：

忌饱食：晚餐七八成饱即可。睡前不要吃东西，以免加重胃肠负担。

忌饮浓茶与咖啡：晚上不要饮用浓茶、咖啡等食品，以免因精神兴奋或尿频影响正常的睡眠。

忌喝酒：研究证明，喝酒好像可以帮助人入睡，但是实际上是不正确的。酒在新陈代谢的过程中会释放一种天然的兴奋剂，破坏我们下半夜睡眠。

视窗 8-3

健康睡眠的要点

（1）在疲劳之前休息。

（2）遵守大自然的规律，日出而作，日落而息。

（3）顺时而养，掌握最佳睡觉时机。

学 习 思 考

1. 身体健康的标准是什么？
2. 结合实际情况，谈谈怎样进行体育锻炼以增强自己的身体健康水平？
3. 结合教材，对照自己的实际情况，检查自己的作息时间是否科学、合理？
4. 增强身体健康的方法有哪些？除教材上的外，你觉得还可以用于哪些方面？

（禹玉兰）

第九章　生命质量的提升——心理健康

学习目标

通过本章的学习，了解心理健康的重要意义，理解心理健康的标准，掌握保持心理健康的方法，从而提升生命质量。

案例 9-1

一位老太太有两个女儿

有一位老太太，养育两个女儿。大女儿嫁给一位卖雨伞的商人，二女儿嫁给一位卖布鞋的商人。于是老太太每天愁眉不展，唉声叹气。邻居问她为什么，她说，天晴的时候，我忧愁大女儿的生意不好，雨伞肯定卖不出去；雨天，我又忧愁小女儿的生意不好，布鞋肯定卖不出去。所以我天天犯愁。邻居听说后，劝老太太说："你干吗不换一种想法，雨天，你的大女儿卖雨伞的生意肯定很好，而晴天，你的小女儿卖鞋的生意不是也很好吗？！这样一来，你不就整天都快乐吗！"老太太听了邻居的话，从此整天都乐哈哈的。

讨论：

1. 老太太前后两种心情迥异的原因在哪？
2. 一个人的想法和她的情绪有怎样的关系？
3. 通过学习改变观念能否改善情绪和心理健康状况？

要点参考：

事情没变，但是改变了心态，人生从此不同。快乐和幸福掌握在自己手里，你对自己的态度，可以决定你的快乐与悲哀。

第一节　心理健康的概念和标准

WHO（世界卫生组织）认为："健康是一种身体上、心理上和社会上的完满状态，而不只是没有躯体疾病和虚弱状态。"也就是说，健康包括三层含义：一是躯体健康；二是心理健康；三是良好的社会适应能力。如果一个人躯体健康，而没有一个健康的心理，社会适应能力不强，那么这个人也不是一个健康的人。因此，健康不仅表现为躯体形态的健壮和没有疾患，也表现在良好的精神状态与内心世界，以及对社会的良好适应能力、他人和睦相处、具有正常的社会活动能力和利用社会环境因素为自身健康服务。

一、什么是心理健康

什么是心理健康（mental health）?它是指个人心理所具有的正常的、积极的状态和同环境保持良好心理适应的能力（李鹤展等，2012）。有人认为，心理健康就是没有心理疾病，其实不然。有些人虽然无心理疾病，没有精神病、神经症或变态人格，但他们或缺乏积极的生活态度，对生活感到厌倦，认为生活没有意义，对别人不信任，拒绝与人交往；或唯我独尊、狂妄自大，人际关系严重失调；或情绪偏执、缺乏自我调控能力，遭遇不幸往往不能自拔，等等。心理健康是指个体通过对心理素质的整合所表现出来的持续、高效、满意的状态，是外显的。心理素质是心理健康的基础，心理健康是心理素质的表现形态。

要正确理解人的心理健康的本质，必须先理解人和人的心理本质。人既是一个生活实体，又是一个社会实体，人的心理既受身体的生物性制约，也受个体的社会性制约。因此，人的心理健康不仅受到个体生物性与社会性的双重制约，还受到主体的意识与自我意识的支配。这表明，心理健康的人，不仅在于他的心理活动符合人们的心理活动的共同规律，还在于他心理活动的倾向与内容要符合人们共同的社会规范，并受到个体的意识与自我意识的调节和控制。

二、心理健康的标准

世界心理卫生联合会明确提出了心理健康的标志：

（1）身体、智力、情绪十分调和；

（2）适应环境，人际关系中彼此能谦让；

（3）有幸福感；

（4）在工作和职业中，能充分发挥自己的能力，过高效率的生活。

（一）我国一些有代表性的观点

我国学者王登峰、张伯源提出8条心理健康的指标：了解自我，悦纳自我；接受他人，善与人处；正视现实，接受现实；热爱生活，乐于工作；能协调与控制情绪，心境良好；人格完整和谐；智力正常，智商在80分以上；心理行为符合年龄特征。颜世富提出12条心理健康标准：智力正常；有安全感；情绪稳定、心情愉快；意志健全；对自己有充分的了解，并作出恰当的评价；适应能力强；能够面对现实，乐于工作、学习、社交；人际关系和谐；人格完整和谐；睡眠正常；生活习惯良好；心理和行为与年龄相符合。

中国台湾地区学者黄坚厚教授提出简明综合的4条标准。第一，心理健康者有工作，而且能够把本身的智慧和能力从其工作中发挥出来，以获取成就，他乐于工作，能够从工作中得到满足；第二，心理健康者有朋友，他乐于与人交往，能和他人建立良好的关系，而且在与人相处时，正面的态度（如尊敬、信任、喜悦等）常多于反面的态度（如仇恨、嫉妒、怀疑、畏惧、憎恶等）；第三，心理健康的人对于他本身应有适当的了解，并进而能悦纳自己，他愿意努力发展其身心的潜能，对于无法补救的缺陷，也能安然接受，而不作无谓的怨尤；第四，心理健康者能和现实环境保持良好的接触，对环境能作正确的、客观的观察，并能够作健全的、有效地适应，他对生活中各项问题能以切实的方法处理，而不企图逃避。心理健康者未必都能够解决他碰到的一切问题，但他采取的方法总是积极的，适应方式是成熟健全的。

聂世茂在研究《内经》后总结出 9 条心理健康标准，即：

（1）经常保持乐观心境，“心恬愉为务”，“和喜怒而安居处”。

（2）不为物欲所累，“志闲而少欲”，“不惧于物”。

（3）不妄想妄为，“谣邪不能惑其心”，“不妄作”。

（4）意志坚强，循理而行，“意志和则精神专直，魂魄不散”。

（5）身心有劳有逸，有规律地生活，“御神有时”，“起居有常”。

（6）心神宁静，“恬淡虚无”，“居处安静”，“静则神藏”。

（7）热爱生活，人际关系好，“乐其俗”，“好利人”。

（8）善于适应环境变化，“婉然从物，或与不争，与时变化”。

（9）涵养性格，陶冶气质，克服自身的缺点，“方阴阳而调刚柔”。

古人养生注重内心的宁静和谐，同时强调个人要与自然、社会保持和谐关系。如果内心不平衡，便努力进行调和，以期达到平和的心境。在维护内心的平静中，谦和忍让是基本原则。

（二）西方一些心理学家的观点

弗洛姆（Fromm，E.）是最早对“健康人格”做研究的心理学家之一。在 20 世纪 40 年代，他率先提出社会性格（social character）理论，将社会性格分为健康社会性格（生产性倾向）与病态社会性格（非生产性倾向）两大类。以“自信、独立自主、现实、完整、自发、爱和创造，以给予和分享为乐，感受对生活的热爱和敬重，脱离幻想，认识自我，不贪婪，不想人非非，不崇拜偶像，有能力克服自卑，不骗人，也不受骗，不幼稚，沉着稳重，无论命运如何，在生命过程中都要轻松愉快”为主要特征的生产性人格，便是后来许多“健康人格”的原型描述。他的以《爱的艺术》为代表的一系列著作，奠定了“健康心理学”的理论基础。

美国心理学家奥尔波特（Allport，G.w.）提出 6 个标准：力争自我的成长；能客观地看待自己；人生观的统一；有与他人建立亲睦关系的能力；人生所需的能力、知识和技能的获得；具有同情心，对生命充满爱。

美国学者库布斯（Combs，A.w.）认为一个心理健康、人格健全的人应有 4 种特征。第一，具有积极的自我观念。能悦纳自己，也能为他人所悦纳；能体验到自己的存在价值，能面对并处理好日常生活中遇到的各种挑战；虽然有时也可能会觉得不顺意，也并非总为他人所喜爱。但是，肯定的、积极的自我观念总是占优势。第二，恰当地认同他人。能认可别人的存在和重要性，既能认同别人而又不依赖或强求别人，能体验自己在许多方面与大家是相同的、相通的；而且能和别人分享爱与恨、乐与忧，以及对未来美好的憧憬；并且不会因此而失去自我。第三，面对和接受现实。能面对现实和接受现实。即使现实不符合自己的希望与信念，也能设身处地、实事求是地去面对和接受现实的考验；并能多方寻求信息，倾听不同的意见，把握事实真相，相信自己的力量，随时接受挑战。第四，主观经验丰富，可供取用。能对自己、周围的事及环境有较清楚的知觉，不会迷惑和彷徨。在自己的主观经验世界里，储存着各种可用的信息、知识和技能，并能随时提取使用，以解决所遇到的问题，从而增进自己行为的效率。

心理学家英格里士（English，H.B.）1958年指出，心理健康是指一种持续的心理状态，当事人在哪种情况下，都能作出良好的适应，具有生命的活力，而能充分发挥其身心的潜能。这乃是一种积极的、丰富的情况，不仅是免于心理疾病而已。

美国人本主义心理学家马斯洛和米特尔曼在20世纪50年代初提出了心理健康者的10条标准，受到心理卫生界的普遍重视，并被广泛引用。这10条标准是：

（1）充分的安全感；

（2）充分了解自己，并对自己的能力作适当的评价；

（3）生活的目标切合实际；

（4）与现实环境保持接触；

（5）能保持人格的完整与和谐；

（6）具有从经验中学习的能力；

（7）能保持良好的人际关系；

（8）适度的情绪表达与控制；

（9）在不违背社会规范的条件下，对个人的基本需要作恰当的满足；

（10）在不违背团体的要求下，能作有限度的个性发挥。

视窗 9-1

心理健康的要点

（1）心理健康标准明显地带有文化特征。

（2）中国传统文化重视人内心世界的圆融和谐，重视心理的平衡统一，强调个人与自然、与社会保持和谐关系。

（3）西方的心理健康观念，以崇尚自我为核心，重视个人的成长、潜能的发挥，尊重个体的独特性与创造性，重视直接而坦率的自我表达。

三、大学生的心理健康标准

结合大学生的心理特点和所处的特定社会角色和环境特点，一个心理健康的大学生应符合以下标准。

（1）能正确认识自我和接纳自我：一个心理健康的大学生能对自己的能力、性格和优缺点作出恰当的客观的评价，给自己确定的理想目标较为符合实际情况。即使在最困难的条件下，也能理智地对待自我，使自己的心理状态在运动变换中达到平衡。

（2）能保持和谐的人际关系：一个心理健康的大学生往往乐于与人交往，不仅能接纳自我，而且也能接受他人，能够认识到他人存在的重要性，同时也能被其他同学所理解和接受。能够与其他同学较好地沟通和交往，使人际关系达到和谐状态。

（3）有良好的适应能力：大学生对自然环境和社会环境应该具有较强的适应能力，不仅能面对现实和接受现实，而且能进一步地改造现实，而不是逃避现实。能够与社会保持良好的接触，能够及时调整自己的需要和愿望，使自己的思想和行为与社会协调一致。

（4）具有顽强的意志：心理健康的大学生具有坚强的意志和承受挫折的能力。在大学生活中，能够保持对学习较浓厚的兴趣和旺盛的求知欲，并有克服困难的信心和勇气。

（5）具有良好的情绪状态：一个心理健康的大学生，虽然也会出现悲伤、忧愁等消极情绪，但是不会长久，能很快地让愉快、乐观、开朗等积极情绪所替代。

（6）具有完整和谐的健康人格：一个心理健康的大学生，其人格结构包括气质、能力、性格、理想、信念、需要、动机和兴趣等各方面都能得到合理的平衡发展。如果一个大学生具备了这种健康的人格特征，那么，他将会有一个良好的心理状态。

综上所述，我们可以从广义和狭义两种角度来定义心理健康。从广义上讲，心理健康是指一种高效而满意的、持续的心理状态；从狭义上讲，心理健康指人的基本心理活动的过程内容完整、协调一致，即认识、情感、意志、行为、人格完整和协调，能顺应社会，与社会保持同步。

四、你的心理健康吗?

你的心理健康吗?也许你会说，我不会自杀，更不会杀人，但这是否就意味着你的心理健康呢?请看案例 9-2。

案例 9-2

高级碎饼干

虽然生在外地，长在外地，但小王一直强调自己是上海人，因为她父母都是真正的上海人，只是因为无可奈何的原因，他们从学校毕业以后，被分配到外地工作。一去就是几十年，在这期间，小王的父母多次努力想回上海。但一直难圆其梦。好在小王没有辜负父母的期望，高中毕业，终于如愿以偿考回了上海。由于大学晚饭吃得早，所以大家都有一个习惯，准备些饼干点心，兼做晚上夜宵与平时零食。有一次，一位同学用非常便宜的价钱买回了碎饼干。大家觉得很合算，于是宿舍里五位外地同学都一窝蜂地去买碎饼干做点心。两位上海同学除外，因为他们每次回家，父母都会为他们准备好各种各样精美的点心与零食，小王也跟着大家买碎饼干，但有趣的是，每次小王买回碎饼干，总要一本正经地对全宿舍的同学宣布："我买的是高——级——碎饼干，很贵的!要不要尝尝，跟一般的碎饼干可不一样!"一开始，大家还真会尝尝她的碎饼干有什么高级之处，尝过之后，似乎也没什么特别，但是，如果你这样说了，小王会很生气。后来大家发现，小王每次买回来的碎饼干都是高级的。这样的事重复多了，宿舍里的同学便会窃笑，但小王对她的这种微妙的心理毫无觉察，仍然每次都郑重地宣布：我的这碎饼干是高级的！

实际上，这种脆弱的自尊心和无意识地寻求补偿与保护的心理，在大学生中是较为普遍的，这便是我们平常所说的虚荣心。也许你会说虚荣心谁都有，算不上不健康。果真是这样吗?一位家境贫困的女生，为了不使别人知道自己的"窘迫"，从来不在同学面前提起自己的父母和家庭，每天进餐时避开同学，只打一两白饭，而在穿衣上却要"名牌"。实际上，虚荣心是健康心理的大敌，因为它导致人回避现实，自欺欺人！虚荣心强的人，往往是内心不安全、不自信的人。就如同小王，在外地人与上海人之间，她一直缺乏一个明确的自我确认，内心一直为不能做真正的上海人而耿耿于怀、而自卑。为了缓解内心的这种不安全感，她便在行为上模仿上海人，以上海人自居，在这样的心理背景下，自然演绎出"高级碎饼干"的故事。

（一）心理健康水平的分级

心理健康是指一种持续的心理状态，个体在这种状态下能作出良好的适应，具有生命的活力，能充分发挥其身心的潜能。根据中外心理健康专家们的研究，可将人的心理健康水半大致分为3个等级。

1. 一般常态心理者　表现为心情经常愉快，适应能力强，善于与别人相处，能较好地完成同龄人发展水平应做的活动，具有调节情绪的能力。

2. 轻度失调心理者　表现出不具有同龄人所应有的愉快，和他人相处略感困难，生活自理有些吃力。需主动调节或通过专业人员帮助，可恢复常态。

3. 严重病态心理者　表现为严重的适应失调，不能维持正常的生活、工作。如不及时治疗可能恶化，成为精神病患者。

（二）正确理解和运用大学生心理健康标准应注意的问题

（1）心理不健康与有不健康的心理和行为表现不能等同。心理不健康是指一种持续的不良状态。偶尔出现一些不健康的心理和行为并不等于心理不健康，更不等于已患心理疾病。因此，不能仅从一时一事而简单地给自己或他人下心理不健康的结论。

（2）心理健康与不健康不是泾渭分明的对立面，而是一种连续状态。从良好的心理健康状态到严重的心理疾病之间有一个广阔的过渡带。在许多情况下，异常心理与正常心理、变态心理与常态心理之间没有绝对的界限，只是程度的差异。

（3）心理健康的状态不是固定不变的，而是动态变化的过程。随着人的成长、经验的积累、环境的改变，心理健康状况也会有所改变。

（4）心理健康的标准是一种理想尺度，它不仅为我们提供了衡量是否健康的标准，而且为我们指明了提高心理健康水平的努力方向。每一个人在自己现有的基础上作不同程度的努力，都可以追求心理发展的更高层次，不断发挥自身的潜能。

（5）大学生心理健康的基本标准是能够有效地进行工作、学习和生活。如果正常的工作、学习、生活难以维持，应该及时调整。

（三）心理健康的“第三状态”

现在人们更多将健康看成一个连续体，在健康与疾病之间没有截然的分界点，在两个端点之间有一个很大的空间，既非健康又非疾病。人们将这一中间状态称为亚健康状态，或者“第三状态”。“第三状态”最早是由苏联科学家N. 布赫曼提出的，从医学上来说，处于“第三状态”的人，虽然各项体检指标均为正常，也无法证明有某种器质性疾病，但与健康人相比却又显得生活质量差、工作效率低、极易疲劳，许多人常有食欲缺乏、睡眠不佳、腰酸腿痛、疲乏无力等不适。从心理健康的角度来看，处于“第三状态”的人，虽然没有明显的精神疾病与心理障碍，但无论如何应该归为一种心理的非健康状态：外在表现为学习、工作效率不高，注意力分散，情绪烦躁焦虑，缺乏生活目标与动力，常常感到生活无聊，提不起劲，人际关系不好，经常与人有矛盾、冲突，等等。

就大学生而言，患有明显的心理疾病的人，毕竟为数不多，然而，可以毫不夸张地说，几乎每一位大学生都曾为“第三状态”困扰过。当代大学生的“第三状态”具体表现为：无聊无为、胆怯退缩、自卑逃避、封闭压抑、麻木迟钝（不会内疚、不懂感激）、幼稚依赖、优柔寡断、虚荣矫饰、偏激固执、任性刁蛮、委屈感与牢骚、悔恨、犯罪感与自责、仇恨与敌意、自我失败主义，等等。

“第三状态”是一种非健康状态，虽然不是明显的病态，但却严重影响人的心理生活质量，浪费精力，将精力引向非建设性的渠道，降低人际吸引力，毁坏人的自我感受，降低人的自我满足感，束缚人的创造性。

所以，无论是身体健康还是心理健康，不仅是指没有疾病，而且是指要超越“第三状态”。

第二节 积极心态和健康

一、心态的力量

心态的力量究竟有多大？我们先来看看研究者的实验（金泉，2009）。

教授把一个死囚关在一个屋子里，蒙上死囚的眼睛，对死囚说：我们准备换一种方式让你死，我们将把你的血管割开，让你的血滴尽而死。

然后教授打开一个水龙头，让死囚听到滴水声，教授说，这就是你的血在滴。

第二天早上打开房门，死囚死了，脸色惨白，一副血滴尽的模样，其实他的血一滴也没有滴出来，他被吓死了。

这个实验告诉我们心态影响生理。

心态还能影响能力。看看九个人过桥的试验：

研究者说：你们九个人听我的指挥，走过这个曲曲弯弯的小桥，千万别掉下去，不过掉下去也没关系，底下就是一点水。结果九个人顺利过桥。

走过去后，教授打开了一盏黄灯，透过黄灯九个人看到，桥底下不仅仅是一点水，而且还有几条在蠕动的鳄鱼。

九个人吓了一跳。教授问：现在你们谁敢走回来？结果没人敢走了。

研究者说：你们要用心理暗示，想象自己走在坚固的铁桥上。只有三个人愿意尝试：第一个人颤颤巍巍，走的时间多花了一倍；第二个人哆哆嗦嗦，走了一半再也坚持不住了，吓得趴在桥上；第三个人才走了三步就吓爬下了。

研究者这时打开了所有的灯，大家这才发现，在桥和鳄鱼之间还有一层网，网是黄色的，刚才在黄灯下看不清楚。大家现在不怕了，说要知道有网我们早就过去了，几个人哗啦哗啦都走过来了。

只有一个人不敢走，教授问他，你怎么回事？这个人说，我担心网不结实。

任何事物都有积极的一面和消极的一面，这就要看我们的心态是积极的还是消极的。如果心态是积极的，我们看到的就是乐观、进步、向上的一面，我们的人生、工作、人际关系及周围的一切都是成功向上的；如果我们的心态是消极的，我们看到的就是悲观、失望、灰暗的一面，我们的人生自然也就乐观不起来。

二、积极心态，快乐人生

有一个辛勤的园丁，精心培育着花圃里五颜六色的花。一天，不知从哪儿跑来两只小猫，在花圃里追赶嬉闹，等园丁发现的时候，一半的花已经被摧残得花叶凋零。园丁生气极了，一屁股坐在地上，抱着头叫道："你们把我一半的花都毁掉了。"一个过路的小男孩看到这一幕，劝说园丁："您瞧，还有一半花儿仍然开得那么鲜艳。"

这个小故事已经向我们展示了积极者与消极者对同一件事的不同解释。故事中的小孩儿是积极的，他看到的是花圃中仍然活着的那一半花，而消极的园丁却只能注意到花圃中败落的那一半花。当你从不同的角度看问题的时候，你的心态显然就不同。"积极"（positive）一词源自拉丁文字"positum"，原意是指"实际而具有建设性的"或"潜在的"意思，因而现代意义上的"积极"，既包括人外显的积极，也包括人潜在的积极，而当代心理学中所谓的"积极"，一般是指"正向的"或"主动的"含义。

案例 9-3

从穷孩子到州长

罗杰·罗尔斯是纽约州第 53 任州长，也是纽约历史上第一位黑人州长。他出生在声名狼藉的贫民窟。在这儿出生的孩子，长大后很少的人获得较体面的职业。然而，罗杰·罗尔斯是个例外，他不仅考入了大学，而且成了州长。

在就职后的记者招待会上，罗杰·罗尔斯对自己的奋斗史只字未提，他仅说了一个非常陌生的名字——皮尔·保罗。

后来人们才知道，皮尔·保罗是他小学的一位校长。1961 年，皮尔·保罗被聘为诺必塔小学董事兼校长，当时正值美国嬉皮士流行的时代。他走进诺必塔小学的时候，发现这儿的穷孩子比"迷惘的一代"还要无所事事，他们旷课、斗殴，甚至砸烂教室的黑板。皮尔·保罗想了很多办法来引导他们，可是没有一个是奏效的。后来他发现这些孩子都很迷信，于是在他上课的时候就多了一项内容——给学生看手相。他用这个办法来鼓励学生。

当罗尔斯从窗台上跳下，伸出小手走向讲台时，保尔·保罗说，我看你修长的小拇指就知道，将来你是纽约州的州长，罗尔斯大吃一惊，因为长这么大，只有他奶奶让他振奋过一次，说他可以成为五吨重的小船的船长。这一次，皮尔斯先生竟说他可以成为纽约州的州长，着实出乎他的意料。他记下了这句话，并且相信了它。

从那天起，纽约州州长就像一面旗帜。他的衣服不再沾满泥土，他说话也不再夹杂污言秽语，他开始挺直腰杆走路，他成了班主席。在以后的四十年间，他没有一天不按州长的身份要求自己。五十一岁那年，他真的成为了州长。

在他的就职演说中，有这么一段话。他说，信念值多少钱？信念是不值钱的，它有时甚至是一个善意的欺骗，然而你一旦坚持下去，它就会迅速升值。在这个世界上，信念这种东西任何人都可以免费获得，所有成功者最初都是从一个小小的信念开始的。信念是所有奇迹的萌发点。

尽管这个第 53 任纽约州州长罗杰·罗尔斯是一个虚构人物，但这篇最早出现在《读者》上的文章的却被广泛转载而声名远扬，进而被许多网民引用为经典的励志故事。事实上纽约州真正的第 53 任州长是 George Pataki。而纽约州第一任黑人州长是于 2007 年 3 月 17 日上任的失明黑人戴维·帕特森，不过在很多人看来，他的传奇经历简直就是罗杰·罗尔斯的翻版。

在这个世界上，积极的心态任何人都可以免费获得，所有成功的人，最初都是从良好的心态开始的。拥有积极心态的人，人生会更幸福。

三、积极心理学

20 世纪末西方心理学界兴起的一股新的研究思潮——积极心理学。这股思潮的创始人是美国当代著名的心理学家马丁·塞里格曼（Martin E.P.Seligman），谢尔顿（Kennon M.Sheldon）和劳拉·金（Laura King）。积极心理学是利用心理学目前已比较完善和有效的实验方法与测量手段，研究人类的力量和美德等积极方面的一个心理学思潮。积极心理学致力于帮助人类发挥潜能和获得幸福，主要是对最理想的人类机能进行科学的研究，其目标是发现使得个体和团体、社会良好发展的因素，并运用这些因素来增进人类的健康、幸福，促进社会的繁荣。积极心理学的观点认为，心理学应对普通人如何在良好的条件下更好地发展、生活、具有天赋的人如何使其潜能得到充分地发挥等方面进行大量的研究。它认为，心理学有三项使命（朱翠英等，2011）：治疗精神疾病；使人们的生活更加丰富充实；发现并培养有天赋的人。心理学不仅仅是关于疾病或健康的科学，它也是关于工作、教育、爱、成长和娱乐的科学（Sheldon，2001）。主张心理学要以人类实际的、潜在的具有建设性的力量、美德和机能等为出发点，提倡用一种积极的方式来对人的心理现象做出新的解读，并在这过程中寻找到帮助所有人在良好的条件下获得自己应有的幸福的各种因素。心理学的三项在二战之前均得到研究者同等程度的关注。而二战之后，心理学成了一门大力致力于治疗的科学，它的研究焦点集中于测评并治愈个人心理疾病，出现了大量对于心理障碍的研究以及对离婚、死亡、性虐待等环境压力对个体造成的负面影响的研究。Seligman 曾注意到在对人类情绪的研究中，就有约 95%的研究是关于抑郁、焦虑、偏见等负性情绪的研究。在对精神疾病的了解和疗法取得巨大进步的同时，心理学却忘记了它的另外两项使命，逐渐成为一门受害者科学。注意到这种现象，积极心理学认为：心理学不仅仅应对损伤、缺陷和伤害进行研究，它也应对力量和优秀品质进行研究；治疗不仅仅是对损伤、缺陷的修复和弥补，也是对人类自身所拥有的潜能、力量的发掘；心理学不仅仅是关于疾病或健康的科学，它也是关于工作、教育、爱、成长和娱乐的科学。

具体就研究对象而言，积极心理学的研究分为三个层面（任俊，2006）：

（1）积极情感体验，主要研究各种积极情感体验的作用及其产生机制，并特别强调积极情感体验是一个人幸福的主要途径；

（2）积极人格，即“乐观型解释风格”的人格，主要研究各种积极人格特质的作用及形成过程，这其中又主要以人产生积极行为的能力和潜力等为研究重点，到目前为止，积极心理共研究了 24 种重要的积极人格特质；

（3）积极的社会组织系统，主要研究积极的社会大系统（包括国家的法律、法规和政策等）和积极的小系统（学校、社区、工作单位和家庭等系统）及其对人幸福的影响。

在预防方面，积极心理学提出了积极预防的思想。

它认为在预防工作中所取得的巨大进步是来自于在个体内部系统地塑造各项能力，而不是修正缺陷。在它的看法中，当一个人处于孕育着抑郁、物质滥用或精神分裂等问题的环境中或其遗传素质较差的情况下，要防止在其身上不出现以上问题可能性不大，但是在人类自身存在着可以抵御精神疾病的力量，它们是：勇气、关注未来、乐观主义、人际技巧、信仰、职业道德、希望、诚实、毅力和洞察力等等，预防的大部分任务将是建造一门有关人类力量的科学，其使命是去弄清如何在青年人身上培养出这些品质。例如，要防止那些在易于得到毒品的环境中的少年身上的药物滥用，有效的预防并不是对他们进行治疗，而是找出并发展出其自身已拥有的力量。一个关注未来、人际关系良好、并能从运动中得到快乐的少年是不会形成药物滥用的。

总之，积极心理学认为通过发掘并专注于处于困境中的人自身的力量，就可以做到有效的预防。单纯地关注个体身上的弱点和缺陷不能产生有效的预防效果。对于心理学研究者而言，在这方面所需的工作是可靠并有效地测量这些品质，进行适当的纵向研究来弄清这些品质的形成过程、途径，并进行恰当的干预以塑造这些品质。

积极心理学之父塞里格曼曾做过这样一个著名的心理学实验，他把狗关在笼子里，只要蜂音器一响，就给狗以难受的电击，狗被关在笼子里，无论怎样挣扎都逃避不了电击。多次实验后，在给电击前先把笼门打开，蜂音器一响，此时大部分狗不但不逃避，反而不等电击出现就已经卧倒在地，并开始呻吟和颤抖起来。另外，还有约三分之一的狗依然会尝试逃离。从这个实验结果，塞里格曼发现了大部分狗本来可以主动地逃避，却绝望地等待痛苦的来临。这样的现象被他称为“习得性无助”。然而那大约三分之一狗的却没有得到塞里格曼的关注。

后来，一位日裔美籍研究生广仁把“习得性无助”应用到人类身上。广仁的实验过程与塞里格曼非常相似。他将被试分为三组。先将一组被试带入一个房间，把音响开得非常大，教他们学习怎样把声音关掉，被试尝试了各种办法按控制板上的按钮，噪音依然如故，没有任何方法可以把声音关掉。另一组被试则是按对了按钮的排列组合就可以把声音关掉。控制组的被试则没有受噪音干扰。然后，广仁把他们带到另一个房间，房间内有一个实验箱，被试把手放在这个实验箱的一边就会有很难听的声音出来，把手移到另一边，这个噪音就会停止。结果发现，那些一开始接受不可逃避的噪音的被试大多坐在那里忍受，而不会试着把手移到另一边去。

根据广仁的发现，每三个人中就会有一个人不会变得无助。在塞里格曼的实验中，也是每三个动物中有一只不会变得无助，即使经历过不可逃避的电击也不会。在后来的多次重复实验中，都印证了广仁发现的每三个人中都会有一个人不会变得无助的观点。广仁还发现，十人中有一人虽然从来没有受过挫折，但他还是会坐在实验箱旁边一动不动，宁可忍受难听的噪声。这也跟塞里格曼的发现相似，十只动物中有一只从一开始就是无助的。

两个心理学研究都发现，即便是将动物和人置于绝望的环境中，人为地让他们无法逃脱失败或惩罚，仍然有三分之一的个体不会放弃，还是做“徒劳”的挣扎与努力。也就是说，群体中天生地存在乐观差异，少数个体是最为乐观的。他们遇到厄运时，会认为失败是暂时的，每个失败都有它的原因，不是自己的错，可能是环境、坏运气或其他因素带来的后果。这些乐观的少数个体有着以下特征：

第一，时刻面带笑容，拥有良好心境。乐观主义者总是时刻面带笑容，他们都拥有良好的心境，懂得自我超脱，即使在非常不利的条件下，也是如此。

第二，从积极的角度思考问题。

让我们先看看下面的小故事吧：

案例 9-4

乐 观 者

有人问乐观者："假如你一个朋友也没有，你还会高兴么?"

"当然，我会高兴地想，幸亏我没有的是朋友，而不是我自己。"

"假如你正行走间，突然掉进一个泥坑，出来后你成了一个脏兮兮的泥人，你还会快乐么?"

"当然，我会高兴地想，幸亏掉进的是一个泥坑，而不是无底洞。"

"假如你被人莫名其妙地打了一顿，你还会高兴么?"

"当然，我会高兴地想，幸亏我只是被打了一顿，而没有被他们杀害。"

"假如你在拔牙时，医生错拔了你的好牙而留下了患牙，你还会高兴么？"

"当然，我会高兴地想，幸亏他错拔的只是一颗牙，而不是我的内脏。"

"假如你正在打瞌睡时，忽然来了一个人，在你面前用极难听的嗓门唱歌，你还会高兴么?"

"当然，我会高兴地想，幸亏在这里嚎叫着的，是一个人，而不是一匹狼。"

"假如你马上就要失去生命，你还会高兴么?"

"当然，我会高兴地想，我终于高高兴兴地走完了人生之路，让我随着死神，高高兴兴地去参加另一个宴会吧。"

契诃夫曾经说过，要是你的手指不小心被刺伤，那你应当高兴："挺好的，多亏这根刺不是扎在眼睛里。"人活在世上，总会有不尽如人意的地方，乐观者善于从正向的角度思考问题。任何事物都有两面性，向消极的一面看，人就忧愁、烦恼；向积极的一面看，人就快乐、满意。我们的心境并非外界事物赋予的，而是我们自己选择的。

第三，从平凡中看到机会。乐观主义者有一双慧眼，善于看到他人看不到的一面，能够从平凡中抓住机会，进而利用机会取得成功。

就像这个小故事讲的一样：曾经有个亚洲鞋厂想去开发非洲的市场，他的老板先派了甲去了非洲，甲到了非洲他看到了非洲人都是赤脚的，他马上给老板打电话，他说老板非洲人都是赤脚的，不穿鞋的，我们这里没有市场的。于是他便打道回府了。

随后老板又派了乙来开发非洲市场，他同样看到了非洲人都是赤脚的，他于是马上给他的老板打电话，他说老板：你赶紧的生产鞋子，非洲这边都是不穿鞋子的，这边有很大的市场，你把鞋子运过来肯定会有很大的利润空间。

悲观主义者看到的是形势中不利的一面，而实际上，这些不利因素在具体情况下都可以被乐观主义者有条件地加以利用。

四、如何拥有积极心态?

（一）培养积极的思维方式

1. 换个角度看问题　心理学家曾经做过一个实验，让参加试验的志愿者戴上一种特制的眼镜，这种眼镜会让他们看到的所有事物都颠倒过来。刚开始的时候，志愿者们都很不习惯，甚至会头晕目眩。他们发现这个世界已经乾坤颠倒——人们把脚挂在地面上走路；水在山的上面；左变成了右，东变成了西……现实中所有的一切都跟头脑中的相反。他们辨不清方向，看不清人脸，生活陷入了混乱。但是，一段时间以后，他们渐渐适应了这个"新"的世界，并发现这个颠倒的世界是那么地新奇与美丽：人们像具有特异功能般飞檐走壁；山石好像是由湖水铺成的天空中滴下来的；还有一些平常见惯不惊的事物颠倒来看，也独具魅力！

同样的事物，我们换个角度看，去发现事物美好的一面，"坏事"就会变成"好事"：

有一个女孩儿，脸上长着一片红红的胎记，但她从不为此感到难堪，因为父亲对她说：这个胎记是被神灵庇佑的标志。在她没出生的时候，父亲向神祈祷保佑自己的孩子，神听了他的祷告就在孩子的脸上涂了一个不掉色的红圈。而女孩也一直把这个胎记当作是父爱的记号，为之感到自豪和骄傲。

"人的心情或情绪不是由某一诱发性事件的本身所引起，而是由经历了这一事件的人对这一事件的解释和评价所引起的。"是美国著名心理学家艾利斯于20世纪50年代提出的著名的情绪理论。通常情况下，人们会认为是外部事件直接引起了情绪和行为结果。实际上，人们忽略了当事人的内心活动这个重要因素，忽视了当事人对事件的解释和评价，正是这一部分导致了不同的情绪和行为状态。如果我们改变对事件的解释和评价，就可以改变对事物的看法。

很多事情，都是被我们贴上了"不好的标签"，比如说"1414"——"要死要死"，大多数人会觉得它很不吉利，但也有人会说"多发多发"，这样就很好，也有人认为是"意思意思"，这样想也不错。事物的意义是我们主观地赋予的，既然我们可以决定它的意义，为什么不从积极的一面去看呢？

现在，我们把这个神奇的"眼镜"——积极的角度送给你，请你尝试着把生活中很平常甚至是一度消极的事物重新定义，去发现它积极面！

2. 积极地归因　归因是指我们对事情的发生或其结果的解释。我们总是不停地寻找造成结果的原因。心理学家们把这些原因按不同的标准进行了划分：内因（个体的因素，如能力）和外因（外部环境因素，如天气等）；稳定原因和不稳定的原因；可控的原因和不可控的原因。比如：个人的努力就是内部的可以控制的，而运气就是不可控的、不稳定的外部的原因。那如何区分积极的归因与消极的归因呢？

同样是考试失败，有人归因于题目的难度太大，有人归因于运气不好，有人会归因于自己太笨，应付不了这样的考试，还有人会归因于自己的努力不够。现实中，这四个方面的原因可能都存在，但是，不同的归因方式会影响我们的行动。认为题目难度太大的人，可能会放弃，因为他觉得这样的考试题目的难度是自己不能控制的；认为是运气不好的人，可能就会把自己的前途交给命运，因为运气也不是自己能控制的；认为自己太笨的人不但会放弃这样的考试，甚至在遇到困难时，就会退缩，不再尝试；而认为自己努力不够的人会督促自己更加努力去弥补自己的不足，争取在下一次通过。由此我们可以看到这些不同的归因方式对我们行动以及自我评价的影响，所谓积极的归因就要既有利于我们对自己的评价，又有利于行为的改进和能力的提高——我不笨，但是离目标还有一些距离，通过自己的努力我能缩短这段距离，将事件的结果归结于内部的可控的因素。

（二）塑立积极的行为方式

我们也可以通过一些行为方式来提高自己的乐观性。2005 年 7 月的《星期日泰晤士报》曾报道：最近心理学家们通过研究证明，乐观主义者和悲观主义者观看世界的方式是不同的。悲观主义者眼睛通常是往下看的，他们的大脑工作得更好；而乐观主义者通常是向上看的，他们的大脑会转得更快。而且研究发现，当看到由痛苦所引起的畏怯表情时，人们会产生悲观的想法，但是如果让他们抬头向上看的话，就会减少他们悲观的程度；而如果让他们一直低着头的话，他们就会更加悲观。其实，培养自信的方法之一——走路时昂首挺胸，也就是这个道理。

两个犯人都从牢里的铁窗向外望去，一个看到的是黑黑的泥土，另一个看到的却是满天的繁星。“向上看”也许不能立即改变我们当时的困顿状况，但是却能在我们心里播下希望的种子，帮助我们度过艰难的日子。

（三）采用积极的语言方式

在日常生活中，我们常常会听到种种消极的话，如“烦死了”、“不可能的”、“完蛋了”、“没希望了”……也许说这些话的人只是一时发泄，或是习惯性地脱口而出，他们自己并没意识到这些话对他们会产生不好的影响。事实上，这些语言会给他们带来消极的暗示，通过潜意识影响到他们的思维和行动。因此，向往乐观的人一定不要让消极的语言影响了自己的积极性，尽量不要说消极的话。当你觉得很累时，不要说“今天真是累死了”，我们可以说“忙了一天，现在可以放松了，真令人高兴呀”；当遭遇失败时，不要说“我真笨，又失败了”，而是应该说“这次虽然没有成功，但我也从中学到了不少东西，下次一定能做得更好的”。平时多对自己说积极的话，多鼓励自己，多对自己说“我行”、“我真棒”、“我觉得很快乐”……渐渐的，你就会发现自己真的变成那样了。

（四）形成积极的生活方式

著名作家史铁生在小说《命若琴弦》中讲述了一个故事，说的是一瞎子整天为自己看不到光明而到处求医，后来医生教他学弹琴，告诉他等弹断 1000 根琴弦眼睛，便自然好了。瞎子高兴地学起了弹琴，于是他的生活每天都在琴声中愉快地度过，生活越来越充实。等他弹断了 1000 根琴弦时，眼睛并未复明，可瞎子已不再烦恼，感到自己的人生更加乐观和愉快。

为自己定目标，拥有充实的生活，投身工作并让自己忙起来，用有意义的活动去占领自己头脑，把不快乐的情绪挤出去。

当然，乐观心态的形成并非一朝一夕，它需要我们与消极的思维、行为、语言和生活方式进行长期的斗争，需要我们不断地在挫折与考验中学习。这里，送给大家一首美丽的诗，希望能为你注入一些积极的力量：

你不能左右天气，但你可以改变心情
你不能改变容貌，但你可以展现笑容
你不能控制他人，但你可以控制自己
你不能预知明天，但你可以利用今天
你不会样样顺利，但你可以事事尽力

我们无法改变人生，但可以改变人生观
我们无法改变环境，但可以改变心境
我们无法调整环境来完全适应自己的生活，
但可以调整态度来适应一切的环境！

视窗 9-2

拥有积极心态的方法

（1）培养积极的思维方式。

（2）塑立积极的行为方式。

（3）采用积极的语言方式。

（4）形成积极的生活方式。

第三节　悦纳自己，幸福自然来

我们要学会悦纳自己，就如兰花开得寂寞，不必去羡慕玫瑰红艳得热烈；就如梅花放得冷傲，不必去妒忌水仙清秀得娇柔；就如百合绽得雅致，不必去厌恶牡丹华丽得雍容；即使只有一顶草帽挡雨，也像鱼儿一样欢欣恣意；即使只有一弯月亮作伴，也像虫儿一样欢唱不息。

从我们诞生——脱离母体，呱呱坠地的那一刻起，我们就在不断地探索自我。

还是婴孩的时候，我们用我们的手、脚还有嘴唇去感受一切，我们发现啃咬自己手指和啃咬母亲手指的感觉是不一样的——咬自己的时候，不但嘴唇有感觉，手指也会痛。通过千万次这样的尝试和探索，我们逐渐区分出了自己和自己周围的世界。

慢慢地，我们开始长大，我们开始被告知什么是对，什么是错；该做什么，不该做什么；我们身上哪些地方是被人喜欢的，哪些地方是不被喜欢的。慢慢地，我们开始压抑、隐藏掉这些错误和“不该”，按照别人期望的方式来表现。我们心中逐渐有了自己的形象，它有时清晰，有时模糊。大多时候，我们都很了解自己。但是，当我们愤怒、嫉妒的时候，连我们自己都很惊讶：我为什么会这样？一点都不可爱！

现在，跟随我们的脚步来重新探索：我是谁？我是个什么样的人？我有哪些优点，哪些缺点?并且接受全部的自己，爱上全部的自己。

一、我是谁?

（一）心理活动——我是谁？（李鹤展等，2012）

首先，在下面的写出 20 句“我是怎样的人”。请尽量选择一些能反映出你的个人风格的语句，如：我是个开朗/忧郁……的人，避免籍贯、性别等描述。这可能要花些时间和精力，但是认真填写之后，你会有更多的收获。

1. 我是一个________________________________的人。
2. 我是一个________________________________的人。
3. 我是一个________________________________的人。

4. 我是一个＿＿＿＿＿＿＿＿＿＿＿＿＿＿＿＿＿＿＿＿＿＿＿＿＿＿的人。
5. 我是一个＿＿＿＿＿＿＿＿＿＿＿＿＿＿＿＿＿＿＿＿＿＿＿＿＿＿的人。
6. 我是一个＿＿＿＿＿＿＿＿＿＿＿＿＿＿＿＿＿＿＿＿＿＿＿＿＿＿的人。
7. 我是一个＿＿＿＿＿＿＿＿＿＿＿＿＿＿＿＿＿＿＿＿＿＿＿＿＿＿的人。
8. 我是一个＿＿＿＿＿＿＿＿＿＿＿＿＿＿＿＿＿＿＿＿＿＿＿＿＿＿的人。
9. 我是一个＿＿＿＿＿＿＿＿＿＿＿＿＿＿＿＿＿＿＿＿＿＿＿＿＿＿的人。
10. 我是一个＿＿＿＿＿＿＿＿＿＿＿＿＿＿＿＿＿＿＿＿＿＿＿＿＿＿的人。
11. 我是一个＿＿＿＿＿＿＿＿＿＿＿＿＿＿＿＿＿＿＿＿＿＿＿＿＿＿的人。
12. 我是一个＿＿＿＿＿＿＿＿＿＿＿＿＿＿＿＿＿＿＿＿＿＿＿＿＿＿的人。
13. 我是一个＿＿＿＿＿＿＿＿＿＿＿＿＿＿＿＿＿＿＿＿＿＿＿＿＿＿的人。
14. 我是一个＿＿＿＿＿＿＿＿＿＿＿＿＿＿＿＿＿＿＿＿＿＿＿＿＿＿的人。
15. 我是一个＿＿＿＿＿＿＿＿＿＿＿＿＿＿＿＿＿＿＿＿＿＿＿＿＿＿的人。
16. 我是一个＿＿＿＿＿＿＿＿＿＿＿＿＿＿＿＿＿＿＿＿＿＿＿＿＿＿的人。
17. 我是一个＿＿＿＿＿＿＿＿＿＿＿＿＿＿＿＿＿＿＿＿＿＿＿＿＿＿的人。
18. 我是一个＿＿＿＿＿＿＿＿＿＿＿＿＿＿＿＿＿＿＿＿＿＿＿＿＿＿的人。
19. 我是一个＿＿＿＿＿＿＿＿＿＿＿＿＿＿＿＿＿＿＿＿＿＿＿＿＿＿的人。
20. 我是一个＿＿＿＿＿＿＿＿＿＿＿＿＿＿＿＿＿＿＿＿＿＿＿＿＿＿的人。

然后将你填写的20项作下列归类：

a. 身体状况（即体貌特征，如年龄、身高、体形、长相等）

编号：＿＿＿＿＿＿＿＿＿＿＿＿＿＿＿＿＿＿＿＿＿＿＿＿＿＿

b. 性格（如：乐观、主动、随和等）

编号：＿＿＿＿＿＿＿＿＿＿＿＿＿＿＿＿＿＿＿＿＿＿＿＿＿＿

c. 能力（如：口才、文采、记忆等）

编号：＿＿＿＿＿＿＿＿＿＿＿＿＿＿＿＿＿＿＿＿＿＿＿＿＿＿

d. 情绪状态（如：痛苦、开心）

编号：＿＿＿＿＿＿＿＿＿＿＿＿＿＿＿＿＿＿＿＿＿＿＿＿＿＿

e. 人际关系（如：受欢迎的、乐于助人的、害羞的等）

编号：＿＿＿＿＿＿＿＿＿＿＿＿＿＿＿＿＿＿＿＿＿＿＿＿＿＿

最后，评估一下自己的描述是肯定，还是否定的。如：“我是一个悲观的人”就表示否定，相反，“我是一个聪明的人”，则表示肯定。肯定的描述记+1分，否定的描述记-1分，将所有的项目得分加起来，得到一个总分。如果总分大于零，则表示，你对目前的自己还比较满意；如果，总分小于零，则表示，你对目前的自己还不满意。

（二）“我”的构成

在做上面的小测试的时候，是否发现，很难写出那20个“我”呢？那么，什么是我？我到底是什么样的人呢？如果你还存有疑问的话，我们就来了解一下吧。

1. 生理的我 生理的我包括：我的长相、身材等。

（1）长相：长相包括我们的五官、皮肤等。

我长得好看吗？

我的眼睛长得怎么样？是大是小？是单眼皮还是双眼皮？

我的皮肤是什么颜色？

我的牙齿如何，整齐吗？

……

（2）身材：我身高多少？体重多少？

我矮吗？我胖吗？

我的身材是否匀称？

（3）身体素质

我的体力如何？我跑得快吗？

我的身体协调能力如何？

2. 心理的我　心理的我包括：性格、能力、情绪状态等。

（1）性格

我开朗吗？乐观吗？

我是积极主动还是比较被动？

我是谨慎还是草率呢？

（2）能力

我的口头表达能力如何？

我的计算能力如何？

我记性好吗？

除此之外，还有创造力、想象力、空间思维能力、语言能力等。

（3）情绪状态

我开心吗？幸福吗？

我精神愉悦还是比较消沉？

3. 社会的我　我们每个人都不是孤立的，我们生活在一定的社会环境（家庭、学校、社区等）中；与他人交往的过程中，我们又形成一部分的自我，这就是“社会我”，主要指我们的道德品质、人际交往能力等。

（1）道德品质

我乐于助人吗？

我诚实吗？

（2）人际交往能力

我善于交际吗？

我受人欢迎吗？

二、悦 纳 自 己

案例 9-5

神奇的发卡

有一个女孩子，总觉得不讨别人喜欢，因此有一点自卑。一天，她偶尔在商店里看到一支漂亮的发卡，当她戴起它的时候，店里的顾客都说漂亮，于是她非常高兴地买下发卡，并戴着它去学校。接着奇妙的事发生了，许多平日不太跟她打招呼的同学，纷纷来跟她接近，一些同学还约她一起去玩，原本死板的她，似乎一下子变得开朗、活泼了许多。但放学回家后，她才发现自己头上根本没有带什么神奇的发卡，原来她付钱后把发卡留在了商店里。

思考：

是什么使别人改变了对她的态度？那个发卡真有那么神奇的力量吗？

无论什么时候，我们都不要讨厌自己，对于那些已经成为无法更改的客观现实，与其整天抱怨苦恼，还不如坦然地自我悦纳，即以积极、赞赏的态度来接受自己。

做了上面的测试之后，是否对自己有了更清晰的认识呢？那么，有哪些是你喜欢的，哪些是你不喜欢的？哪些是你接纳的，哪些是你不接纳的呢？

你能接纳自己的体貌吗？如自己的相貌、身高、体重等？

你能接纳自己的现状吗？如自己的家庭、自己的学习成绩等？

你能接纳自己的优点和缺点吗？如开朗、乐观或内向、孤傲等性格？

你能接纳自己的情绪体验吗？包括正性情绪（开心、惊喜等）和负性情绪（焦虑、悲伤等）？

我想大家可能对自身的积极方面，如高挑的身材、优异的学习成绩、开朗的性格、愉快的心情，都是乐于接受的；而对于自身的消极方面，如平凡的相貌、贫穷的家庭、害羞的性格、抑郁的情绪，则几乎没有人愿意接受。不能悦纳自己的人常常会有某种程度的自我否认和自我排斥。

悦纳自己是一个人健康成长的前提。一个人如果连自己的问题都不敢正视，对自己有那么多的不满与失望，甚至是否定和拒绝，那他怎么能引导自己成长？所以，我们应该坦然面对自己的人生，停止苛刻的要求自己，不去无端忧虑和自责，做到自我接纳，接纳全部的自己。

悦纳自己的人就要做到：①接受自己，比较满意自己，有自豪感、成功感、价值感和愉快感；②开朗乐观，对生活感到乐趣和温暖，对未来充满憧憬；③冷静而又理智地对待自己的得与失、成与败，客观看待自己的长处与短处；④既不以虚幻的自我补偿内心的空虚，自欺欺人，又不以消极回避漠视自己的现实，更不以哀怨、自责甚至厌恶来否定自己。在现实生活中，有些人忽略自己的优势，却对自己的劣势耿耿于怀，不能欣赏自己、爱惜自己，而是更多地表现出对自己的不满和愤怒，难以体会人生的快乐。一个人接受自己，才有可能理智地看待自己的优劣，才有可能冷静地分析自己的得失，才有可能做到扬长避短、取长补短，更好地发挥自己的潜能。保持适度的自我期望水平，不断调整目标和行为，有利于提高个体的自我接受水平。

一个人，如果能够清楚地认知自己、准确地评价自己，就能够制定现实可行的目标，进而采取有效的行动，充分发挥自己的长处，最终取得成功；相反，一个人如果不能清楚地认识和评价自己，对自身的评价并不稳定，时而自卑，时而自负，就会影响自身的发展。心理学研究表明：如果一个人能够接受自己，就说明他没有明显的自卑心理，能够比较客观地认识自己，心理上比较平衡，他们采取的自我防御越少，社会适应能力就越强。

如何做到悦纳自己呢？

一个人的心理健康与否，有一个重要的指标，那就是他能不能接受自我，这叫“悦纳自我”，每个人都有优点和不足，关键在于自己如何看待。悦纳自己，并不是认为自己的一切都是好的。而是全面地认识自己，然后接纳自己。

首先，正视自己的缺点。不论自认为有多少缺点和不足，做了多少傻事、坏事或蠢事，从现在起，都停止对自己的挑剔和责备，要学习为自己辩护，维护生命的尊严和价值。如果一个人能够正视并且接纳自己的弱点，那就意味着他不但正确地认识到了自身的局限性，同时也停止对自己的不满和批判。这可以使我们不把时间浪费在自责和沮丧上，而是集中精力去发掘自己的优势，或者增强自身的能力，这样就可以少走弯路。

其次，正视自己的负性情绪。我们每个人都或多或少有一定的负性情绪，如：嫉妒、恐惧、紧张、生气、愤怒……如果我们产生了负性情绪，不要去压抑、否认或掩饰它，更不要责备自己，苛求自己。要先坦然地承认并且接纳自己的负性情绪，不论它是沮丧、愤怒、焦虑还是敌意。

因为负性情绪就是生命中合情合理的部分，例如，不小心扭伤了脚，我们会感到疼痛；孩子夭折，我们会感到痛苦；当受到威胁时，我们会感觉恐惧；有人离开时，我们会感觉悲伤，这就是生活，是合情合理的痛苦。基本的人类情绪，如恐惧、愤怒、悲痛等，自有他们重要的存在目的：它们保护我们，提醒我们对现状要有所警觉，恐惧驱使我们对潜在的危险格外小心谨慎，愤怒激起我们的勇气，悲痛促使我们反思生命的意义，它们是促使我们改变现状的先决条件。如果一个人不为自己的成绩差而沮丧，他就不会想努力学习；如果一个人不为和别人的矛盾而苦恼，他就不知道自己的人际交往方式需要调节。所以，不要怕产生负性情绪，也不要否认或逃避，要首先接纳它，然后再想办法解决引起负性情绪的问题。

再次，无条件地接纳自己。无条件地接受自己，接受自己的程度不以自己是否做错事有所改变。在日常生活中，我们每个人也应该无条件地积极接纳自己。绝大多数人从小就受到种种有条件的限制，或者父母、学校严格的管束，致使很多人以为只有具备某种条件，如漂亮的外表、优秀的学习成绩、过人的专长、出色的业绩等，才能获得被自己和他人接纳的资格，于是，很多人背上了自卑的包袱。由于曾经被他人挑剔，也就逐渐习惯于用挑剔的目光看待自己，无法接纳自己。无条件地接纳自己就是，不管我们外表如何——美丽，平凡，甚至是丑陋，不管我们能力如何——过人，平庸还是低人一等，不管我们性格如何——被人喜欢的，不被人喜欢的，等等，这些都是我们的一部分，所有这些构成了这样一个独特的我。我就是这样的一个人，我接受这样的自己，不带批判，没有是非对错。

还有，就是喜欢自己，肯定自己的价值，有愉快感和满足感。只有能够真正地做到如此，我们才能真正地悦纳自我。我们首先要有自知之明，对自己能做出恰当评价，既能了解自我，又能接受自我，体验自我存在的价值。一个悦纳自己的人，并不意味着他的一切都是完美的，而是说他在接受自己优点的同时，也了解自己的缺点，很坦然地承认了自己的不足之处。而后，不断完善自己，更加自信地面对生活。

每一个人都是一个“独特的我”。无论男性还是女性，都各有各的价值。每个人都是美丽的。我们会因为可爱而美丽。积极的、健康的性格可以通过平时的努力来培养。人的能力是多方面的。要愉快地接受自己，并通过努力，改进和发展自己。

视窗 9-3

悦纳自己的方法

悦纳自己，并不是认为自己的一切都是好的。而是全面地认识自己，然后接纳自己。

（1）正视自己的缺点。

（2）正视自己的负性情绪。

（3）无条件地接纳自己。

（4）喜欢自己，肯定自己的价值，有愉快感和满足感。

第四节　和谐人际关系，快乐多起来

为他人点燃寒冬里的火炉，温暖别人，也温暖我们自己。爱那些爱你的人，爱你身边的人，也爱那些不爱你的人，甚至是对手。人与人之间是在互动中存在和发展，每一个人都不可能是孤立的。父母、亲人、朋友，甚至是对手，对于我们来说，都犹如阳光雨露，他们的存在让我们生活和成长的更好。予人玫瑰，手有余香。与人和谐地相处，这样快乐就会多起来。

戴尔·卡耐基有句名言，一个人的成功，只有15%由于他的专业技术，而85%则要靠人际关系和他的做人处世能力。哈佛大学就业指导小组调查的结果显示：数千名被解雇的人中，人际关系不好的比不称职的高出两倍。那么，哪些心理因素会导致人际关系问题的出现呢？良好的人际关系是成功路上的润滑剂，该如何去创建一种相互信任，彼此接纳的和谐的人际关系呢？

一、透过爱来看世界

爱是人存活在世界上的一种基本需要，没有爱，人的精神世界就会萎缩，生命也会变得无色无味。而且，爱也并不是简单的一个字，这既是一种很复杂的心理过程和体验，又是一种给予和接受的能力。

（一）恰当表达自己

每个人所隐藏的内心世界，正是别人希望发现的奥秘，一般来说，只有真诚开放了自己的内心，才能走进别人的心灵世界。人和人的情感是一样的。只要你付出微笑，就会得到深深的友情，即使是陌生人、社会地位低微的人。想要获得良好的人际关系，那么——主动伸出友爱之手，恰当表达自己。

西方心理学家提出一种被称为“约哈里窗户”的理论，认为在一个人的身上，存在着四个区域：自己和别人都了解的区域（你我共知）；别人了解，而自己却不知晓的区域（你知我不知）；自己的私密区域（我知你不知）；自己和他人都不了解的区域（你我都不知）。一般来说，第一个区域在自我中占的比例越大，表明个人与他人的关系越好，反之亦然。其实，这个区域说的就是自我表露，自我表露是指你把自己的一些私人东西与亲密朋友分享和交流的过程，是建立信任和亲密关系的重要途径。心理学家指出，不管是在夫妻关系还是朋友关系中，两个人自我表露的越多，对于这段关系的感觉就会越好，个体的快乐感与其自我表露的程度有关。因为自我表露的过程常常会体验到心情的放松、他人的支持和尊重，因而与自我表露相伴随的就是快乐愉悦的心情。

表露自己虽然说起来很简单，但是对于很多人来说，学会恰当的表达，向别人袒露自己的心事却常常无法做到，因为有的人不知道该怎样通过合适的语言来向人家表达自己的想法。在说这个问题之前，我们不妨先看一个小故事。

案例 9-6

儿子的回答

一天，爸爸问儿子："你长大了想要什么？"

儿子回答："长大了，我要女人和金钱。"

爸爸给了儿子两巴掌，又问了一次："你长大了想要什么？"

儿子灵机一动，回答："我要爱情和事业。"爸爸连连夸奖儿子。

有的时候，经过修饰的语言比直白的语言让人容易接受。关注听者的感受，学会恰当的表达很重要。

其实，只要掌握以下几个小方法，学会恰当的表达并不难。其一，注意观察周围的人，看看那些被大家喜欢和欢迎的人是如何与人交往的，看看其中是不是有些小技巧，不妨自己学来用用。其二，事先想一些聊天的主题。如果你常常不知道和别人谈些什么，那么可以在平常多了解一些资讯，可以是新闻时事，也可以是娱乐生活方面的东西，并且有自己的看法，这样，当别人聊天的时候，你就可以很快加入了。其三，找到自己的兴趣群体。如果你有一些兴趣爱好，可以找一些相似的群体一起交流，比如登山、旅游、赛车等，说出自己的看法，不要管对与错，记住，没有人会事事正确。当然，在表露自己的时候，还可以用一些言语和肢体表情，如扬起眉头、直视对方等都会增强自我表露的效果。

（二）宽以待人

阿拉伯传说中有两个朋友在沙漠中旅行，在旅途中的某点他们吵架了，一个还给了另外一个一记耳光，被打的觉得受辱，一言不语，在沙子上写下："今天我的朋友打了我一巴掌。"他们继续往前走，直至到了沃野，他们就决定停下。被打巴掌的那位差点被淹死，幸好被朋友救起来。被救起后，他拿了一把小剑在石头上刻下了："今天我的好朋友救了我一命。"

一旁好奇的朋友问到："为什么我打了你以后你要写在沙子上，而现在要刻在石头上呢？"另一个笑了笑回答说："当被一个朋友伤害时，要写在易忘的地方，风会负责抹去它；相反的如果被帮助，我们要把它刻在心里的深处，那里任何风都不会抹去它！"

朋友间的相处，伤害往往是无心的，帮助却是真心的，忘记那些无心的伤害，铭记那些对你真心的帮助，你会发现在这个世上你会有很多真心的朋友……

朋友之间彼此真诚、相知相惜，是人生莫大的幸运，正是因为有了这种心灵间的相互依存与默契，让我们的生命变得更为精彩。能够拥有一个知己，便拥有了感情的依托。好朋友如衣食，如日月，如影子，在我们最孤独的时候，即便相隔千万里，只要轻轻的一声问候，或者一种淡淡的思念，总会为彼此的心灵搭起一座桥梁，桥的两头是心与心之间的无限契合，而这种无须任何言语的灵魂之间的默契，如同雨露般滋润着我们的心田，如花香般让我们迷醉不已。

朋友、情谊如此美好，我们应该善待朋友。当朋友孤独的时候，我们送上真挚的问候和祝福，会为朋友赶走一个个寒夜，送来黎明的曙光，让朋友心中填满温馨和幸福；当朋友遇到困难的时候，我们应该伸出坚实有力的手搀扶住快要跌倒的朋友，给他们以信心和勇气；当朋友伤心哭泣的时候，我们要站在朋友的身边，安慰他们、鼓励他们。

一个人可以抵挡住形形色色的诱惑，却抵不住真挚友情的莅临，真情会使人们之间架起一座心灵之桥，通过这座桥，就能打开对方心灵的大门，既而登堂入室，然后赏心悦目，从而肩并肩，手携手的走过美丽人生！朋友是人生中最好的财富！

（三）善待他人就是善待自己

洛克菲勒年轻的时候曾经一无所有，像当时许多年少无知的人一样，到处流浪，得过且过。不过，洛克菲勒怀有十分远大的理想，他期望自己有一天能够有一笔任由自己支配的巨大财富。

带着这个伟大的梦想，洛克菲勒来到了距离家乡很远的一个偏僻小镇。在这个小镇上，洛克菲勒结识了镇长杰克逊先生。杰克逊先生已经年过五旬，他一直以来都生活在这个虽不繁华但是却令自己倍感亲切的小镇上。他担任这个小镇的镇长已经很多年了，但是镇上的人们却从来没有想到要选举新的镇长。

的确，杰克逊实际上也是担任镇长的最佳人选，他性格开朗、为人热情，而且平易近人，更重要的是，他的心地十分善良。无论是当地人，还是来到这个小镇上的人，只要与杰克逊有过一定的接触，他们就会深切地感受到杰克逊的热情和善良，同时也会受到感染。

洛克菲勒住的小旅馆就离镇长杰克逊家不远。每当洛克菲勒站到旅馆旁的大门前向远方遥望时，他都会看到镇长家门口的那片长满各色鲜花的花圃。每次遇到洛克菲勒时，镇长都会停下忙碌的脚步问这个独在异乡的年轻人有什么需要帮忙的地方。当洛克菲勒需要一些生活用品时，热情的镇长夫人总是会十分高兴地给予帮助，而且镇长还会时不时地让女儿为洛克菲勒送去一些妻子做的可口点心。

在小镇上住了一段时间仍然感到一无所获的洛克菲勒决定过几天就离开这个小镇了，在离开小镇之前他要特别感谢镇长给予他的关照。就在他准备向镇长告别的前几天，小镇迎来了连续几天的阴雨天气，洛克菲勒不得不继续留在这里，同时他也在心里咒骂着这该死的鬼天气。

小雨时断时续，每当雨滴停止的时候，洛克菲勒都会走出旅馆大门——实际上洛克菲勒就住在杰克逊家的斜对面，看看镇长家门前那些经雨露滋润而倍加娇艳的花朵。这一天，当他走出旅馆大门的时候，他看到镇上来来往往的人们已经把镇长家门前的花圃践踏得不成样子了。洛克菲勒为此感到气愤不已，他真为镇长和这些花朵感到惋惜，于是他站在那里指责那些路人的行为。可是第二天，路人依旧踩踏镇长家门前的那片可怜的花朵。第三天，镇长拿着一袋煤渣和一把铁锹来到了泥泞的道路上，他用铁锹把袋子里的煤渣一点一点地铺到了路上。一开始洛克菲勒对镇长的行为感到不解，他不知道镇长为什么要替这些践踏自己家花圃的路人铺平道路。可是很快他就明白了镇长的苦心，原来有了铺好煤渣的道路，那些路人再也不用踩着花圃走过泥泞的道路了。

洛克菲勒最后还是离开了这个小镇，不过他知道，自己再也不是一无所获地离开了，他带着镇长杰克逊告诉自己的一句话从从容容地踏上了追求梦想的道路，那句话就是“善待别人就是善待自己”。直到成为闻名于全美的石油大王，洛克菲勒依然牢牢地将这句话铭记在心中。

自私的人不愿意对别人付出任何关爱，所以他们永远都体会不到来自他人的友情和温暖。而那些胸襟开阔的人则始终生活在幸福和关爱之中，这些幸福和关爱既来自于别人，也来自于他们自己。

有幸生活在这个世界上，我们要学会善待自己、善待他人，甚至是善待和呵护身边每一颗柔弱的生命，让爱充满世界每一个角落。这样我们才会更快乐、幸福。

二、人际交往原则

（一）平等的原则

平等，主要指交往双方态度上的平等，我们每个人都有自己独立的人格、做人的尊严和法律上的权利与义务，人与人之间的关系是平等的关系。在交往过程中，如果一方居高临下、盛气凌人、发号施令、颐指气使，那么他很快便会遭到孤立。平等是建立良好人际关系的前提。在和别人交往的时候，既要认同别人的优势，又不鄙视对方的弱势，既不居高临下又不唯命是从，做到既保持自己的自尊又尊重别人，这是一种良好的交往状态。

（二）相容的原则

在人际交往中，心理相容是值得交往双方注意并需要交往双方共同建构的。所谓心理相容是指彼此在认知上的肯定和认同、在情绪上的满足和悦纳、在行为上的应答和协调的状态。这种状态的强弱就是心理相容性的高低。建立友谊的良方就是大家既要有相同又要有相异之处，大致上气味相投才能彼此了解，适量的志趣相异，才可互通有无。所以，主动与人交往，广交朋友，交好朋友，不但交与自己相似的人、还要交与自己性格相反的人，求同存异、互学互补、处理好竞争与相容的关系，更好的完善自己。

我们的社会是一个多元化的社会，人与人之间的关系越来越复杂，社会复杂性导致个性的丰富性。在大学校园里，每个大学生都是独特的个体，都有自己的优缺点。我们要看到人与人之间是有差异的，每个人的兴趣、爱好、能力、个性都有不同，所以在人际交往过程中难免会有些小摩擦。我们不能因为一点小事就翻脸或大动干戈，要学会求同存异，学会忍耐和克制，多进行换位思考，多体察别人的心境。如果能做到这些，相互间产生的误会、委屈就会少些。

（三）真诚的原则

真诚包括真心、正直、坦率、诚实、诚恳、诚意等，它是人际交往中人们相互依赖的坚实基础，是我们在人际交往中最有价值、最重要的一种特征，也是我们成功交往的基础。只有真诚，才能使对方放心，使交往双方相互信任，彼此肝胆相照，建立深厚的感情。真诚交往是人际交往得以延续和深化的保证。备受人们推崇的有益于人际交往的品质有真诚、诚实、忠诚、真实、信赖和可靠。真诚交往是人际关系得以巩固和发展的前提。古人云：“以诚感人者，人亦诚而应。”在交往中，只有彼此抱着心诚意善的动机和态度，才能相互理解、接纳、信任，感情上引起共鸣，使交往关系巩固和发展。

研究者整理了人际吸引效应的品质表（申荷永，1999），结果真诚是最令人喜欢的品质，并且排在第一位的位置。

一个人的思想、观点、愿望和要求，能否为别人所接受，往往也与他对对方的真诚程度成正比，越真诚，对方接受的可能性就越大，就越容易建立良好的人际关系。但是在表达真诚的时候也要注意表述策略。有句话是这样说的“诚实并非永远都是最好的策略”。许多人误解了这句话的意思，认为在交完过程中，尤其是在商业活动中，就是要耍手腕。实际上这句话更确切的说法应该是：“表现诚实的方法可以灵活婉转一些。”如果你用委婉的方式来表达实施，那么既不伤人，也不会伤害到自己。

（四）谦虚守信的原则

谦恭礼让、言而有信是人们崇尚的一种美德。谦恭礼让是一座能缩短心理距离的桥梁；守信是人际交往中的一个基本原则，交往离不开信用。信用有两层含义：一是言必信，即说真话，不说假话。如果一个人满嘴胡言，尽说假话骗人，到头来连真话都不能使人相信了。二是行必果，即说到做到，遵守诺言，实践诺言。古人“有一言既出、驷马难追”的格言。现在有以诚实为本的原则，不要轻易许诺，一旦许诺、要设法实现，以免失信于人。朋友之间，言必信、行必果、不卑不亢、端庄而不过于矜持，谦虚而不矫饰诈伪，不俯仰讨好位尊者，不藐视位卑者，显示自己的自信心，取得别人的信赖。

（五）主动共情的原则

所谓共情，就是能设身处地地体验他人的处境，对他人的情绪情感具有感受和理解力，能进入对方的精神世界，能将心比心地体会对方，并对对方的情绪作出恰倒好处的反应。

从人际交往的角度来看，共情就是能站在对方的立场考虑问题，不以自我为中心，能进行换位思考，从而充分感受对方的思想、情绪，使沟通的过程更加深入和顺畅。

（六）彼此尊重的原则

尊重是由“人人平等”的社会伦理规范所规定的人际交往原则。它包括自尊和尊重他人两个方面。自尊就是在各种场合自重自爱，维护自己的人格尊严不受到他人的侵犯；尊重他人就是重视他人在人格、行为习惯与价值观等方面的与自己的差异，不以自己的标准来要求别人。只有自尊才能得到他人的尊重，也只有尊重他人才能得到他人真诚地对待。一个不尊重他人，经常损害别人的人，人们是不愿意与之交往的，人人都有友爱和受人尊重的需要。

三、人际交往的技巧

沟通是交往的基础，是人与人之间发生相互联系的最主要的形式，沟通最重要的是要处于接纳、平等、尊重、自由的氛围下。沟通的最终目标，不是谁对谁错，而是互相了解。不是失去自我，控制别人，而是拥有自我，接纳别人。善用两种沟通方式，一种是言语沟通，另一种是非言语沟通。

（一）言语沟通

言语沟通主要是指通过言语来进行人际交流，是人际沟通的重要途径，在进行言语沟通时要注意察觉自己和他人语气、语调、用词等所包含的意思。语气是指同一句话用不同的语气来表达可以表达不同的情绪，如“你真坏”可以表达亲密，也可表达厌恶。在沟通中一定要注意场合、对象而用，否则易造成不必要的误解或伤害。语调是指音速和音量的不同，语调的不同也表明一个人情绪的不同，同样是一句“恭喜你”不同的语调可以表达出祝福和嫉妒等不同的情绪。在沟通中一定要根据实际情况采用恰当的语调表达自己的想法，尽量不要伤害别人。用词是指同一个意思可以用不同语句和词汇来表达，我们应该在沟通中选择那些不伤害他人的用词来表达自己的意思，否则会弄巧成拙。“良言一句三冬暖，恶语伤人六月寒。”这两句话告诉我们交往时要注意语言的技巧。语言运用得好，就能优化人际交往。相反，如果不注意语言艺术，往往在无意间就出口伤人，产生矛盾。

首先，称呼得体。称呼反映出人们之间心理关系的密切程度。恰当得体的称呼，使人能获得一种心理满足，使对方感到亲切，交往便有了良好的心理气氛；称呼不得体，往往会引起对方的不快甚至愤怒，使交往受阻或中断。所以，在交往过程中，要根据对方的年龄、身份、职业等具体情况及交往的场合、双方关系的亲疏远近来决定对方的称呼。对长辈的称呼要尊敬，对同辈的称呼要亲切、友好，对关系密切的人可直呼其名，对不熟悉的要用全称。

其次，说话注意礼貌。正确运用语言，表达清楚、生动、准确、有感染力、逻辑性强，少用土语和方言，切忌平平淡淡、滥用词藻、含含糊糊、干巴枯燥。语音、语调、语速要恰当，要根据谈话的内容和场合，采取相应的语音、语调和语速。讲笑话要注意对象、场合、分寸，以免笑话讲得不得体，伤害他人的自尊心。适度地称赞对方：每个人都希望别人赞美自己的优点。如果我们能够发掘对方的优点，进行赞美，他会很乐意与你多交往。但是赞美要适度，要有具体内容，绝不能曲意逢迎。真诚的赞美往往能获得出乎意料的效果。避免争论，青年大学生喜欢争论，但争论往往是在互不服输、面红耳赤、不愉快甚至演化成直接的人身攻击或严重的敌意中结束。这对人际关系的影响是显而易见的。因此大学生要尽量避免争论，而要通过讨论、协商的途径解决分歧。

幽默是一种良好的心理素质和出色的语言艺术，也是一种机智的应变能力，特别是在尴尬的场合中它是一种润滑剂。在人际交往中，幽默的言行往往会激发别人对你产生兴趣，还可以启发自己和别人的智慧。如一位演员谢幕时被绊倒了，观众哄堂大笑，该演员却很机智地为自己解围说：“大家的掌声让我倾倒了，再次感谢！”从而化解了一个令尴尬的局面，大家也更欣赏他。

在人际沟通中，有时听比说更重要，要正确理解别人，必须先听懂对方，要听懂则必须专注地听，不随便打断对方的谈话，并不时用言语或非言语的方式给对方简短的回应，不明白时要礼貌地询问对方真正的意思以免曲解别人的意思。专注的倾听能使人感到自己的重要，能鼓励对方表达自己的想法，能促进真诚的沟通，产生良好的沟通效果。

语言运用得好，就能吸引和抓住对方，从内容到形式适应对方的心理需要、知识经验、双方关系及交往场合，使交往关系密切起来。

（二）非语言沟通的技巧

非语言沟通是指通过眼神、姿态、表情、动作、声调等进行沟通。心理学研究结果发现，人的肢体语言传递的信息达 70% 以上。交谈中的坐姿、坐位、手势、握手的方式、面部表情的不同都包含着丰富的信息，需要我们在沟通时具备相应的敏锐才能保持良好的沟通。

沟通中正确的肢体语言表达：身体稍稍前倾，双臂自然下垂或搭在腿上；目光正视对方，有目光交流，不要东张西望；听对方讲话时精神要专注，不要漫不经心，做别的事情，或搞一些小动作；表情自然、平和、微笑，不矫揉造作、夸张。

掌握和运用好这种交往艺术，对我们搞好人际交往是不可少的。“眼睛是心灵的窗户”，“眼睛像嘴一样会说话”。面部表情是内心情绪的外在表现，它们均能表达人的态度和情感。如眉飞色舞表示内心高兴，怒目圆睁表示愤怒等。交往中还可用人体动作来表达思想，大学生在人际交往中根据谈话的内容和场合，正确运用非语言艺术，巧妙地表达自己的思想感情，有时能起到“此时无声胜有声”的作用。但非语言艺术要运用得恰到好处，不可过于频繁和夸张，以免给人手舞足蹈之感。

有人曾问著名的心理学家彼得森：“能不能用三个词把积极心理学说清楚一点儿？”彼得森回答说：“别人很重要。”人际关系好的人更幸福，而幸福的人有更好的人际关系。

视窗 9-4

让人幸福的练习

每天，在晚饭后或者在睡觉前，当一天即将结束的时候，写下这一天发生的三件好事。连续一个礼拜的每个晚上都这样做。你列出来的三件事可以是一些并不那么重要的小事，比如“好朋友从她家附近给我带了我最喜欢吃的一种蛋糕”，或者，是一些更重要的事情，比如“我表姐结婚了”。在你单子上的每件积极事件后面，都写上你对这个问题——“为什么这件好事会发生？”——的回答。例如，你可能推测你的好朋友为你带蛋糕是因为“她心里一直记挂着我的喜好”，或者“我们约见面时，我提醒她要在那家买给我”。而你表姐会结婚可能是因为“她与男朋友十分相爱，而且想组建一个家庭”，或者“表姐与表姐夫终于买到满意的房子了”。

这个练习能够增进你的幸福感体验并减少抑郁情绪，如果延长练习的时间，比如连续六个月，甚或将其作为日常生活的一部分，那将会对你产生长期的益处。想想，如果每天你都开心地进入睡眠，第二天也很可能同样开心地醒来。（泰勒 · 本–沙哈尔，2009）

学 习 思 考

1. 什么是心理健康?其和身体健康的关系是怎样的?
2. 心理健康的标准是什么?对照该标准，看看自己是否健康或者是哪些方面还需要加强?
3. 怎样保持积极乐观的心态?

（禹玉兰）

第十章　生命质量的提升——精神健康

学习目标

通过本章的学习，了解精神健康的内涵、当代中国人精神生活的困境，掌握保持精神健康的方法，学习通过去反省、矛盾意向和态度改变等意义疗法技术寻找生命的意义、提升生命质量。

案例 10-1

生命的价值

有一个生长在孤儿院中的小男孩，常常悲观地问院长："像我这样的没人要的孩子，活着究竟有什么意思呢？"院长总是笑而不答。

有一天，院长交给男孩一块石头说："明天早上，你拿这块石头到市场上去卖，但不是'真卖'。记住，无论别人出多少钱，绝对不能卖。"

第二天，男孩拿着石头蹲在市场的角落，意外地发现有不少人好奇地对他的石头感兴趣，而且价钱愈出愈高。回到院内，男孩兴奋地向院长报告，院长笑笑，要他明天拿到黄金市场去卖。在黄金市场上，有人出比昨天高 10 倍的价钱来买这块石头。

最后，院长叫孩子把石头拿到宝石市场上去展示。结果，石头的身价又涨了 10 倍，更由于男孩怎么都不卖，竟被传扬为"稀世珍宝"。

男孩兴冲冲地捧着石头回到孤儿院，把一切告诉给院长，并问为什么会这样。院长没有笑，望着孩子慢慢说道："生命的价值就像这块石头一样，在不同的环境下就会有不同的意义。一块不起眼的石头，由于你的珍惜、惜售而提升了它的价值，竟被传为稀世珍宝。你难道不就像这块石头一样？只要自己看重自己，自我珍惜，生命就有意义，有价值。"

讨论：

（1）生命的意义是在于活着？

（2）怎样才能获得生命的意义？

（3）如何提升什么的价值？

要点参考：

生命的价值首先取决于你自己的态度。珍惜独一无二的你自己，珍惜这短暂的几十年光阴，然后再去不断充实、发掘自己，世界才会认同你的价值。

第一节　认识你的精神需要

在英格兰，有人曾做过这样一个有趣的实验。在一次有许多人参加的午宴上，聘请了一个有名的厨师，他做出的饭菜可以说是十里飘香，有滋有味。但实验者别出心裁地对做好的饭菜进行了“颜色加工”。他将牛排制成乳白色，色拉（西餐中的一种凉拌菜）染成发黑的蓝色，把咖啡泡成混浊的土黄色，芹菜变成了并不高雅的淡红色，牛奶被他弄成血红色，而豌豆则染成了黏糊糊的漆黑色。 用餐的人被分为两组，第一组未蒙眼睛，第二组蒙上了眼睛。第一组都满怀喜悦地想大饱口福，但当这些菜肴被端上桌子时，大家都惊呆了。他们有的迟疑不前，有的怎么也不肯就座，有的狠狠心勉强吃了几口，都恶心得想呕吐。但是同样是这样一桌颜色奇特的午餐，却很快就被第二组的人吃了个精光，并且他们还都意犹未尽，赞不绝口！

这一实验表明人类除了物质的需要之外还有精神需要，精神生活是人类所特有的一种生活方式。人类的精神需要呈现出身份复杂的情况，这不仅体现在不同的人类历史阶段和不同的人类社会有不同的精神需要，而且生活在同一个社会里的人们的精神需要也表现出巨大的差异甚至相互对立。例如，人们对美貌的不同审美观念就体现了这一点。汉代人崇尚清瘦窈窕的女性美，而在唐朝人则欣赏肥硕丰满的女性美。

在心理学历史上，有关精神需要的满足对人的影响的实验，最著名的当属“罗森塔尔实验”了。1966 年，美国心理学家罗森塔尔通过实验，研究了教师对学生的期望对学生成绩的影响。他在实验中发现的“皮格马利翁效应”，不仅影响了人们的教育观念，而且对人们的其他社会性行为都产生了深远的意义。实验并不复杂：他来到一所乡村小学，给各年级的学生做语言能力和推理能力的测验，测完之后，他没有看测验结果，而是随机地选出 20%的学生，告诉他们的老师说这些孩子很有潜力，将来可能比其他学生更有出息。8 个月后，罗森塔尔再次来到这所学校。奇迹出现了，他随机指定的那 20%的学生成绩有了显著提高。

精神需要往往深藏在人们思想的深入，并且常常表现为人们的情感，而这些情感在许多情况下很难为人们的理性所清楚地表达出来。生活中，人们经常会陷入莫名的精神烦恼之中而不可自拔。例如，我们可能因为混乱的生活环境而烦恼，我们也可能因为人到中年、青春不再而突然陷入一种空虚与恐慌的心情之中。每个人都有自己的精神问题，儿童因不能理解这个复杂的世界而烦恼，小学生有太重的学习压力，青年人容易为爱情而痛苦万分，中年人常常觉得缺少成就感，而老年人则可能为要告别人生而悲叹。这些问题其实都是精神需要的问题，在这些问题上，我们既有可能因为不能满足自己的这种精神需要而痛苦，也可能因为不知道自己的精神究竟需要什么而痛苦。因此，任何人类精神问题的解决，都应该首先从认识人类的精神需要开始。只要对自己的精神需要做到符合科学的认识，我们才有可能发现我们心灵中的症结所在，从而拯救我们的灵魂。

一、精神生活质量与精神需求

1. 精神生活质量的含义　在介绍精神生活质量的含义前，我们首先来定义一下质量的含义，在《现代汉语辞海》中是这样说的：“质量是指某种产品或某项工作的优劣程度。”建筑质量、教学质量、工程质量等都是在这个意义上使用的。根据质量的定义，我们可以认为，精神生活质量是指人们的精神生活的优劣程度。具体而言，精神生活质量是人们的一种自我感受，是人们在自己所处的社会阶段所具备的物质生活条件下，对自己所享有的精神生活的满意程度，对人们的各种精神需求的追求和向往程度，从而促使人们可以享受到更高级别的精神生活，使自身素质得到更好地提高和完善。

精神生活质量可以通过人们的满足感、成就感、幸福度及愉悦性等来衡量。首先是人们在社会工作中的满足感和成就感。主要包括理想抱负的实现程度、个人价值的实现程度以及事业的发展前景等。人们通过自己的真才实学和辛勤劳动在工作中实现了自身的理想与价值，为社会创造了财富，从而在心理上获得的一种成就感和满足感。在今天，有许许多多这样平凡而伟大的人们，他们的物质生活质量也许不是很高，但是他们的精神生活世界是丰富的，高质量的。其次是人们在工作后和休闲生活中的幸福度和愉悦性。主要包括享有物质产品、精神产品的水平，休闲娱乐的时间以及业余兴趣爱好的实现程度。人们通过看电视、看电影、阅读书籍等众多精神产品的过程使自己的精神世界得以丰富，从而享受到不同质量、级别的精神生活。再次是人们在社交中的满意度。人们通过各种人际交往获得各种不同质量的精神生活。一般而言，与同事、同学的关系处的比较和谐的，可以使自己处于一种积极的、愉悦的精神状态中，从而享受到高质量的精神生活。最后是人们在家庭生活中的幸福度和愉悦性。家庭关系融洽的人们，生活的比较开心、幸福，会大大促进工作学习的动力和热情，人也会处于良好的状态中，促进人们享受到高质量的精神生活。

2. 精神生活与精神生活质量的关系　精神生活质量是精神生活好坏的评判标准，精神生活质量的高低直接关系着人们精神生活的状况。首先，精神生活的发展状况须通过精神生活质量表现出来。精神生活质量提高了就意味着人们的精神生活在逐步丰富，逐步完善。相反，精神生活质量下降了，就是人们对精神生活的享有水平在下降。其次，精神生活质量的评判标准随着精神生活的改变而改变。由于受精神生活的特性、要求等多因素的影响，精神生活质量的评判标准也不是一成不变，它是随着社会生产力的发展以及人们精神生活水平的变化而不断变化的。最后，精神生活主体的多样化决定了精神生活质量评判的多样化。精神生活质量不可能有一个统一的标准，因为我们每个人对精神生活的要求、满足程度是不同的，即精神生活质量的具体感受还受我们个人的主体性的影响，所以对精神生活质量的感受、评价也是不同的，也就是说精神生活质量是因人而异的。

视窗 10-1

精神生活质量的要点

（1）精神生活质量是指人们的精神生活的优劣程度。

（2）精神生活质量是人们的一种自我感受。

（3）精神生活质量是人们在自己所处的社会阶段所具备的物质生活条件下，对自己所享有的精神生活的满意程度。

（4）精神生活质量可以通过人们的满足感、成就感、幸福度及愉悦性等来衡量。

二、精神生活与精神需求

精神需求与精神生活的关系也很密切，精神需求是精神生活的动力和源泉。精神需求是人们受其所处的社会环境和各种社会条件的影响和制约，对一些关系自身利益的重要问题，在与精神有关的方面所产生的一系列需求。精神需求也是受社会物质生活发展水平的影响的，随着社会的发展，人们的精神需求是由低级到高级不断发展变化的。由精神需求的定义我们可以得知，人们的精神需求是多方面、多层次的。尤其是在社会主义的今天，社会生产力有了大幅度的发展，人们的物质生活水平明显提高，同时带动了人们的精神需求的丰富化和多样性。比如说，享受需求和发展需求就是人们为了生活得更好，提高自身生活质量，特别是精神生活质量而逐步出现的，并且随着生产力的发展，这两种需求的形式也越来越多样化和丰富化。人们休闲娱乐的方式多了，精神需求得到了满足，不仅可以获得精神上的愉悦性，精神生活质量也随之得到了提高，从而实现精神生活的提升和完善。

精神需求是人们精神生活的动力和源泉。精神需求是人们为了改善精神生活现状，通过主动参与一些活动，努力实现人们在精神上的满足，从而更好地享有精神生活。恩格斯曾说过："人类是唯一能够由于从事劳动而摆脱纯粹的动物的状态的动物——他的正常状态是要和他的意识相适应的，而且是要由他自己所创造出来的。"可见，人们为了更好的生活，总是不断发挥自己的聪明才智、创造条件，满足包括精神需求在内的各种需求，自觉寻求更好的发展，促进精神生活的提升。精神需求不仅仅局限于精神生活。精神需求比精神生活的存在的范围更广，精神生活离不开精神需求，没有精神需求何谈精神生活，精神需求是精神生活存在、发展、提高的动力和源泉。然而，除了精神生活领域需要精神需求外，人们的物质生产活动中，人们的社会交往中以及人们的家庭日常生活中都或多或少地存在着精神需求。因此，正确处理二者的关系有利于我们更好地认识、理解精神生活。

三、精神生活与精神活动

精神活动同物质活动一样属于人们的实践活动，人们的精神生活是通过精神活动实现的，精神活动是精神生活的媒介。因此，通过介绍精神活动的涵义以及精神生活与精神活动的关系，有利于我们对精神生活有一个全面的了解和认识。

1. 精神活动的含义 精神活动是一种实践活动，是人们为了实现精神上的满足和需要而进行的活动。

从这个角度出发，精神活动是指现实中的人们，为了在社会中实现自身的发展，为了处理好人作为一种客观存在，与人们在社会中的自觉自主的活动的关系而进行的一系列活动方式的总和。马克思认为，精神活动离不开人们的社会交往，并且要以人们的物质活动为前提，是人的解放的一部分。他说："只有在我们现实的世界中并且使用现实的手段才能够实现真正的解放。如果没有蒸汽机和珍妮走锭精纺机，就不可能消灭奴隶制；'解放'是一种历史的活动，而不是思想活动，'解放'是由于历史的关系，并且是由工业状况、商业状况、农业状况、交往状况所促成的。"由此可见，精神活动可以通过人们的交往实现，促进精神生活的丰富，从而促进人的全面发展和人的解放。精神活动不仅包括那些日常的精神活动，同时还包括那些生产精神产品所进行的一些社会意识活动。这些活动共同构成了人们的精神活动，其中日常的精神活动是为了满足人们在日常生活中的需要，而生产精神产品的社会意识活动则是为了满足人们那些除了日常生活以外的其他方面的需要。

2. 精神生活与精神活动的关系 由于日常的精神活动与我们的精神生活联系更为密切，因此，为了更好地理解精神生活，我们主要分析一下日常的精神活动与精神生活的关系。

首先，人际交往活动作为精神活动形式之一，可以丰富人们的精神生活。人们生活在这个社会中，无论是哪类社会群体都有自己特定的人际交往活动。比如作为大学生，我们的人际交往活动就比较简单，在学校期间跟同学、老师交往。最近这些年，随着交往条件的改善，大学生的人际交往范围也在逐步扩大，传统的同学之间、师生之间的交往形式已经满足不了大学生的日常精神生活需要，他们大多都有了更大的交往圈子，比如和校外人员的交往，和老乡之间的交往甚至和网友的交往。这些交往活动一方面可以促进大学生精神生活的丰富，增加他们的人生阅历。

其次，看电视、电影等精神活动，有助于提升人们的精神生活。随着社会的进步，科学技术的发展，人们在家看电视可以看到更多、更好的电视作品，并且成为人们日常精神活动的主要形式之一。人们大部分休闲时间是在家看电视，通过观看影视作品，人们既可以获得各种知识，还可以增加自己的见识，尤其是那些反映社会现实的影视作品更是可以给人们以警示的提醒作用。不仅可以帮助人们消遣时光，更有利于丰富人们的精神生活。

再次，参加社会团体活动等精神活动，有利于充实人们的精神生活。人们通过各种社会团体，在工作之余或者退休之后可以得到更大程度的放松和愉悦。社会团体随着社会的发展，形式也是越来越多，也有越来越多的人参与其中。通过参加社会团体，人们之间可以加深了解，增加来往，使人们的各种情感得到更好地交流与宣泄，使人们的精神生活更加充实，从而促进人们精神生活质量的提高。

视窗 10-2

提升精神生活质量要点

（1）人际交往活动作为精神活动形式之一，可以丰富人们的精神生活，增加人生阅历。

（2）看电视、电影等精神活动，有助于提升人们的精神生活。

（3）参加社会团体活动等精神活动，使人们的精神生活更加充实。

四、精神需要层次性产生的原因

人们的精神需要表现为层次性，这是一种客观的社会存在。这种社会存在是有多种因素决定的。

首先，是历史的规定性，这一点是十分突出的。任何精神需要都不能脱离其他需要而单独存在。如果一个人被生理需求所支配，他的其他需要就要退到隐蔽的地位。对于一个处于极端饥饿情况的人来说，除了食物，他就不会有其他兴趣。人们只有解决了生存问题，才能产生精神需要。另外，精神需要也往往通过对人们其他需要的占有和奉献的过程实现的。精神需要是一个历史范畴。在整个历史过程中，人的精神世界不断地改造更新，人的精神需要也随着不断地升华。“已经得到满足的第一个需求本身、满足需求的活动和已经获得的为满足需求用的工具又引起新的需求。”但在历史的某一个阶段，精神需要发展要受到特定的历史条件的制约。同时，特定历史时期的生产力水平也限制了精神产品创造的可能性。因而，不同的历史阶段，人们有不同的需要。这是历史规定性。对群体而言，由于不同的群体所处的政治、经济地位和社会环境不同，在社会生活中所扮演的角色不同，他们就会有不同的精神世界，因而，这些人的精神需要的重点、内容和程度也有所不同。例如，我们通常说董事长、经理、知识分子更需要成就感；军人、公务员更需要荣誉感；工人、农民更需要安定感。对个体而言，由于每个人的身体素质和禀赋不同，致使人类的精神世界表现为丰富多彩的，因而，个体就可能有不同的精神需求。所以，精神需要的存在形式是多层次的。

其次，是具体的社会制度，这一点是不可忽视的。任何一种社会制度，对于人们的精神需要都不会袖手旁观的。随着社会经济的发展和社会文明程度的提高，相应地建立起一定社会的法律体制、管理制度、行政约束，不但对人们物质需要有一定的制约作用，同时，还对人们的精神需要具有程度不等的制约作用。任何一种社会制度，都不能允许存在反政府、反社会、反人类的精神需要。例如，中国以及世界各国对于各种邪教的有力打击，就是很好的证明。

最后，是民族的异质性。随着历史的发展和相应的社会生产方式的变化，形成不同地区、民族文化传统和文化心理结构、生活习惯、精神气质、城乡差异等等，这些都是造成精神需要差异的重要因素。精神需要在空间向度上存在的差异性，往往是不可度量的渗入到了人类精神文化血脉之中，从现实的文明形态中，从古希腊人对于自然界奥秘的不懈追求到中世纪对客观世界的神学解释，从西方文化中的科学理性精神再到东方文化中的道德神秘主义，无不说明了这种异质性的客观存在。

案例 10-2

生命最大的满足是心灵的富足

有一家日本料理店反其道而行开在小巷里，不但没有店招牌，甚至也没有菜单。然而，每天从傍晚开始，总有食髓知味的老饕，陆续朝着店门口那盏晕黄的灯走来。店里的装潢不见奢华，却平添了几分家常味，每一位客人入座后简单和老板攀谈几句，特别问明了不吃的食材之后，其余的就全交给老板决定了。果然，端上来的菜色，虽是时令常见食材，味道却分外新鲜，常让人惊异这么普通的菜蔬鱼肉，口感竟可以如此美味。就这么一家小店，摆了几张小桌，每天招待几组客人，老板和食客总是相谈甚欢，口耳相传的结果，竟也座无虚席。

据说，店老板曾经亲自到日本拜师学艺很长一段时间，对于食材的处理和烹调，磨练出扎实的好手艺，尤其讲究食材的真味与日本小吃暖口更暖心的氛围。开店以后，更不时重回日本探访各式小吃的制作方式，力求让自己的料理技术迈向更高境界。

曾有人问他为何不扩大经营，借此大赚一笔？以他的手艺和质量，想成为人气名店并非难事。但是，店老板却认为，他只是在做他自己喜爱的事，他煮菜给人吃不是为了赚钱，而是为了让人和他一起分享美味。真要把店面扩大，就必须增加人力与物力，最后做菜不再是享受和乐趣，而是变成了一种枷锁和折磨，那并不是他想要的生活。

如果你工作的目的只为了赚钱，那就别在工作里谈论兴趣，因为工作只是换取现金的途径，要谈论兴趣等工作闲暇时再说。但是，如果赚钱只为了谋生，那么什么样的工作做不到？

店老板的生活哲学，就是快乐人生的原则。他将心灵的收获纳入了财富的范畴，即使他不是全国首富，没有亿万身家，但他无疑是个富足的人。

生命最大的满足是心灵的富足，人的任何追求都应该以追求心灵的富足为最终目标。

心灵渴望思想就像沙漠渴望水一样，是一种生命的追求。当我们在单位上班时，我们可以采取两种工作态度，一种态度是把工作当作生存的工具，只要每天熬过八小时，最后拿到工资就行；另一种态度是把工作当作快乐的源泉，从工作中学习新的东西，迎接挑战为自己设计新的工作目标，完成目标得到心灵的满足。如果我们以第一种态度去工作，我们必然对工作越来越厌烦，最后成就感一无所有，唯一留给自己的是失落和痛苦。

思考：每当我们做一件事情，我们都要先问问自己，我们最终能得到心灵的富足吗？

第二节 精神需求的内涵

一、精神需求的内涵

精神需求，是一个极为复杂的问题。一般而言，精神需求是一个心理学范畴，它是指个体参与社会精神文化生活的需求，是人类特有的需求。人的精神需求就是人们对智力、道德、交往、审美等方面发展的反映，是一种对观念对象的需求。精神需求有三个层次的表达。

第一，审美层次，这是人通过对世界的审美把握来表现的。在生活中，既有艺术的存在，又有对艺术的欣赏，正是在这些活动中，人们既得到了精神的享受又陶冶了情操，还提升了自己的精神境界和文化品位。

第二，道德层次，这是需要通过人的行动去实践和证明的。道德感是一个人的精神生活的重要组成部分，道德层次其实就是信仰层次的延伸和贯彻，它的合法性最终来源于至善尺度的确立。

第三，信仰层次，这是人类的安身立命的归宿，是人类的心灵家园，是人的终极关怀。这个层次的精神需要是通过对至善至美的追求来实现的。作为人的精神生活的最高层次和基本内容，它为人们提供了人生的内在理想和理想境界。不同层次的精神生活有着不同的特点。当精神仅仅是用来满足个人的纯粹的娱乐功效时，人的精神生活就表现出了愉悦性。但是，如果人的精神生活只限于娱乐，没有更高层次的提升的时候，这样的精神生活就只能是一种平庸的生活。只有更高层次的精神的指引，才能使人们精神生活的质量不断跃上更高的台阶，充分实现人的自我价值。

从哲学上讲，它是一个反映主体不断追求的价值理性范畴。可以从以下几个方面理解（王玉霞，2008）。

(1) 精神需求反映出了人的一种情感依恋的心理需求：现代心理学告诉我们，情感是一种喜怒哀乐的心理活动，这种活动以过去的心理体验为基础。人们在劳动实践中获得成功，就会因直观到自身的主体价值而获得愉快的心理体验。因此，快乐不仅是人“在自己的存在中也在自己的知识中确证并表现自身。”（周辅成，1987）而且也是一种强烈的情感体验。由于人具有“趋利避害”的本能性常规心态，从而人们心理就会不自觉地倾向于重复那些愉悦的心理体验，以便达到自身精神上的愉悦和满足。同时值得注意的是，那些对于人生和社会具有重大作用和意义的精神条件，往往会成为人们情感依恋的中心，这些精神条件的满足与否，也将会引起人们情感上的波动。例如，人们经常会为自己的成功而热泪盈眶，为自己的失败而痛心疾首，这些都是情感依恋的具体体现。

（2）精神需求反映了人们对社会精神文化产品的渴求：人们对社会精神文化产品的渴求，直接表现出了人类自身精神匮乏与满足的矛盾，二者相互依存、相互作用。一般而言，如果没有精神匮乏的对比，人类的满足也就不可能给人类自身带来极大的愉悦，这就有如古希腊哲学家赫拉克利特所说：“疾病使健康成为愉快，坏使好成为愉快，饿使饱成为愉快，疲劳使休息成为愉快。”正是精神匮乏的程度，决定着人类自身满足的质量。人们某种精神需求越是重要，其匮乏程度就越是持久，那么获得这种满足就会越是充分、持久，得到的满足感也就越强。例如，一些文艺团体在农村演出所呈现出的空前盛况，就是因为这些地区精神生活长期匮乏的表现。在今年四川“抗震救灾”的活动中，那些感受到温家宝总理和全国各族人民温暖的受困群众，大都激动得泪流满面，从这些热泪中，所体现的就是这种“温暖”的深度匮乏，当然也体现了广大人民群众的殷切希望和信心。进而可以说，精神文化的主要功能便在于它能发展人、充实人，并使人的人格得到升华。

（3）精神需求是人维系自身精神利益的一种反映：人的精神存在决定了人的精神需求，而人的精神需求进而又决定了人们对精神利益的向往和追求。每个人几乎与生俱来都在享有基本的生存权利的同时，要享有精神的自由，要有起码的尊严、人格和荣誉，进而要思考和追求人生的意义和目的，探究社会的奥秘和规律，回顾民族、国家、阶级乃至整个人类的历史，一步步地形成了对这一切价值的需要和追求，由此逐渐产生和形成了他的精神利益。这种以精神需要对象为实际内容的利益类别就是精神利益，它包括人对自身人格、尊严、荣誉、自由等等的追求。“仓濂实而知礼节，衣食足而知荣辱”就很好地说明了这一点。

（4）精神需求反映人们对自我主体价值实现的渴求：从精神需求的内容来看，人类精神需求首先包含有求真，向善和爱美的三种模式。我们知道人类社会这个有机体当中包含有人与自然，人与社会以及人与人自身之间三种基本关系。从人与自然的关系来看，人类具有认识世界，改造世界的能力，因此，人类在不断人化自然的同时，又在保护自在自然，寻求人与自然的和谐发展。人类这种对自身生存发展前景的正确认识恰恰体现了“求真”的特性；从人与社会的关系来看，只有构建良好的社会人际关系，个人在社会这个大环境中才能获得最大利益和幸福，这又体现了向善的特性；从人与人自身的关系中，即人作为自我意识的主体，必然要追求自我发展、自我完善和自我价值，并在此基础上获得精神上的愉悦和满足，这也体现了美的境界。人们在处理与自然、社会、自身的关系中不断寻求和谐氛围，并以此来促进人自身主体的全面和谐发展，实现人之为“人”的主体价值。

视窗 10-3

精神需求的内涵

1. 精神需求反映出了人的一种情感依恋的心理需求，那些对于人生和社会具有重大作用和意义的精神条件，往往会成为人们情感依恋的中心。

2. 精神需求反映了人们对社会精神文化产品的渴求。精神文化的主要功能便在于它能发展人、充实人，并使人的人格得到升华。

3. 精神需求是人维系自身精神利益的一种反映。人的精神存在决定了人的精神需求，而人的精神需求进而又决定了人们对精神利益的向往和追求。

4. 精神需求反映人们对自我主体价值实现的渴求。人类精神需求首先包含有求真，向善和爱美的三种模式。

二、精神需要的内容

现阶段，随着中国经济社会的快速发展和人们物质生活水平的提高，精神文化需要在人的需要中所占的分量越来越大，在社会发展中所占的地位也越来越重要，逐渐成为衡量中国社会文明程度的基本尺度。国内学者探讨现阶段我国人的精神文化需要问题，将现阶段人的精神文化需要的内容概括为以下九个方面（刘锋，2010）。

1. 求知需要　所谓求知需要，是指主体的人在实践的基础上对客观物质世界进行理性认知和把握的内在需要。从心理学角度看，主体的人对客观世界保持一种好奇心，这种积极的心理认知倾向和情绪反应，就是人的求知需要；从实践论角度看，人的求知需要是人的实践活动的观念性内化和逻辑性同化的必然过程；从认识论角度看，人的求知需要是人在实践的基础上对客体进行能动的反映的必然体现；从社会学角度看，人的求知需要是人对社会性的科学知识、理论体系形成的知觉、印象，以及据此进行判断、推理的社会认知过程；从精神文化的角度看，人的求知需要是人在社会活动中习得精神要素、把握观念形式、享用精神成果的内在精神动力。

人的求知需要内容包括自然科学和人文社会科学的知识和理论体系。一方面，人之所以对自然科学产生求知需要，主要在于人想通过了解大自然中各类物质的现象、类型、状态、属性及运动形式产生的原因，以便在总结物质运动规律的基础上预测和把握这些物质的运动趋势，为人的实践活动服务；另一方面，人之所以对人文社会科学产生求知需要，主要在于人想了解人类社会中各种精神文化现象发生的原因及其本质，以便在人类社会实践活动的普遍性和特殊性相统一的过程中发掘出人活着的本质意义。正因为人具有求知需要，人类才能在知识的传承、学习方法的掌握、理论体系的构建和精神成果的创新上促进文明的延续、对话和融合，并体现主体创造的作用。在此意义上可以说，没有人的求知需求，就没有文明的传承。

2. 归属需要　在现实生活中，人总是寻找情感、爱、心灵、位置的归属，这就是人的归属需要。在马斯洛看来，人的归属需要是在人满足了生理需要和安全需要之后的一种高级需要。笔者以为，人的归属需要并不是顺次出现在人的生理需要、安全需要之后的一种需要，而是一种穿插在其间的精神文化需要。从情感归属的角度看人的归属需要包括亲情归属需要、友情归属需要和爱情归属需要；从性别属的角度看，人的归属需要包括男性归属需要和女性归属需要；从职业归属的角度看，人的归属需要包括岗位归属需要、身份归属需要、角色归属需要、行业归属需要和组织归属需要；从空间归属需要的角度看，人的归属需要包括乡土归属需要、地域归属需要、国家归属需要和洲际归属需要；从价值归属的角度看，人的归属需要包括个人价值归属需要、群体价值归属需要和社会价值归属需要。

人在交际的时候也会为了归属需要的实现而行动，但交际需要主要是获得外在的情感支持和帮助，而内生的情感需要的实现则是归属感的体现。交际需要是由外而内地激发个人的情感，而归属需要则是由内而外地找到精神的皈依，二者有立足点和实现过程的不同。一个人一旦找到了归属感，就不会觉得孤独、寂寞、无助，就会找到心灵的港湾，他或她就会在社会认同上找到属于自己的位置。在现实生活中，人们会发现人的归属需要会极大地影响其情感、思想和行动。

3. 交际需要　人与人之间除了在物质上发生联系，还在精神文化上发生联系，即产生交际需要。人是社会性的群居动物，不可能脱离人与人组成的社会而存在。而社会是人与人之间相互交往关系的集合体。马克思说："社会——不管其形式如何——是什么呢？是人们交互活动的产物。"从客观上讲，人的社会性决定了人需要与他人建立社会关系，即客观上产生交际需要；从主观上讲，人的主体能动性决定了人需要在与他人的交往中显示自己的个性和能动性；从本质上讲，"人的本质不是单个人所固有的抽象物，在其现实性上，它是一切社会关系的总和"。人的交际需要形式、手段、方式、形态和内容都是多种多样。从交际形式上看，人的交际需要包括直接的交际需要和间接的交际需要，即面对面的语言、表情、动作交际需要和以书面语言、媒体、网络、通讯等现代信息传播手段为中介的交需要；从交际手段上看，人的交际需要包括以语言为手段的交际需要和以非语言手段为中介的交际需要；从交际方式上看，人的交际需要包括传统方式的交际需要和现代方式的交际需要；从交际形态上看，人的交际需要包括现实社会的交际需要和网络虚拟社区的交际需要；从交际的内容上看，人的交际需要包括浅层的情感交际需要和深层的思想交际需要。人在精神文化生活中，不可避免地要产生交际需要，这是因为主体的人需要从交往的对象身上获得情感、思想、经验、知识、鼓励、建议、帮助、理解、同情、支持等方面的精神文化需要，以实现自身的社会价值和精神价值。

4. 道德需要　人与人、人与社会、人与自然之间要遵循一系列的行为规范，其总和就是道德。"道德是一种依靠社会舆论、人们的信念、习惯、传统和教育来起作用的精神力量。道德比较直接地反映人们在社会生活中的相互关系，并使这些关系更全面、更细致地体现在人们的行为之中。"（陈先达，2004）道德不仅是一种社会规范，也是人的内在需要。道德需要就是主体的人对社会行为规范的总和产生较强的依赖和平衡身心发展的内在需要。

从主体的人的所属范围划分，道德需要包括个体道德需要、家庭道德需要、职业道德需要和社会公德需要；从时间角度划分，道德需要包括传统道德需要和现代道德需要；从区域角度划分，道德需要包括国内道德需要和国外道德需要；从理性秩序的角度划分，道德需要包括构建个体理性秩序的道德需要和构建公共理性秩序的道德需要；从功利主义角度划分，道德需要包括利他主义道德需要和利己主义道德需要。

道德需要是人的本质的把握和确证，是人的自我发展和自我完善的精神动力，是人的本性、心理属性和社会属性的统一体。道德需要已经成为人类生存、发展，促进文明进步的必要条件。"当道德成为人类生活的必要条件时，道德或道德的方式也就内在地成为了人类生活和生存的一部分，而不是外在于人类生活的某种设置、背景或工具。因此，道德地存在或有道德地生活本身就是文明人类的生存方式和生活方式。”（万俊人，2003）

5. 娱乐需要　随着社会的转型和生活节奏的加快，越来越多的人希望从紧张的压力状态中摆脱来，获得闲暇、轻松和愉悦，这种发自内心的需要就是娱乐需要，它是消解紧张状态、消除精神疲劳、平衡生活节奏、获得心理愉悦、享受社会生活的一种必然手段。

现阶段，人们社会生活中的娱乐需要复杂多样，不胜枚举。从娱乐主体上看，娱乐需要包括精英人士的娱乐需要和普通大众的娱乐需要；从娱乐的参与度上看，娱乐需要包括主动参与的娱乐需要和被动参与的娱乐需要；从娱乐层次上看，娱乐需要包括高雅的娱乐需要、通俗的娱乐需要和低俗的娱乐需要；从娱乐性质上看，娱乐需要包括健康的娱乐的需要和颓废的娱乐需要；从娱乐功能上看，娱乐需要包括愉悦型娱乐需要、导向型娱乐需要、宣泄型娱乐需要、凝聚型娱乐需要和整合型娱乐需要；从娱乐方式上看，娱乐需要包括感官型娱乐需要、游戏型娱乐需要、比赛型娱乐需要和智力型娱乐需要。

在精神文化生活中，人的娱乐需要占有特别重要的地位。从人的娱乐需要的满足过程中，我们可以从中探明精神文化生活发展的一般进程，了解特定时期大众生活的基本方式，透视出整个社会在深层精神文化方面存在的问题和矛盾，审视娱乐活动中精神文化产品的生产、传播、创造和流行的整个过程，批判娱乐活动中的低俗、媚俗、消极、颓废现象和价值倾向，从中理出建构整个社会生活的价值支撑、平衡文化生态的基本途径。

6. 审美需要　爱美之心，人皆有之。在精神文化生活中，审美需要是人的基本需要。所谓审美需要，是指主体的人运用感官从感性和理性上对客观物质世界进行鉴赏、选择、认同、领悟、把握、加工、组合、改造、创造，以达到丰富内心情感、愉悦精神世界、体验生命和谐、把握人生方向的内在需要。从审美主体上看，审美需要包括精英人士的审美需要和普通大众的审美需要；从审美对象上看，审美需要包括视觉审美需要、听觉审美需要、味觉审美需要、嗅觉审美需要、触觉审美需要和感觉审美需要；从审美意识上看，审美需要包括显意识的审美需要和潜意识的审美需要；从审美活动上看，审美需要包括静态的审美需要和动态的审美需要；从审美性质上看，审美需要包括低俗的审美需要、通俗的审美需要和高雅的审美需要；从审美历史上看，审美需要包括传统的审美需要和现代的审美需要。

人之所以具有审美需要，是因为审美可以促使人的感性和理性的协调发展。德国古典美学家席勒说：“从感觉的被动到思维和意愿的主动状态的转移，只能通过审美自由的中间状态来完成。……要使感性的人成为理性的统一，除了首先使他为审美的人以外，别无其他途径。”（席勒，1985）此外，审美需要是完善人格、塑造人格的必由之路。“审美就是人对自身局限性的超越，解放人的精神生命，以完满的生命状态实现人的自由，使人的人格从分裂状态回归应有的本然。”（冉祥华，2008）因此，人的感性和理性的协调发展，完美人格的塑造，都有赖于人在审美活动中把形象体验、心理体味、性情陶冶和精神升华有机地统一起来。

7. 发展需要　从哲学上讲，人的发展需要就是主体的人通过社会实践活动把内在需要对象化和外化，以确立人的主体地位，完善自由个性，塑造独立人格，彰显人的意义创造价值。马克思主义认为，人的自由全面发展是人类社会发展的终极方向。人的自由发展需要是人的个性发展的必然趋势，也是人的内在精神文化差异性得到体现的必然过程。“人的全面发展是人的需要的全面发展，也就是说，人的发展在需要上就体现为人的需要的多样性、全面性。”（赵长太，2005）历史经验告诉我们，人的发展需要内涵丰富、形式多样。从发展的阶段上讲，发展需要包括幼年时期的发展需要、青少年时期的发展需要、壮年时期和老年时期的发展需要；从发展的内容上讲，发展需要包括个性发展需要、社会性发展需要和价值性发展需要；从发展的目标上讲，发展需要包括初级目标的发展需要、中级目标的发展需要和终极目标的发展需要；从发展的两面性上讲，发展需要包括真实的发展需要和虚假的发展需要；从发展的可实现程度上讲，发展需要包括现实的发展需要和理想的发展需要；从发展的自由度上讲，发展需要包括依附性的发展需要和独立性的发展需要；从发展的丰富度上讲，发展需要包括单一的发展需要和多样化的发展需要；从发展的呈现度上讲，发展需要包括显性的发展需要和潜在的发展需要。

人的发展需要是人的自然性和社会性相统一的体现，是人的历史性和逻辑性相统一的体现，是人的观念性和实践性相统一的体现，是人的全面性和自由性相统一的体现，也是人的有限性和无限性相统一的体现。人的发展需要的实现过程就是人类社会历史的发展过程。

8. 理想需要 所谓理想需要，是指主体的人对未来的一种预期和追求，这是立足于现实而又超现实的奋斗前景。理想需要具有客观可能性、社会制约性、阶层分化性等特点。从主体人的社会角色方面划分，理想需要包括个人理想需要、家庭理想需要、职业理想需要、社会理想需要；从历时角度划分，理想需要包括近期理想需要、阶段性理想需要和最终理想需要，如个人近期能力培养理想需要、中国特色社会主义共同理想需要和共产主义理想需要；从理想的性质角度划分，理想需要包括科学的理想需要和非科学的理想需要，如共产主义理想需要和极端个人主义理想需要。

理想是主体人的内在推动力，它促使人完成时间和空间上的超越，成为哲学意义上的“大写的人”。主体的人因为有理想需要，才使自身的认知、生活、奋斗具有了历史性意义、人格意义和人生意义。从历史的维度上讲，人有了理想需要，就可以保持一种奋斗目标的时代性、连续性和继承性，可以把不同历史阶段的人的理想传承下去，从而使人类文明的进程不至于断裂；从人格的维度上讲，人有了理想需要，就可以使自身的基本权利和义务得到统一，从而在追求理想的过程中把自身的尊严、名誉、性格、意识、观念、价值等元素整合为具有张力的生命系统；从人生的维度上讲，人有了理想需要，就可以使自身与动物界严格区分，可以使自身在立足于现实的前提下实现自身的超越和生命的精神。

9. 信念需要 信念是专指主体人的一种稳定的精神状态，是“坚信某种观点的正确性，并支配自己行动的个性倾向”。“信念往往是具体的，可以表现为人对一时一事的现象持有某种观念和态度，也可以表现为对宇宙人生的一定总体性、普遍性的观念和态度。当它成为人的一定总体性、普遍性的观念和态度时，信念就成为信仰。信仰是最高层次的信念，是信念的一种特殊的、强化的形式。”（姚从军，2007）在此基础上，我们可以得知，所谓信念需要就是主体人在特定历史条件下对某种观点、观念的认知保持一种稳定性，并用以支配个人行动的内在需要。从性质上划分，信念需要包括科学的信念需要和非科学的信念需要，如马克思主义信念需要和宗教信念需要；从阶段上划分，信念需要包括未成熟的信念需要和成熟的信念需要；从过程论上说，信念需要包括世界观需要、人生观需要和价值观需要三者的统一过程；从指导意义上说，信念需要为主体的人行动提供明确而稳定的支配性和决定性指导，并使其在社会历史活动中保持个性、主动性和积极性。在现实生活中，马克思主义信念需要是建立在客观现实基础上反映工人阶级革命精神和追求人的自由全面发展的内在需要，是科学的、健康的、积极的、实践的信念需要，是指导现阶段人的精神文化需要的根本观点和终极追求。

三、精神需求的特性

了解了精神需求基本内涵之后，我们可以明白，人的精神需求与物质需求不同。当然，作为人的与物质需求不同的精神需求有其自身的特性。

1. 精神需求的间接性 精神需求的间接性是相对于物质需求而言的。因为，一般来说，物质需求多是指向有形的、实物性的满足，以直接占有实物为目标，比如，人类对食物的食用。而精神需求则更倾向于无形的、精神层面的渴求和满足，并不以实物的直接占有为目标。比如审美则是通过视觉的欣赏以达到感受的愉悦来实现的。精神需求从其具体内容、满足方式和程度来看，虽受制于客观对象世界，但更主要的是这些客观对象世界对精神需求要加以引导。

2. 精神需求的多样性 精神需求是多样化的。我们可以从两个角度来看，一是就同一需求主体而言，他们同时有着多种不同的精神需求。例如一个人在社会生活中，不仅有崇高理想和信念的需求，也有日常的消遣和娱乐的需求；不仅有增长知识的需求，也有健康心理的需求；不仅有自我发展的需求，也有获得社会认可的需求等等。二是就同一个需求客体而言，不同主体从中所获得的精神上的享受和愉悦不同。比如，同一件艺术品，艺术家从美学角度出发，发现其审美价值，赋予人以美感；科学家从逻辑学角度出发，发现其概念原理的真理性价值，启迪人以求真。

3. 精神需求的差异性 在历史的向度上，人的精神需求总是由不同时代具体的社会环境唤起的，随着历史的发展和相应的社会生产方式的变化，精神需求的具体内容及满足方式又因为打上了时代印迹而具有历史的承继性特点。与此相对，在空间向度上，不同地区、民族由于生产方式、生活习惯、精神气质的不同导致了精神需求内容及实现形式的异质性和多样性。最后，由于主体属性的差异，不仅每个人的精神需求在提出方式与满足手段上具有鲜明的个性特征，而且，每一社群的具体精神需求同样也各有不同。事实上，精神需求的差异非但没有影响人们对于丰富精神生活的渴求，相反，正是这种差异才使得人类精神生活图景变得更加丰富。

4. 精神需求的无限制性 同物质之需求相比，精神需求具有无限制性的特征。因为物质需求受到物质条件的限制，物质条件对于人们的需求又有一种恒定的有效性，从而不能无穷无尽或者永远使用。但是，相对而言，精神需求则具有无限制性。这种需求的无限发展是由“思维的至上性”所决定的。因为，从思维广度上看，任何人都不能限制人们想什么、不想什么，从而无法限制人的任何精神需求；从思维过程上看，精神需求总是一个不断反复、永无止境的发展过程。比如知识的获得在一定程度上满足了人的求知欲望，但在此基础上人们又产生了对新知识的追求。同时，精神需求还可以跨越时空，如中华经典书籍、世界名著、戏剧国粹，等等，具有永恒地满足人们的精神需求的传统。

5. 精神需求的超现实性 正是由于精神需求的无限制的特性决定了精神需求具有超现实性。从思维内容来讲，思维的任意驰骋，往往将现实的东西加工成非现实的东西，根据已存在的来渴求未存在的；从需求的张力来看，精神需求可以不受时间、空间限制，超越任何界限。比如人们对星球大战知识的渴求等。由于精神需求具有超现实性，因此需要对精神需求加以引导。

视窗 10-4

精神文化需求要点

（1）求知需要是人在社会活动中习得精神要素、把握观念形式、享用精神成果的内在精神动力。

（2）归属需要是在人满足了生理需要和安全需要之后的一种高级需要。

（3）个体在交际中，从交往的对象身上获得情感、思想、经验、知识、鼓励、建议、帮助、理解、同情、支持等方面的精神文化需要，以实现自身的社会价值和精神价值。

（4）道德需要就是主体的人对社会行为规范的总和产生较强的依赖和平衡身心发展的内在需要。

（5）娱乐需要是消解紧张状态、消除精神疲劳、平衡生活节奏、获得心理愉悦、享受社会生活的一种必然手段。

（6）审美需要是个体运用感官从感性和理性上对客观物质世界进行鉴赏、选择、认同、领悟、把握、加工、组合、改造、创造，以达到丰富内心情感、愉悦精神世界、体验生命和谐、把握人生方向的内在需要。

（7）发展需要就是通过社会实践活动把内在需要对象化和外化，以确立人的主体地位，完善自由个性，塑造独立人格，彰显人的意义创造价值。

（8）人有了理想需要，就可以使自身与动物界严格区分，可以使自身在立足于现实的前提下实现自身的超越和生命的精神。

（9）信仰需要指导现阶段人的精神文化需要的根本观点和终极追求。

四、精神需求的作用

1. 精神需求能够不断维持人自身的生存 人们对精神需要愈来愈强烈地追求，正是人们维持自身生存的真实表现。人类要生存和发展，首先必须进行物质生产活动，以解决自身的衣、食、住、行等经济生活问题，满足自己的生理需要。这是马克思主义早已阐明了的常识。然而，人类除了物质需求之外，还有心理的或精神的需求。人，不是一般动物式的生命存在物，而是有思想、有激情、有精神、有抱负、有信念的理性存在物，追求丰富多彩、文明高雅的精神生活是其本质所在。因此，在一定条件下满足心理的或精神的需要往往要比物质的需要更为迫切。马克思指出，“如果从整体上来考察资产阶级社会，那么社会本身，即处于社会关系中的人本身，总是表现为社会生产过程的最终结果。具有固定形式的一切东西，例如产品等，在这个运动中只是作为要素，作为转瞬即逝的要素出现。直接的生产过程本身在这里只是作为要素出现。生产过程的条件和物化本身也同样是它的要素，而作为它的主体出现的只是个人，不过是处于相互关系中的个人，他们既再生产这种相互关系，又新生产这种相互关系。这是他们本身不停顿的运动过程，他们在这个过程中更新他们所创造的财富世界，同样地也更新他们自身。”这就告诉我们，人是社会物质生产的目的，人们从事生产劳动，不仅仅是为了追求物质上的满足，同时也是求得精神上的完善。

人的活动是受精神支配的。人除了基本的生存需求之外，还有比之更高层次的精神需求。同样活着，人要活得有价值、有意义。同样有一死，人要生得光荣、死得“重于泰山”。董仲舒说：“天之生人也，使之生义与利。利以养其体，义以养其心；心不得义不能乐，体不得利不能安。义者，心之养也；利者，体之养也。”可见，义可以养心，利可以养身。义与利具有不同的功能，用现在的话讲，义是人的精神需求，利就是人的物质需求。养心（精神追求）的义要比养身（物质追求）的利更为重要：“义之养生人，大于利而厚于财也。”持这种精神追求的人，具有崇高伟大的一面，特别是遇到困难之时，他们敢于“养浩然之气”，“富贵不能淫，贫贱不能移，威武不能屈”，这正是人们的精神需求在一定条件下胜于物质需求的真实写照。随着人类物质生产的发展和经济生活的提高，社会生活人文化的趋势日益明显，人们的精神需求愈来愈强烈。人们要求得到社会和他人的尊重，要求在精神上不断得到充实，要求在心理上得到慰藉和满足，要求不断实现自身的价值，即使是“纯粹”的物质生产和物质生活过程，也渗透着“精神内涵”。诚如人们在生产物质产品时，不仅是生产使用价值，而且也是在创造“美”；购买物质产品时，不仅要重视其功能，而且越来越多地注重商品本身蕴含的“文化”价值；消费物质产品时，则是对美的一种享受、一种感悟。由此可见，正是人们对精神需求孜孜不倦地追求，才使人不断发展，使社会生活真正成为“人的生活”。

2. 精神需求能够促进社会紧密联系　精神需求是需要得到满足的，而人们精神需求这种满足在社会交往联系得以实现上是相互的。比如，观众从舞台表演者的精心表演中获得精神需求的满足，而同时表演者也从观众的鼓掌声中获得了对自身价值的认可。实际上，人们的精神需求正是在将他人作为对象的时候，才有了自己的所谓“精神需求”本身。显然，没有满足的客体，也就无所谓满足的主体，“一个人的需要可以用另一个人的产品来满足”。人们之间的关系就这样建立起来。随着市场经济的不断深入进行，人们的精神需求也越来越复杂化，原有的简单的社会联系已不足以满足现在的人们精神需求。比如，舞台的表演者也不仅仅要重视表演本身，还要加强对仪表、观众的欣赏水平、舞台的环境等各方面的关注，这样观众就同化妆师、服装设计师、舞台设计者等建立起广泛的社会联系。正是这种需求的日益提升，才使得我们社会的相互联系越来越紧密，才推动了社会的不断发展。

3. 精神需求能够推动社会的发展　首先，精神需求是人类社会活动的内在动机。中国古代思想家墨子说：食必常饱，然后求美；衣必常暖，然后求丽；居必常安，然后求乐。这里的“饱”“暖”“安”，是物质需求，而在此基础上形成的“美”“丽”“乐”，则是精神需求。这就告诉我们，只有在物质需求得到满足情况下，才能进一步追求更高层次的精神需求，也就是说，人们的一些行为活动是有精神动因的，否则，社会上的许多现象都将变得难以解释。例如，为什么“榜样的力量是无穷的”呢?不就是一种“荣誉感”的力量激励着人们向榜样靠拢吗?为什么“重赏之下必有勇夫”呢?不就是一种获得重赏的“心理”驱使着人们去拼搏吗?为什么“不自由，毋宁死”呢?不就是一种人的“尊严”在起作用吗?这一切说明了，对于精神需求，不仅是支配人们行动的一种巨大的力量，而且也是促进社会进步的一种动力。

其次，人们的精神需求间接地促进了社会经济的发展。这是因为，提高人们的思想道德素质和科学文化素质，不断满足人民群众日益增长的精神文化需求，首先就得必须不断扩大用以进行艺术、科学、教育等活动的手段和工具的生产投入。例如，为了不断提高加深了解世界各地的风土人情、名胜古迹的需求，只能通过经常性的旅游活动来满足。这种需求的满足又会引起经济生产投入的增长，而这种增长又作为扩大社会经济活动的推动力发挥着重要作用。

最后，精神需求影响和引导经济追求和政治追求。精神需求对经济追求和政治追求的实现具有一定的影响作用。经济追求在一般意义上而言，是会促使主体获得物质财富。而政治追求，则是主体对至高无上权利的追求。二者都是受到精神需求的影响和制约。当然，法律制度对于主体经济和政治追求也具有制约性，但是那是一种外在于主体的制约性。而精神需求的影响内在于主体、出于对合理而健康发展的经济追求和政治追求所实行的一种必要的限制。此其一。其二，精神需求具有引导作用。这就要求主体在发挥精神需求影响作用的同时，以长远的、全局的观念为重，求得无限的广泛发展，同时又要求主体必须具有高瞻远瞩、深谋远虑、权衡利弊的素质，把眼前和长远、局部和全局等方面结合起来，引导主体把经济追求与政治追求规范在一个合理的度的范围内，使其趋利避害。

视窗 10-5

精神需求的作用

（1）精神需求能够不断维持人自身的生存。正是人们对精神需求孜孜不倦地追求，才使人不断发展，使社会生活真正成为“人的生活”。

（2）人们精神需求的满足是通过社会交往得以实现的，这种需求的日益提升，使得我们社会的相互联系越来越紧密。

（3）精神需求是人类社会活动的内在动机，人们的精神需求间接地促进了社会经济的发展，影响和引导人们的经济追求和政治追求。

第三节 当代中国人精神生活的困境

在现代化的进程中，人们享受着越来越充足的物质生活的同时，精神生活也日益丰富，但是其中也出现了一些问题，例如：传统价值的失落，人们对于金钱的崇拜和追求达到了前所未有的程度，金钱几乎成为衡量价值的唯一尺度；商业化的大众文化的泛滥，内容肤浅，导致了人文精神的缺失等，我国现代化的进程虽然起步比较晚，但也出现了一些很严重的问题，主要表现在以下几个方面。

一、价值理想的混乱

当代中国正处在一种价值混乱的现状中，之所以出现这种情况，是在文化在走向多元化的进程中无法避免的。当代中国人价值理想的混乱主要体现在以下两个层面：价值选择迷茫和人生意义消极。

首先，价值选择迷茫。人们现实生活所从事的一切社会活动，都是依赖于人们现实的价值选择。然而，由于现在社会多元文化的并存，给社会生活的各个方面树立了多种价值标准，这样使社会失去了一个权威去规范人们的行为，所以人们的一些行为找不到唯一的解释标准，在一些问题就会产生分歧，人们无法解释自己的行为。表现出来的就是选择尺度的混乱，所以人只能跟着感觉走。

其次，人生意义的消极。在现代社会中，困惑人们的问题已经从以前的“人生的意义和价值何在”发展到现在的“人究竟应该怎样生活?”实际上也就是：人应该确立什么样的生活目标?在现代社会中，有着各式各样的生活目标：有人拼命地追求金钱，认为有了钱就可以拥有一切、享受一切；有人把吃喝玩乐当作是人生最大的享受，认为这样的享受高于一切；有人则没有任何有意义的目的和追求。

二、精神交往的庸俗化倾向

在 21 世纪的今天，由于社会生活的信息化交通工具的改善、自由时间的增长，使人类的精神交往的深度和广度都提升到一个新的水平上，人们在交往中也获得了更多的自由性和自主性。但是人们的精神交往中也存在着许多问题，表现出庸俗化的特点。

首先，从交往的目的来看，今天的人类生活在一个充斥着商品的社会中，商品的普遍交换产生和形成了普遍的交往和联系，因此人们必须按照经济方面的要求来塑造自己的交往特征，这就使得人们的交往中带有浓重的功利色彩，“有利可图”成为人们交往的主要动机和追求，志趣、感情交流和思想交换等等不再是精神交往的主要目的，人们很难再找到情投意合的真心的朋友。

其次，从交往的方式来看，随着社会生活节奏的加快，人们的交往变得密集的同时，也就会变得更加肤浅、趋于表面化的特点。同时，由于交往的功利性和实用性目的增强，使得人们在交往中戴上了一层虚伪的面具。人们不是以自由、平等的方式去进行精神交往的，而是以一种不自在的和非我的方式，为自己的成功进行着投资，显然这是一种异化的精神交往。

最后，从交往的结果来看，这种异化了的精神交往形式，缺少真情、友情和亲情，缺少人与人之间的最基本的沟通、理解和信任，缺少深度感和厚重感。因此，这种看上去很和谐的精神交往，实际上却无法实现人与人之间的情感交流，造成一种普遍的空虚、迷惘和无所依托的心情和深深的孤独感。

三、精神享乐的非理性化倾向

在市场经济的条件下，人们的精神享乐比较多地体现为消费上面，人们在消费中实现着精神享乐。大众文化在使人的精神享乐越来越丰富的同时，也使其表现出很多非理性的特点。

首先，人们在生活中比较明显地表现出重物质消费、轻精神消费的倾向。很多人宁愿在豪华饭店一掷千金，也不愿消费一部文学名著，一些人在消费中盲目地追求高消费、比阔气，却不懂得审美和追求一种高的品位。

其次，人们在精神消费中表现出很多庸俗化的倾向，也就是注重感官的刺激、忽视精神超越的倾向。人们对武侠小说、港台影视、卡拉 OK、摇滚乐等趋之若鹜，但很少有人有耐心去品读一些世界名著。各种文化垃圾充斥在市场中，通俗娱乐场所的生意兴隆，高雅的文化的备受冷落形成了鲜明的对比。就像有的人指出的那样：“大众文化的时代，由于消费至上的盛行，对终极价值的追求也消失了，借助于个人审美的乌托邦也被戏剧化，代之而起的是满足及时感官冲动，寻求现实的心理满足，愉悦日常生活的文化消费。文化失去了本能的升华，指向未来的超越意义被整合于现实的秩序之中，成为缺乏否定性力量的单向度的文化。”事实上，文化消费不仅仅包括物质的、休闲的消费，还更加应该包括学习和发展的消费。丢弃了重要的文化消费，培养的只能是低俗、平庸的精神享乐的意识，而不是追求理想与超越的文化创造主体。

四、文化创造精神的缺失

文化创造精神的缺失，是当前中国人精神生活中存在的比较严重的问题之一。虽然改革开放和市场经济改变了传统中国人的从众的心理定势和思维模式，使得人们的个体意识和创新意识逐渐增强，但是真正富于创造精神的文化创造主体却还没有形成，现时代的文化中还缺少一种真正的创造精神。

这主要体现在：一方面，大众文化本身就是缺乏创造性的。不可否认，大众文化在某一程度上繁荣了文化市场，满足了人们在各方面的文化需求。但它本身所具有的无深度、模式化、复制化、平面化、批量化生产等的特点，使得大众文化丧失了其个性化和创造性。具体地说来："它不是创作主体为体现个人意志，探索未知的领域、拓展精神向度而进行的创作，而是以利益驱动为前提，被市场控制的行为，它不是个体精神激发下的灵感张扬，而是以科技促进的，以大规模协作拼凑、反复制作出来的，它追求时尚，适应潮流，把深度平面化，以感官刺激为最高标准而不是追求对深度的发掘和对灵魂的探究，它还具有图像性，具有文学艺术品的外观，以缤纷的色彩、曲折的线条、感人的样态去刺激受众的感官，而抽去了真正的文学艺术品的精神内在，也可以说，它以貌似美的形式侵犯着真正的美感"。另一个方面，大众文化创造的缺失归根结底是文化创造文化精神的缺失。在商品大潮的冲击下，许多文化创造文体，包括文艺创作者和从事精英文化创作的一些知识分子，缺少强烈的敬业意识和创造意识，在各种利益的诱惑下，表现出急功近利的不良想法。甚至有些知识分子也走向了商品化的大众文化的制作的方面，导致了精英文化思想的贫瘠和精神的减缩。总之，整个社会的文化不是以创造性为目的，而是以"文化快餐"的形式呈现在大众的面前。我们的文化需要不断创新，也只有创新，才可以进步，失去了创造的精神，我们又如何去弘扬民族文化?

五、非健康文化心态的加剧

随着社会现代化的发展进程，精神是否健康的问题也成为困扰人类的一个大的问题，根据美国的一份研究报告指出，精神健康问题在"全球疾病负担"中占了 8.1%。精神疾病无论在发达国家还是在发展中国家都有增长的趋势，而且这个趋势越来越明显，其中青少年的问题占了很大的比例。在我国，心理疾病和精神疾病也日益增多。目前，这种非健康的心态主要有以下五个方面：

（1）精神的空虚。人们的生活缺少意义和对未来的不确定性，缺少真正的人生理想和发展目标。就好像有些人盲目去追求金钱，把赚钱当成活着的唯一的目的。而当有一天他发现自己"穷"的只剩下钱的时候，精神方面的空虚会远远超出金钱给他带来的所有快乐。

（2）心理的压力。随着社会的发展和科技的进步，劳动的效率的不断提高，竞争力的增强等这些都要求每个社会成员必须不断地学习、充实自己，不断提高自身的素质，以跟上时代的步伐，才一不至于被社会所淘汰。人们的心理压力越来越重，承受着被"抛弃"的恐惧和焦虑的心理。

（3）心理的浮躁。在商品经济大浪潮的冲击下，在利益的诱惑下，一部分人耐不住的寂寞。受不了冷清，放弃了原本的职业和原来的理想，投身于商品的经济的大潮中。还有更多的人即使不是勇敢的跟随，也是在偷偷观望、羡慕、揣测、抉择，整个社会都表现出了普遍的浮躁。

（4）情感的淡漠。以利益为目的的人和人之间的来往，让人与人之间失去了原本应该有的真情和热情，失去了沟通和理解的能力，人们在这种表面化的交往下情感变得淡漠，人与人之间的社会关系都是以物质为前提的，而且在面对别人的求助时，很多人选择了无动于衷。

（5）心理的困惑。处在变革时代和转型期的人们，还要承受着另外一种的特别的心态，这就是在新旧交替的时期，在找不到行为的标准和精神的支点的状态下产生迷茫，困惑和无助。

案例 10-3

信念与希望的力量

这是 2009 年发生在非洲的一个真实故事。

六名矿工在很深的井下采煤，突然，矿井坍塌，出口被堵住，矿工们顿时与世隔绝。大家你看看我，我看看你，一言不发。他们一眼就能看出自己所处的状态，凭借经验，他们意识到自己面临的最大问题是缺乏氧气，如果判断正确，井下的空气还能维持 3 个多小时，最多 3 个半小时。

外面的人一定知道他们被困了，但发生这么严重的坍塌就意味着必须重新打眼井才能找到他们。在空气用完之前他们能获救吗?这些有经验的矿工决定尽一切努力节省氧气。他们说好了要尽量减少体力消耗，关掉随身携带的照明灯，全部平躺在地上。在大家都默不作声，四周一片漆黑的情况下，很难估算时间，而且他们当中只有一个人有表。所有的人都向这个人提问题：过了多长时间了？还有多长时间？现在几点了？时间被拉长了。在他们看来，2 分钟的时间就像 1 个小时一样，每听到一次回答，他们就感到更加绝望。

他们当中的负责人发现，如果这样焦虑下去，他们的呼吸会更加急促，这样会要了他们的命的。所以他要求由戴表的人来掌握时间，每半小时通报一次，其他人一律不许再提问。

大家遵守了命令。当第一个半小时过去的时候，这个人就说：“过了半小时”大家都喃喃低语着，空气中弥漫着一片愁云惨雾。 戴表的人发现，随着时间慢慢过去，通知大家最后期限的临近也越来越艰难。于是他擅自决定不让大家死得那么痛苦，他再告诉大家第二个半小时到来的时候，其实已经过了 45 分钟。 谁也没有注意到有什么问题，因为大家都相信他。在第一次说谎成功之后，第三次通报时间就延长到了 1 个小时以后。他说：“又是半小时过去了。”另外 5 个人都在心里计算着自己还有多少时间。

走针继续走着，每过一小时大家都收到一次时间通报。外面的人加快了营救工作，他们知道被困矿工所处的位置，但是，很难在 4 小时之内救出他们。

4 个半小时到了，最可能发生的情况是找到 6 名矿工的尸体。但他们发现其中 5 个人还活着，只有一个人窒息而死，他就是那个戴表的人。

思考：是什么营救了绝望的矿工？是信念的力量。如果我们认为并且相信自己能够更进一步，那么成功的可能性就更大。

第四节　精神的追寻与治疗

一、精神的追寻

现代人的精神的生活呈现出表面的坚强，内心的脆弱，表面的丰满，内心的匮乏的状态，这是一种低质量的精神生活。马克思说过只有精神才是人的真正的本质。没有了精神生活，人的存在就变得毫无意义，成了单纯的物的存在。精神生活比物质生活更能标志着人的存在，人的本质是由人的精神生活建构的，对于人的存在来说，精神具有最本真的意义。在长期的实践和发展过程中，逐渐形成和孕育了人的精神生命和精神世界，即一个崇高的世界，而这个世界既体现了人的存在的个性化的本质，也为人的存在提供了更加高级的价值支撑，所以说，精神生活是人的存在的本质及其个性的内在表现。没有了物质生活，人类的生命就得不到延续，而没有了精神生活，人类就会失去它的本质的属性，同样也得不到生存和发展，人的精神生活使人拥有了其他生物所没有的精神世界，精神世界使人成为人，显示了人的尊严和高贵。精神生活追寻的途径有如下几种（何雪，2012）：

1. 物质生活与精神生活协调发展　黑格尔曾经指出“人生活在两个世界中：在一个世界中人具有他的现实性，这方面是要消逝的，这也就是他的自然性、他的舍己性、他的暂时性；在另一个世界中人具有他的绝对长住性，他认识到自己是绝对的本质。”黑格尔克服了费希特单纯从人与自然角度来揭示人的异化现象，从人与人之间的关系来揭示人思想的异化。他使得人开始从自然、社会、历史等三重维度来实现物质生活与精神生活的和谐，促进人的全面发展。同时在实践领域中人把自身当做普遍的因而也是自由的存在物，“在实践上，人的普遍性正表现为这样的普遍性，它把整个自然界——首先作为人的直接的生活资料，其次作为人的生命活动的对象（材料）和工具——变成人的无机的身体。”因此，自然界同自身相联系主要呈现为人的肉体生活和精神生活同自然界相联系。物质生活的全面发展是人的全面发展的基础，精神生活的全面发展是人的全面发展的标志，帕斯卡尔在其思想录中指出“我占有多少土地都不会有用；由于空间，宇宙便囊括了我并吞没了我，有如一个质点；由于思想，我却囊括了宇宙。”人们生活在一定的物质空间中，一方面，人的精神需求的满足是以物质需要的满足为前提，但过度的物质追求则会使人背离了精神生活的轨道。另一方面，精神文明为物质文明的发展提供强大精神动力和智力支持，良性的精神生活又会促进物质生产的发展。这种脱离了物质生活基础产生的精神生活又显得空洞，最终陷入唯心主义，难以实现人类思想的解放。人与动物的本能活动相比，“人不是在某一种规定性上再生产自己，而是生产出他的全面性；不是力求停留在某种已经变成的东西上，而是处在变易的绝对运动之中”。因此人应该从现实世界出发，给精神生命以目标和意义，实现物质生活和精神生活的协调发展。物质生活与精神生活同是人的生命所需，正是在二者合力的影响下实现人的全面发展。

2. 内在超越的崇高精神生活境界　精神生活来自于现实同时又高于现实，人的精神生活创造体现了人由有限的存在向无限的渴望的发展过程，精神是人所特有的生命存在方式，人的理想、信念、信仰等精神境界，是人所以成为人的必要条件，“人和动物不同的地方之一就在于他有理想，有事业心，在于他永不停息地追求新的价值、新的满足。这不是一种猥琐鄙俗的自私行为，而是一种不断自我超越的文化境界追求，并且境界愈高，愈能产生伟大的人格，愈能从鄙俗的环境中解脱出来，发展自我，完善自我，使自我超越人生悖论的痛苦而走向自由的彼岸。”精神生活使人从动物界中解放出来，并使人拥有动物所没有的道德品质、精神世界，从而彰显人的尊贵。但人的“尊贵”既不是单纯地从物质方面来衡量，不应该沉溺于片面的物质追求，也不是感性的满足，而是精神本体对物质生活的超越，使人能够有目的、有意识的支配自己的生命活动，在自由发展中创造一个公平、合理、和谐、法治的物质环境，并不断地从现实中提升、超越物质条件的束缚，创造崇高的精神生活境界。马克思认为“精神活动是最使人向往的一个活动领域，是人全面发展的一个重要领域，”实现人精神生活的自由是人全面发展的一个重要方面，脱离了精神生活的人只能是一个盲从生活的躯壳，无法实现自我的超越。

3. 个体性与社会性协调发展 精神生活的全面发展要求个体性与社会性的协调发展。首先，个人与社会相互依存、密不可分，社会的存在是由无数个鲜明的个体组成的，人的生存和发展需要社会提供各种条件，任何一个社会的存在和发展都是由人创造的，个人只有在社会中才能实现自我价值，1917 年，列宁在《无产阶级在我国革命中的人物》一书中指出马克思主义者应该从整体上注重广大群众及各个阶层，一切个人活动的总和构成社会的整体运动及其发展，注重社会的发展应该从提升人的个人能力促进人的发展为起点。注重个性的发展“个性是人的本质在具体个人身上的表现，是人的一般本质的个别形态，人的发展的个体表现就是人的个性发展。”人的个性化发展体现以人为本的理念，是人全面发展的基础，也是人类社会发展的必然，是否能发展人的个性、作出正确的人生选择是社会生存和发展的关键因素。因此要尊重人的个性发展，充分发挥人的主体作用，挖掘人的个体潜能，从而促进社会的发展充满生机活力。

其次，人类社会是一个社会关系的集合体，个人的活动既是一个自然生命的自然过程，又是社会实践的历史过程。人是社会化的高级动物，他是处于一定的社会关系之中的，无数个性作用组成的合力构成了人类社会的发展，“历史什么事情也没有做，它‘并不拥有任何无穷尽的丰富性’，它并‘没有在任何战斗中作战’！创造这一切、拥有这一切并为这一切而斗争，不是‘历史’，而是现实的、活生生的人。‘历史’并不是把人当作达到自己目的的工具来利用的某种特殊的人格。历史不过是追求着自己目的的人的活动而已。”马克思认为无数生动活泼的个体通过劳动把人与自然紧密地联系在一起，他们改造自然的同时也改造了人自身。人的劳动不仅体现自己的本质力量，还体现类的本质，人的劳动无论是内容还是存在方式都具有社会性，是社会性的活动。人民群众是历史的创造者，是社会存在和发展的最终决定力量。人的劳动不只是单纯的人与自然简单的物质交换，还体现了人与人之间的关系。“自然界的人的本身只有对社会的人来说才是存在着的；因为只有在社会中，自然界对人说来才是人与人之间联系的纽带，才是他为别人的存在和别人为他的存在，才是人的现实的生活要素；只有在社会中，自然界才是人自己的人的存在的基础。只有在社会中，人的自然的存在对他说来才是他的人的存在，而自然界对他来说才成为人。因此，社会是人同自然界完成了的本质的统一”。同时精神生活的个体性发展离不开精神生活的社会性，“人的本质不是单个人所固有的抽象物，在其现实性上，它是一切社会关系的总和。”马克思克服了费尔巴哈人本主义思想中历史观上的唯心主义，肯定了人的能动作用和历史作用，在社会物质生活领域，从一定的社会历史关系来研究人的本质及其发展规律，可见精神生活发展离不开一定的社会生产力，社会生产力的发展是一种既定的力量，这是全部历史活动的基础，生产力的发展制约着人的精神生活，并随着历史活动的深入，使人的个体队伍不断壮大，精神生活更加充实。人们不能自由选择某一种社会形式，但随着人民群众改造自然、改造社会的实践活动日益深入和扩展，人类形成了一定的社会关系，并形成复杂多样、多层次的社会关系，这决定了人类要建立人与社会的和谐关系，建立起健康、美好的整体秩序。只有处理好这些关系，才能使人和社会成为一个和谐整体，并在这种和谐现实的社会关系和现实的社会实践中才能拓展人的精神生活的发展空间，实现个体性与社会性的协调发展。

4. 个性化和全面丰富的精神生活样式 人的个性化和全面丰富的精神生活的样式是人全面发展的内在要求，是人的精神生活质量提升的重要标志，精神生活的样式主要是通过精神生命个体展示出来的，其样式的多样性根源于来源渠道。首先，精神生活的发展根源是物质财富的增加，并随着物质生产方式的变革而发生变化，人的物质生活越丰富，人的精神生活就应该越加远离古时的野蛮状态，摆脱现代的物化现象束缚，实现人的精神生活的多样性。恩格斯曾指出在社会主义条件下：“通过有计划地利用和进一步发展一切社会成员的现有的巨大生产力，在人人都必须劳动的条件下，人人也都将同等地、愈益丰富地得到生活资料、享受资料、发展和表现一切体力和智力所需的资料”。

人的物质生活和精神生活的产生和发展的基本要求是生产力发展水平的提高，精神生活的产生不是从原则出发而是从现实出发，它的发展依赖社会实践的不断完善，并在此过程中使得精神生活越加丰富，可见精神生活的发展并不是在某一规定下生产自己，而是追求丰富性、全面性的过程，因此他的发展变化是处于一个绝对运动之中的。其次，物质生活和精神生活的协调发展促进了精神生活的发展，当物质匮乏时，物质生活占据了人生活的大部分内容，精神生活从属于物质生活，这时精神生活的样式较单一，其发展缓慢。随着生产力的发展，人们对精神生活的追求就显得尤为重要了，但人的精神生活呈现出多样化的发展趋势，主要是通过个性化展示出来，“个别一定与一般联系而存在。一般只能在个别中存在，只能通过个别而存在。任何个别（不论怎样）都是一般。任何一般都是个别的（一部分，或一方面，或本质）。”个别的精神生活同一般的精神生活在一定条件下是可以相互转化的。 精神生活的发展既有共性也有追求异己的个性，人类精神生活的全面发展要注重人精神生活的差异性和多样性。在究其人的全面丰富的精神生活的实现根源时，马克思指出社会中一切剥削制度抑制了人的精神生活的发展，马克思在《1844 年经济学哲学手稿》中详细分析了异化现象，他指出“人的本质的全面实现和发展”的任务是通过消灭剥夺者废除剥削制度而实现的生产资料的社会化。实现精神生活与物质生活的协调发展，拓展精神生活的发展空间，是人类社会的追求的终极目标。

案例 10-4

心灵故事：痛苦的意义

他小时候极喜爱蝴蝶。噢，不是用网捕捉它们而制成标本，而是好奇地观赏它们的美丽与习性而已。

现在的他已成年，第一个儿子不久也将诞生，他发现自己再次为着一个蛹而着迷。他在公园小径旁发现它。不知如何，小树枝掉落在地上，上面的蛹未受损伤，仍然吸附在上面。

从前他看过母亲怎么处理，于是细心地用手帕把它包起来带回家。蛹被安置在一个阔口瓶内，瓶盖上有些洞，如此安排是为了方便观察，和避免好奇的猫用前爪去把玩这蛹。

男人持续地看着。妻子的兴趣只维持了一会儿，他却细心地观察那如丝的外表。不知不觉地，蛹动起来了。他再靠近一点看，蛹更颤动起来。然后没有事情发生。蛹依然附在树枝上，丝毫没有翅膀出现的迹象。

颤动终于愈来愈强烈，男人想蝴蝶可能会在挣扎中死去，他打开瓶盖，从抽屉拿出美工刀，小心翼翼地在蛹的旁边划出一道缝。几乎立刻地，一只翅膀从蛹里面伸出来，蝴蝶自由了！

它似乎很能享受这份自由，沿着瓶的边缘行走，但它不能飞。起先男人以为翅膀需要些时间变干，但过了许久，蝴蝶仍然不能飞。

男人担心，于是请在高中教科学的邻居过来。他告诉邻居他怎样找到蛹，怎样把他放在瓶内，以及蝴蝶怎样挣扎着出来等。当他说到如何小心地在蛹旁边划一道缝时，教师叫他不必说了。“噢，这就是原因所在。你看，挣扎本可使蝴蝶有飞行的力量。”

思考：我们也是如此——有时候生活中的挣扎，最能增强我们的信心。不经历风雨，怎能见彩虹？

二、精神需要的心理治疗方法——意义疗法

意义疗法是以存在主义哲学为思想基础，意义疗法创始人弗兰克尔认为：人是由生理、心理和精神三方面的需求满足的交互作用统合而成的整体，生理需求的满足使人存在，心理需求的满足使人快乐，精神需求的满足使人有价值感。对生命和生活意义的探索和追求是人类的基本精神需要，人所追求的既非弗洛伊德所说求乐意志，也非阿德勒所说的求权意志，而是追求意义的意志（即 will to meaning）。而一些人在患重病、绝症，或遭受生活挫折，年老孤独或环境剧变时常常会感到失去了生活目标，对生活的意义感到迷茫，出现“存在挫折（existential frustration）”或“存在空虚”（existential-vaccum）“的心理障碍。表现出对生活的厌倦，悲观失望或无所适从。弗兰克尔认为，人生的意义建立在精神层面的价值感的获得。意义治疗的核心就是要帮助来访者寻找失落的生活目标和三种价值，建立起明确和坚定乐观的人生态度。

维克多·弗兰克尔（Viktor E. Frankl，1905～1997）是奥地利著名的神经病学家和精神病学家。二战期间因其犹太人身份，遭纳粹逮捕，在奥斯维辛、达豪等集中营度过了三年艰难的岁月。他把生存主义哲学和精神分析学结合起来，创立了“意义治疗学派”。弗兰克尔通过自己在集中营里的经历，以及对大量临床患者的观察发现：人要活下去，必然要有某种意义的支撑，而人也有一种追求意义的意志。弗兰克尔觉得，决定人们行为的根本因素，应该就是这种追求意义的意志。健康完整的人包括 3 个方面的发展：生理、心理和精神。如果人的生理需要得不到满足，身体就会生病；如果心理需要得不到满足，人格就会出现障碍；而如果精神需要得不到满足，也就是说缺乏对生存意义的理解，人就会体验生存的挫折并得“生存的神经症”，严重者会导致自杀。通过对意义的寻求，人类可以

努力发现意义和目的，这对人的完善和幸福而言是根本的。

1. 生命意义的匮乏缺失：“存在的虚空” 弗兰克尔认为，“存在的虚空”是一个普遍的社会现象，是一种认识不到生命的意义的生活状态。“无意义”如同生活中的真空，无论再多、再好的事情也无法产生出意义感来。最典型的“存在的虚空”就是“烦”“郁闷”“无聊”。这样的人常计划去做很多很多的事情，但是往往他们什么都没有做。最终，他们会选择很消极的娱乐方式，借以打发时间。当我们不知道我们的未来时，我们充满了担忧，当一切都知道时，我们会感到无望，因为我们已经没有其他的可能性，人们以各式各样的伪装或面具掩饰自己内心的空虚。当人的生命意义得不到实现的时候或受到挫折的时候，他们往往会通过其他的途径加以替代，例如转化为弗洛伊德所说的快乐的原则，想吃就吃，想睡就睡，性欲放纵，过着所谓的享乐生活。或者转化为阿德勒所说的追求权力，谋求物质上的成功，或者整天浸没于没完没了的忙碌、服从，过着循规蹈矩的生活。然而，这却丝毫无法填充生命的意义。

弗兰克尔把那种普遍的“存在的虚空”用病理学的名词称之为“集体性神经症”，具体有以下四种类型：

（1）混世主义态度：生活没有计划性，过一天，算一天。

（2）宿命论态度：不管什么时候，他感觉到自身完全是外在环境或者自己的内在的先天因素所决定了的。自己所做的无非是一种上帝已经安排好了的事情。

（3）集体性思维：缺失了自我，一切随大流，按照大众希望的样子去塑造自己，用自己的行为和言语去表达大众的期待和看法。没有自我的独特性，抛弃了自我的责任与自由。

（4）狂热主义：集体性思维忽视了人自身的人格和独特性，而狂热主义则完全忽视了他人，尤其是那些和自己想的不同的人。他凭着自己的喜好和任性随意地发表自己的看法，甚至否定、攻击他人。

2. 生命的意义的追寻 意义问题是人的本质的问题，生命意义的挑战是人的存在状态的真实表达，它最大程度上标志着人的存在的本质。人类与动物的区别就在于主动寻求并实现生命的意义，而动物只会被动地安排生命的过程。弗兰克尔认为生命的意义具有两重性，既包括客观性也包括主观性。一方面，从客观性的角度来看，意义是发现的而不是被给予的，也不是发明的。就像一个发笑的人，并不是因为你让他笑，他就笑。而往往你因为你讲了一个笑话，他发觉可笑才笑的。意义有自身的现实性，它是我们意识所无法加以改变的。所以，我们不是给事物贴上意义的标签，或者赋予事物以意义，而是去探测意义，我们不是发明意义，而是发现意义。从另一方面而言，还有某种主观性存在于意义当中。每个人的生命都具有独特的意义，因为每个人都是与众不同的，他无法为他人所替代，他的生命亦不可重复，人所追求的意义也是迥然相异的。所以他提出了一个富有启发性的观点：“人不应该问他的意义是什么，相反，他应该认识到，被询问的应当是他自己。”因为，“询问生命的意义”只是模糊地触及生命，却不会具体地涉及每个人具体的存在。人不是质问者，而是被质问者，他要以个人的责任，通过对生命负责向生命作出回答。

在他看来，意义就包含在个人对自己的生命的独特体验之中。而这种体验并不纯粹内心，脱离外在世界的。换句话说，生命的意义不可能在封闭的内心世界寻觅，而是敞开心扉，在与外在世界的沟通和融合中实现。把这称之为“人的存在的自我超越”。所以说，任何人只有承担自己生活的义务才能够发现生命的潜在意义，也只要在生活中负起责任才能够发现自身存在的本质。

3. 意义疗法和技术　弗兰克尔在长期的临床治疗实践中，总结了一套行之有效的意义疗法和技术。其中包括：去反省、矛盾意向和态度改变。

（1）去反省："去反省疗法"是弗兰克尔 1955 年提出的一种治疗方法。它"使我们能够'忘记'自己指向一种治疗的注意中心，即使注意力从问题转向他人或自己思想的积极方面。"许多人都过于沉浸于反思自己的问题和自己的消极情感与体验。去反省的目的则在于系统地改变我们注意的焦点。弗兰克尔认为，在预期性焦虑中，患者常常因为对某些病症的担忧和恐惧，反而加剧病症的恶化。但是，这确实是一种无法抑制的自我观察的冲动，他称之为过分反省。特别是在神经症患者身上，这一点反映得比较明显。在治疗过程中，治疗专家的任务在于鼓励患者去想或做他们问题以外的事情。环境条件虽然不可改变，疾病、衰老等自然因素也不可抗拒，但是治疗专家可以帮助他们寻找集中注意力的事物。注意力的改变是导致生活中的核心意义变化的关键。患者会发现新的生活意义、确立新的生活目标。

（2）矛盾意向："矛盾意向法"是弗兰克尔 1939 年就提出的一种意义疗法，当患者为一顽固的想法纠缠，或者深受某一症状困扰的时候，他所作的不是和这种想法或症状作斗争，而是利用与之斗争相反的想法或行为，以达到消除症状的目的。用另外一句话讲就是："鼓励患者去做，希望发生正是他害怕的事情——尽管不是诚心要这样做"。例如，当一个饱受失眠之苦的人向弗兰克尔求教的时候，弗兰克尔只是要求对方，不要试图入睡，而是最相反的事情，尽可能保持清醒。结果，问题迎刃而解。矛盾意向已经成功地应运于许多领域，包括治疗强迫症和恐惧症，特别是以预期性焦虑为基础的病例。

（3）态度改变法："态度改变法"也是弗兰克尔经常使用的一种意义治疗法。患者往往对自己和生活抱有消极悲观的态度。对此，意义治疗法的任务，就是要改变这个人思考生活的方式，以积极乐观的生活态度代替消极悲观的生活态度。而最终是帮助患者达到生活意义的认识，确立新的生活目标，生活态度的改变必然导致生活意义的改变。或许我们不能左右天气，但我们可以改变心情；或许我们不能改变容貌，但我们可以展现笑容；或许我们不能控制他人，但我们可以控制自己；或许我们不能预知明天，但我们可以利用今天；或许我们不会样样顺利，但我们可以事事尽力。但你播下一种心态，你会收获一种思想；当你播下一种思想，你会你收获一种行为；但你播下一种行为，你会收获一种习惯；但你播下一种习惯，你会收获一种性格；但你播下一种性格，你会收获一种命运。因此，态度的改变在人生意义的追求过程中起着很重要的作用。

视窗 10-6

精神追寻的途径

（1）精神需求能够不断维持人自身的生存。人应该从现实世界出发，给精神生命以目标和意义，实现物质生活和精神生活的协调发展。二者合力的影响下才可实现人的全面发展。

（2）精神生活使人从动物界中解放出来，实现人精神生活的自由是人全面发展的一个重要方面。

（3）现实的社会关系和现实的社会实践中能拓展人的精神生活的发展空间，实现个体性与社会性的协调发展。

（4）人类精神生活的全面发展要注重人精神生活的差异性和多样性。人的个性化和全面丰富的精神生活的样式是人全面发展的内在要求。

案例 10-5

心灵故事：在脚上发现我的手——感动中国 2012 刘伟的故事

在常人眼里，脚是脚，手是手，二者并不能替代。但如果一个人失去了双手呢？这是否意味着曾经被他的双手抚摸过的世界，自此就要永远改变和扭曲，永远失去原本属于双手的整整一大片领域？

一个叫刘伟的北京少年在 10 岁时因触电意外失去双臂，他却没有因此失去整个世界，人生的风帆依然完整而饱满，在对命运的反戈一击中，他精彩地做出了回答。

刘伟最初的梦想是当一名足球运动员，失去双臂后，他万念俱灰。妈妈帮他找到了一位叫刘京生的画家，这位画家也没有双臂，但他现在依靠自己的双脚基本能够自己照顾好自己，能够用脚和嘴去创作绘画和书法作品。画家“不动声色”地在刘伟面前用双脚熟练地叠被子、写字，他想告诉刘伟的心里话也是写出来的：拿起笔可以写字，抬起脚可以做任何事情。

惊雷闪电，震撼强烈。刘伟决心以画家叔叔为榜样，不再像常人那样思考和受禁锢，在乐观者和奋斗者眼里，脚不仅仅是脚，也不仅仅能够走路，只要还有一双脚存在，他也可如同画家叔叔那样告诉人们：我们并没有失去自己的双手！

自此，刘伟一边积极地接受治疗，一边艰苦不懈地发掘、拓展和巩固双脚的作用，像使用双手那样使用双脚，让双脚像双手那样去拥抱美丽多彩的世界。一年下来，他已经能够用脚吃饭、穿袜子、刷牙、洗脸……一双无形的手将自己搀扶起来。照顾自己的日常生活，已经无忧，他还想着用双脚过好自己的精神生活，创造自己的人生奇迹。于是，他学会用脚写字、发手机短信、玩电脑游戏和拆装赛车模型……他甚至创造了一项世界吉尼斯纪录，一分钟内用脚在电脑上打了 9 遍 26 个字母，让人惊叹他的脚竟比常人的手还快，其实，我们已经不能用脚的正常概念来看待刘伟的双脚，那是无形之手和有形之脚的密切“联手”，是超常精神对顽强生命的神奇点化和由衷褒奖。

刘伟的双脚已经足够传奇了，但一个游泳教练想在传奇之上再造传奇，想帮助这个自强不息的勇敢少年用足用好自己的双脚。在教练的劝说下，刘伟答应去接受正规的游泳训练。离开双手的帮扶，他在水中保持平衡都难，再加上换气、学习不同的泳姿都是完全用腰以下来训练，其中的艰难辛苦，外人概莫能知。但这个聪明勇敢的少年岂能轻易服输？他深知成功来之不易，也深知不放弃、不抛弃才能够拥有更多希望，跋涉到山穷水尽处，方才能够柳暗花明。没有双手，他就在腰间绑上塑料保持平衡；需要绳子时，他就用牙齿来咬；身体的前半部力量不足，他就加强腿部的力量……一遍又一遍挑战极限和绝不向命运屈服的高强度训练，让人动容落泪，刘伟却微笑从容，忍受阵阵疼痛，期待自己破茧而出。两年后，刘伟勇夺全国残疾人游泳锦标赛的两金一银！正当他踌躇满志，顽强备战，要在 2008 年残奥会上摘冠折桂时，医生却告诫他，千万不能再训练下去，否则有生命危险，这等于告诉刘伟：他将永别泳坛！

这是一次无奈的放弃，在快速奔跑时，突然被喊停，刘伟四顾而茫然。在一次路过学校琴房时，刘伟被一段优美铿锵的琴声深深打动，他又做出一个惊人的决定：学钢琴，做用脚弹琴的“钢琴王子”。此时，他 19 岁。

用脚弹钢琴谈何容易，这要求你的双脚真的跟天生健全的双手那样完美。钢琴前的专用椅子都是专为用手弹琴者设计的，当刘伟坐到椅子上，屏住呼吸，尝试着用腹部和腰部抬起大腿，用脚去触摸琴键时，他失去平衡，一下子摔下来。这一摔却摔出了刘伟必胜的决心，他自是不怕撞得头破血流的热血少年，具有勇士般的青春气概，心想曾经的艰难曲折、万水千山，也许正是为了今天的这个蓬勃绚烂的梦想，全力以赴、排除万难地涉过去，他的双脚就真的是自己的双手了，双手和双脚就真的完美融合了，永远不再分开，又岂能分开？

刘伟让父母做了一个踏板放在钢琴前，用来安放自己的脚跟，解决身体的重心问题。可是脚和手毕竟有差别，仅仅一个大脚趾就带来极大的难题，它们短而宽，稍稍偏一点就会带键。刘伟一次又一次的尝试、纠正、改善和提高，十根脚趾头一根接一根的被磨破，常常酸痛、肿胀直至麻木，他一点一滴地将手的灵气和精巧注入双脚，"手把手"地让双脚再次获得双手的生命和活力。他极其专注而颇有悟性，在无数次失败中还创造出独特的脚趾弹琴指法，并且能够运用自如。

两个多月后，刘伟可以左右脚进行和声演奏。3 个月后，他第一次完整而顺利地进行了乐曲《雪绒花》的演奏。6 个月后，他近乎完美地弹出了达到钢琴七级水平的《梦中的婚礼》。2006 年，刘伟加入北京市残疾人艺术团。他参加过北京残奥会闭幕式垫场演出，还参加过北京电视台的《唱响奥运》节目，在参加东方卫视《中国达人秀》时，23 岁的刘伟说："我的人生只有两条路，要么赶紧死，要么精彩地活着。"是的，他选择了"精彩地活着"！如今的刘伟，不仅能够弹琴，还能够作曲、编曲和填词，还开过"歌特"音乐主题酒吧……他"手脚合一"，奋进不止，人生的道路上鲜花不断，芬芳迷人，让人赞叹上帝造人尚有缺憾，凡人永不放弃、不垮不倒、自我拯救塑造时却竟不同寻常、趋于完美，终成光彩夺目、傲然立世的杰作。

当我们失去双手时，请记得我们还有双脚，而且这双脚不仅仅是上帝造出用来走路的，它们还可以尽善尽美地去做手的事情、臂的事情、躯体的事情，甚至眼睛、耳朵和鼻子的事情，只要我们拥有智慧的头脑和勇敢的精神——如同智者能够在常人仅用来写字的一小截铅笔上，发现更多的用途：用铅笔做生意、做礼物、做尺子、做武器、做吸管、做装饰画、做玩具的轮子、做润滑剂……如此看来，造化最奇妙的人类，真的具有不可穷尽的潜力、希望和一触即发的精彩，上帝造人固然留有缺憾，但永无绝人之路，在我们的脚上发现自己的手，在缺憾处找回完整而美好的世界又有什么不可能的呢？

学习思考

1. 精神需要有哪些内容？

2. 结合教材，对照自己的实际情况，检查自己的精神文化需求是否得到实现，如何可以实现？

3. 你的精神追寻的途径有哪些？

4. 你如何评价弗兰克的意义疗法？

（谭健烽）

第十一章　生命质量的提升——良好生活环境

学习目标

通过本章的学习，了解生活质量与经济环境、社会环境、生态环境的关系，掌握社会适应的内容，通过社会适应能力的培养提升生活质量。

案例 11-1

人到底能承受多少孤独?

1954 年，美国做了一项实验。该实验以每天 20 美元的报酬(在当时是很高的金额)雇用了一批学生作为被测者。

实验内容是这样的，为了制造出极端的孤独状态，实验者将学生关在有防音装置的小房间里，让他们戴上半透明的保护镜以尽量减少视觉刺激。接着，又让他们戴上木绵手套，并在其袖口处套了一个长长的圆筒。为了限制各种触觉刺激，又在其头部垫上了一个气泡胶枕。除了进餐和排泄的时间以外，实验者要求学生 24 小时都躺在床上。可以说，这样就营造出了一个所有感觉都被剥夺了的状态。

结果，尽管报酬很高，却几乎没有人能在这项孤独实验中忍耐三天以上。最初的 8 个小时好歹还能撑住，之后，学生就吹起了口哨或者自言自语，有点烦躁不安了。在这种状态下，即使实验结束后让他做一些简单的事情他也会频频出错，精神也集中不起来了。实验后得需要 3 天以上的时间才能回到原来的正常状态。

实验持续数日后，人会产生一些幻觉。例如看见大队花栗鼠行进的情景啦，或者听到有音乐传来啦，等等。到第 4 天时，学生会出现双手发抖，不能笔直走路，应答速度迟缓，以及对疼痛敏感等症状。

通过这个实验我们明白了一点：人的身心要想正常工作就需要不断地从外界获得新的刺激。离开了现实环境，人就无从谈起生活质量了。

讨论：

(1) 环境对人有影响吗?

(2) 在你生命中快乐幸福的时刻往往是在怎样环境的呢?

(3) 如何改善生活环境从而提升生活质量?

要点参考：

人类塑造了环境，环境反过来塑造了人类，人类的生活质量与环境息息相关。

第一节　生活环境与生活质量

人类生活的核心内容是如何生活，人在探索生活方式，生活价值的过程中不断觉知、体验生活如何的问题，也就是生活质量问题。生活质量是一个复杂的问题，一方面由于对于个体自身而言，生活质量是一个整体，但对于人的生活时间和空间来说，生活质量又是多元的、片面的、相对独立的部分，整体生活质量水平无法替代部分生活质量水平，部分生活质量水平又不能代表整体生活质量水平；另一方面由于对生活质量认识角度不同，认识主体不同，认识方式不同，使生活质量更加增添无限神秘，这就需要通过人类基本生活方式去探索、认识和揭示生活质量的实质（焦岚，2012）。

一、主观生活质量与客观生活质量

生活的本义是："人为了生存和发展而进行的各种活动。"生活有广义和狭义之分。广义的生活，是指人为了满足自身生存和发展的需要而进行的全部活动的总和，其中包括物质资料与精神产品的生产与消费活动，婚姻家庭活动、交往活动，以及政治参与活动等，也可以概括为物质生活、精神生活和婚姻家庭生活。狭义的生活，是指相对于生产而言的活动，即物质资料及精神产品的消费活动，也就是我们常说的衣食住行乐等日常生活。生活是其主体需要的实现活动，生活主体的个性特征必然体现在生活活动中，赋予生活活动以各种独特的表现形式。最初的研究主要都集中在"生活的量"方面的研究，研究如何消除贫穷，饥饿和疾病的努力，直接指向生活的量，这些努力可以延长生命，无疑成为人性的最基本的心理需求，也是自然人发展的根本心理生活特征。生活的量是在满足人基本的需要，延长平均寿命和维持世界范围内人口的生存，却不可能提高生活的质量。生活质量的研究与现实追求，人们从没放弃过努力，只是随着认识与理解的深入，研究的角度不断发生调整。但是当人类文明的发展，当人们处理生活的量的问题取得令人满意的进步的时候，人们的注意力应该转向解决生活质量的问题。生活质量的研究变得越来越重要。

生活质量是由美国经济学家加尔布雷（JK.Galbrainth）在其所著的《丰裕的社会》（1958年）中提出的，他在美国物质生活极度丰富，而精神生活却日渐匮乏、社会问题层出不穷的社会背景下提出该问题。西欧的发达国家在经济高速发展、物质极度丰富的社会中也出现了与美国相似的社会问题。20世纪60年代中后期，在西方社会里，经济增长的局限性日益暴露出来，资源匮乏、环境污染、人际关系淡漠、精神空虚这些日益严重的社会问题使无数学者对只依靠经济发展提高人们物质生活的发展方式提出质疑，当时被普遍认可的社会目标—提高人们的物质生活—更是遭到了众多社会学、经济学家的批判。生活质量的研究就是在这种更大的社会背景下，进一步发展成为更多研究人员关注的问题。衡量社会发展水平、经济发展水平和物质丰富程度的标准，也逐渐被生活质量这个含义更丰富的标准所取代，社会发展的最终目的变成了提高人们的生活质量。广泛的生活质量研究始于20世纪80年代中期，主要有三种观点具有代表性。第一种：以人生活的客观物质条件为基础对生活质量进行的研究。这些研究立足经济学视角，强调合理分配资源以满足人们客观物质需要的过程。第二种：以人生活的主观心理体验为基础对生活质量进行的研究。这些研究立足社会心理学视角，探索人的生活舒适、便利程度的主观体验，强调人们的社会需求与主观体验到的生活质量水平之间的关系。第三种：以客观物质条件和主观心理体验结合对生活质量进行研究。这些研究立足生态学视角，强调生活质量包括客观物质条件和主观心理体验两个方面。生活质量是社会提供给国民生活的充分程度和国民需求的满足程度。由于生活质量既包括主观体验又包括客观比较，内涵丰富，角度庞杂，因此，迄今为止学术界还没有形成较为一致的定义。

生活质量从其内涵来看包括人类生活的客观和主观两个方面。客观生活质量是指人们生活的现实状态和生活水平，包括社会经济发展水平、消费水平、社会环境及公共基础设施、就业情况、法律和社会秩序和医疗保险等物质层面，还包括健康状态、娱乐和休闲的机会、教育、文化艺术等非物质层面。客观生活质量客观地反映人类生活状况，虽然，物质条件是生活质量的基础，但是物质条件并不等同于生活质量，高收入不一定等于高生活质量，富裕并不一定等于幸福，处于相同物质条件下的人们，生活质量可以相差甚远；生活质量相同的人，其物质条件可能高低不同。具有相同的物质条件的人，并不具有相同的主观感受，同样对生活均感到满意的人，他们不一定有相同的物质条件，知足常乐者，即使对低物质条件也会感到满意。客观指标无法评价人们的精神生活，单由客观指标测量生活质量结果会走上机械决定论误区。主观生活质量是指人们在实际生活中体验和感知的生活状态和生活水平。国际学术界研究生活质量主要从主观生活质量入手，主观生活质量指标盛行于美国。

主观生活质量主要包括客观生活水平和主观生活体验两方面。客观生活水平是主观生活质量的基础，没有以物质条件为基础的客观生活质量，根本无法谈及主观生活质量，但是客观生活水平并不能取代主观生活体验，二者发展并非同步，提高可能也不一致。另外，人的主观生活质量更大的取决于个体的生活体验，包括认知、情感、需要等因素的影响，认知水平高，社会认识深刻的人，会合理的体验个人的主观生活质量，幸福感、生活满意度都会有一个合理的反映。无论客观生活质量，还是主观生活质量，都受到经济、人口、文化及环境的影响。社会的经济状况、居民收入水平和消费水平，为提高客观生活质量奠定了坚实的物质基础。人口素质、健康状况、文化水平、教育发展状况、医疗保险、社会保障等是影响客观生活质量的重要因素。可以说，生活质量尽管分为客观生活质量和主观生活质量，其根本上并不能完全脱离，并非各自独立，客观生活质量和主观生活质量是一个不可截然分开的整体，没有客观生活质量无法保障主观生活质量，没有主观生活质量，客观生活质量变得没有意义。只是人们在不同时期所关注的侧重点不同，也可以说，即便是生活质量达到一定程度时，也很难完全厘清客观生活质量和主观生活质量的问题。正如柏格森认为“人是时间性存在的人、自我存在的人和社会性存在的人的统一”的观点，也就是人在生命延续的过程中体验自我存在的价值和感受社会的进步和发展。

生活质量是一个复杂的、多层面的概念，国内外研究学者根据不同理论观点和研究方法从不同角度对生活质量定义。但对生活质量概念的界定存在很大差异，因为只要各国的社会经济发展水平各异，各研究者的研究视角和价值观选择不统一，就没有统一的生活质量概念。

视窗 11-1

生活质量概念要点

（1）客观生活质量是指人们生活的现实状态和生活水平，包括社会经济发展水平、消费水平、社会环境及公共基础设施、就业情况、法律和社会秩序和医疗保险等物质层面，还包括健康状态、娱乐和休闲的机会、教育、文化艺术等非物质层面。

（2）主观生活质量是指人们在实际生活中体验和感知的生活状态和生活水平，包括客观生活水平和主观生活体验两方面。

二、生活质量与经济环境的关系

“生活质量”从第一次提出就与经济、经济发展紧密联系在一起。西方经济学者在对人的经济消费行为进行考察的过程中提出了“生活质量”的概念。诺贝尔经济学奖得主加尔布雷思在《富裕社会》一书中指出：生活质量是指“人的生活舒适、便利的程度，精神上所得的享受和乐趣。”罗斯托在《经济成长阶段》一书中指出：群众的消费总是从低级向高级发展的，当消费的水平达到一定的程度之后人们便开始进入追求生活质量的阶段，即追求精神生活享受和文化生活享受的阶段。萨缪尔森在《经济学》中提到质量的时候，说过质量应该和数量一样具有可衡量性。因而生活质也量应该是可衡量的。在西方经济学者的研究中，普遍指出：随着社会经济的发展和居民消费水平的提高，社会成员对消费的追求从较低层次的实现温饱、保证安全和获得基本生活必需品，逐步过渡到注重提高包括精神享受和社会认同在内的含义更丰富更全面的生活质量的阶段，提高生活质量成为社会消费发展的必然趋势。

经济环境与生活质量的关系是相辅相成、相互促进和影响的。经济的发展作为提高生活质量的一种有效手段和直接手段，直接关注居民生活质量中的消费数量、消费的产品构成结构、消费的环境等问题。事实上，经济与生活质量关系不仅是直接手段和目的的关系，在居民各种各样的生活活动包括了经济的活动，居民是参与社会经济活动的主体之一，为经济活动提供生产要素，也从经济活动中获得满足自身生存和发展的物质产品。更重要的是，经济领域已经通过渗透或影响其他生活领域直接或间接地影响着居民的生活质量。经济环境不仅对生活质量有着直接的影响，也是生活质量的重要组成部分。

经济学的生活质量观从人的最基本需要出发，阐述了人生活质量的基本保障问题，但是回溯人类漫长的历史发展，可以发现，这些基本的经济、物质和资源的保障，还谈不上生活质量的层面。应当说，这是人赖以维系生存和种族延续的保障，但并不是人类不断发展的根本动力和永恒的需求。所以，随着经济社会不断发展和完善，物质达到了一定水平时，人们对经济和物质的需求必将降低，经济和物质因素对人生活质量产生的影响也将不断降低。

经济的发展为人类生存和发展奠定了物质基础，人的生活质量离不开一定的社会物质条件，即一个国家或地区的整体经济发展水平。从这个意义上说，收入水平、消费水平、贫富差距和生活保障等成为影响生活质量的基础因素（焦岚，2012）。

1. 低收入水平会致使人缺乏生活安全感　收入水平的高低是衡量人物质生活的重要指标，是生活质量高低的标志性因素，收入水平影响人们生活质量的同时，又不断影响人们的心理世界和心理生活，可以说收入水平是区别、影响生活质量的一个重要因素，也是提高生活质量的物质基础。经济收入的高低，就是人们在经济收入之下能够获得一定数量与质量的消费商品，并在消费的过程中享受某种服务的权利，同时获得了个人或家庭生活的安全感。马斯洛强调人在满足衣、食等方面的基本生活需要的基础上，才会有更高层次的需求，因此探讨人的生活质量必须以一定的经济收入作为保障。否则，就会使人缺乏生活安全感，体验不到生活质量。Diener E，Biswas-Diener R.对财富和主观幸福感的早期研究发现，富裕国家的人民比贫穷国家的人民更加感到幸福（Diener E，Biswas-Diener R，2002），在同一国家，富裕的人比贫穷的人更加感到幸福。这就说明收入水平影响人的主观感受和人的生活质量。

2. 低消费水平带给人心理压抑　一个社会整体消费水平反映了这个社会的发达程度，直接影响个人消费能力，消费心态和消费体验。个人的消费能力较低时，人在不得不消费的情况下，产生消费压抑，在这种消费心态影响下，心理会产生消费恐慌，生活质量会降低；相反，个人消费能力较强时，人会产生消费愉悦，消费成为人开心和幸福的事情，人的生活质量则会提升。可以说，表面上看，人的消费并不是直接影响人心理生活的关键因素，正如许多人认为“钱不是万能的”一样，但人却很难控制没有消费或低消费水平带给人的心理失落和压抑，很难想象低消费水平下人心理的愉悦和幸福程度是怎样的。当然，消费水平达到一定程度时，这种情况可能会发生改变，也就是并不是越来越高的消费水平心理就会无限期的愉悦和幸福，生活质量就会不断提升，当消费水平达到一定程度时，人的生活质量将逐渐摆脱此影响，而其他因素作用就在增强。改革开放初期，我国居民的人均消费水平只有 184 元，到了 2002 年消费水平增加到 3791 元，增长了近 20 倍，消费水平的大幅度提高使得人们拥有更多的消费品，在更高程度上满足了人们的需要（郭茜，2004）。中国 30 年来的改革开放和现代化建设，保证了收入水平随着经济增长而稳步增长，消费内容和消费结构得以完善，人民消费能力持续提高，人的居住条件不断改善，家庭拥有高档耐用品增多，网络消费支出增长加快，汽车消费成为近年来消费热点，这些反映了生活条件不断改善，生活质量持续提高，也反映了人们物质需求的满足程度和参与分享经济成果的状况，人们的生活质量不断得到提高。

3. 贫富差距过大使人形成“社会迁怒”　贫富差距反映了人们社会占有资源的差别情况，是人物质生活水平高低的对比度。当一个社会贫富差距过大时，人的心理会失衡，会产生社会抵触情绪，人们无法公平地享受经济增长带来的社会财富的增加和生活质量的提高，造成情绪波动，心理长期处于不安、失落、惶惑和焦虑之中。身处贫困的人们的不满和愤怒情绪迅速蔓延，内心深处有一种被剥夺感，萌发并不断加深一种“仇富恨富”心理（王彤，2002），贫富差距过大会致使人们反社会情绪高涨，直接导致自身生活质量下降，同时也会导致因为“社会资源分配不公”形成的“社会迁怒”，这种心态不仅影响个人生活质量，更影响群体生活质量，他们会认为自己当前的贫困状况都是那些富人所造成的。一个社会不可能完全消除贫富差距，资源占有不可能绝对均衡化，适度地贫富不均会有效激发人奋斗的欲望，但过大的贫富差距必然造成人的生活质量的降低。

4. 低生活保障使人产生生存恐慌　低生活保障反映的是一个国家和社会对个体的生存的关注度，反映了社会对个人医疗问题、最低生活保障问题、最低社会福利问题的关怀。当人在健康和生存受到挑战时，人内心的恐慌和不安会直接反映到社会生活中，人会产生强烈的抱怨情绪，无法形成愉悦的心理感受和高质量的心理生活。所以，任何一个国家都会将最低生活保障问题放到一定高度来看待，真正地关注以医疗保障和生活保障为核心的"民生问题"，这是提高人民生活水平的核心问题，解决这个问题就是让人民生存在没有顾虑的社会中，生活的幸福和安定，从而真正提升人生活质量。所以，人们对"国强民富"的期盼也是一种美好的心理感受。

视窗 11-2

经济环境影响生活质量要点

（1）客观生活收入水平的高低是衡量人物质生活的重要指标，是生活质量高低的标志性因素。

（2）低消费水平会带给人心理失落和压抑，但并不是越来越高的消费水平心理就会无限期的愉悦和幸福，当消费水平达到一定程度时，人的生活质量将逐渐摆脱此影响，而其它因素作用就在增强。

（3）当一个社会贫富差距过大时，人的心理会失衡，会产生社会抵触情绪，人们无法公平地享受经济增长带来的社会财富的增加和生活质量的提高。

（4）低生活保障状态中当人在健康和生存受到挑战时，人内心的恐慌和不安会直接反映到社会生活中，人会产生强烈的抱怨情绪，无法形成愉悦的心理感受和高质量的心理生活。

三、生活质量与社会环境的关系

人的基本生存能力的改善——身体的健康及寿命的延长是生活质量提高的最直接的表现。居民通过物质生活水平的提高，获得更丰富的个人物质产品，对精神文化和医疗卫生保障的需求也相应提高，对社会公共资源的供给提出了更高的要求。社会所能提供的物质条件对公众的满足程度受经济发展阶段的限制，不同经济发展水平程度的国家和地区，其政府、社会和企业能为公众提供的相应的社会公共基础设施水平各不相同，一般来说，经济越发达的地区，其居民基本公共服务的满足程度越高。此外，国家和地区的经济发展成果如何为居民所共享，在现代社会，关键的一点就是国家或地方政府直接投资于社会基础服务设施的建设和改善，以基本的公共服务建设满足人们对其发展的需求。现代社会中，教育事业、医疗卫生事业是直接影响着人们生活质量的基本的公共服务，各国政府通过各种投资渠道对社会公共服务进行投入，改善社会环境，使得居民在日常生活中能够高效便捷地获得社会提供公共物品和服务，满足其对公共服务的需求，从而提高其生活质量。

社会学家认为一个社会的生活质量并不仅仅是商品和服务，而是涉及社会各个层面的发展状况。例如，除了产品和服务外，良好的社会还应该包括：低的犯罪率、美好的生活预期、人权和资源的公平分配等。社会生活涉及的因素方方面面，研究不可能穷尽所有的因素，从基本生活来说，社会任何因素都影响人的生活，虽然这些因素影响人的生活，但不是一种必然的结果。因此，社会学观点比较宏观的指出影响人类生活质量的主要因素及如何生活才是高质量的生活，同时指出社会各因素对人生活质量的关系，强调生活质量对社会各因素的依赖。

社会环境可以理解为人类和自然之间相互作用的产物，是适应地域生活习惯和群体集团的生活精神，由以人际关系为中心的家庭、工作、交流场所构成，包括社会经济基础、上层建筑等。人以其特征及行为创造了和使用着社会环境。人的特征主要指人的民族、地区、年龄、性别、身高、肤色、服饰等方面的个性，而人的行为活动则主要是指人的个体行为和群体社会行为活动。其他生物被自然环境的诸条件所制约，人类因其特征和行为活动而具有以社会环境为目标，并以此为媒介的强烈符合性。由于社会环境以政治、经济、文化条件、宗教信仰等为基础作用于人类的特征和行为，所以社会环境按时代、国情的不同而具有多样性和丰富性，并给人类的生活质量直接带来强大的影响。社会环境包括很多方面，而居住环境、家庭环境、工作环境和休闲空间则是影响人生活质量的重要因素。

1. 良好的休闲空间可以调解心理压力 休闲是人们生活的重要组成部分，是与每个人的生活质量息息相关的，如何丰富每个人的闲暇生活，将直接影响到人们全面、健康的自我发展，甚至影响到社会的全面进步。尤其在当今，我们的社会正在进入普遍“有闲”的社会，休闲成为一种新的社会经济文化现象，也成为人们高质量生活的基本要素之一。

人们更追求和向往开阔、优美、舒适的生活空间，人们更喜欢美好的休闲空间，不仅能缓解人的心理压力，更能使人在休闲中获取心理平息，休闲不仅是寻找快乐，也要寻找生命的意义。休闲生活方式，可以反映出人们生活质量的程度。首先，积极的休闲有利于个性的充分发展。而闲暇时间内的活动范围十分广泛，人们可以根据个人需求自由选择，从而使人格的多向发展和创造潜力得到开发，使人获得满足感，提升其生活质量。其次，有利于身心健康。可以消除疲劳，获得及时的休息，提高生活质量和乐趣，陶冶情操，也提升了生活质量。有助于人际交往。交往是人的基本需要，人不可能在孤立的状态下生存和发展，在闲暇中，人们可以相互之间增进沟通与了解，使人与人的关系更加密切，促进人与人之间的和谐，提升人的生活质量。

2. 舒适的居住条件提升人的生活质量 俗话说“衣、食、住、行”，可见“住”是人类生活的基本内容之一。人的一生有三分之二以上的时间是在住宅及其周围的环境中度过的，居住环境的优劣直接影响人们的生活质量。居住区是人类生存发展和不断变化的物质载体。居住区环境是与人类居住行为密切相关的物质实体和社会状况的统一。拥有一个健康、舒适的居住生活环境是人们追求的目标之一。

人的居住条件，并不仅仅体现在居住空间上，更主要的是反映了人社会生活的地位和个人的经济能力，并因此而带来的心理满足感，当人的居住条件出现危机时，人的物质生活挫败感会增强。随着经济水平的提高和城市建设的发展，住房价格越来越高，因此住房居住问题已成为影响人生活质量提高的重要因素之一。人们对住房的渴望与个人经济收入形成了较大的反差，不管是买房还是租房，即便是贷款消费，都会使现在或将来承担一笔可观的支出，因而使人们倍感生活的艰辛和社会资源分配带来的极度沮丧，直接影响其生活质量的提高。

3. 工作环境影响人的生活质量 工作行为是人社会生存价值的重要表现，包含两重特征，即“内在成就”和“外在成就”两个方面。一方面个人在工作中的享受、个人技能在工作当中得到施展的成就感、从工作中感到别人的支持、控制和监督，工作中获得与他人交往的机会，在工作中身心获得的满足感；另一方面个人在工作升迁、各项福利、工作条件、工作保障、工作安全度和社会地位中体验到个人价值的实现和自我成功。研究发现，工作的内在特征比外在特征更能够有效地满足内在的需要，因而更有助于人们幸福感的提高，但另一方面，工作的外在特征在某种程度上能够彰显自身的社会地位，也能够提高幸福水平。据卡耐基工业大学的调查显示：一个人事业的成功，85%靠人际关系。由此可见，人际关系对其发展产生重大影响，人们非常重视自己是否拥有良好和谐的人际关系，人际关系和谐时，其心情舒畅，生活质量高。

4. 良好的家庭环境促进人的生活质量　良好的家庭教育，能够使孩子在和谐的环境中成长，感受信任、尊重、理解带给孩子的幸福体验，从而提升孩子的生活质量。胡洁等学者对大学生总体幸福感和父母教养方式的关系进行了初步探讨，他们的研究表明大学生总体幸福感与父母教养方式中父母亲的情感温暖、理解因子呈高度正相关，与父母亲的过干涉、过保护、惩罚、严厉、偏爱、母亲的拒绝等因子均显著负相关（胡洁，2002）。余小芳等学者的研究结果还显示如果家庭气氛民主、愉快，并且成员间相互关心，关系密切，那么学生的主观幸福感就强（余小芳，2004）。王极盛等学者的研究结果显示，父母亲多理解、关心孩子，孩子体验到的正性情感就较多，对生活各方面的满意感就强，总体幸福感就高（王极盛，2003）。相反，父亲和母亲对孩子放任不管或管教过于严厉苛刻，孩子体验到的幸福感则较少。良好的家庭关系对人生活质量的影响是巨大的，夫妻之间的爱情，父母、子女间的亲情都关系人的心理生活，一个家庭幸福的人其生活质量必然高，相反一个家庭不幸福的人，生活质量无法高，可以说，这个因素是影响人生活和生存的重要因素，当前，人们对幸福家庭的追求日益突出，人们对婚姻的要求越来越高，就是充分意识到，家庭对人生存和心理生活的巨大影响。

视窗 11-3

社会环境影响生活质量要点

（1）客观生活收入水平休闲生活方式，可以反映出人们生活质量的程度。

（2）人的居住条件反映了人社会生活的地位和个人的经济能力，并因此而带来的心理满足感，可直接影响其生活质量的提高。

（3）工作行为是人社会生存价值的重要表现，工作环境影响人的生活质量。

（4）良好的家庭关系对人生活质量的影响是巨大的，是影响人生活和生存的重要因素。

四、生活质量与生态环境的关系

生态环境是保障和提高居民生活质量的空间物质载体和生活质量可持续发展的基础。在可持续发展的观点下，环境是人类生存和发展的基本物质要素和前提条件，人类的其他活动，包括经济活动和社会活动都与环境形成了一种相互影响相互制约的关系。在追求经济增长的同时，如果忽视环境的承受能力，由此产生的种种环境污染和生态破坏最终将影响经济的持续发展和居民生活质量的提高。生态环境，直接体现为城市的环境质量状况，也就是居民的生活环境条件。随着社会物质产品的丰富，居民在满足基本生存需要后，越来越关注其生活的环境的舒适程度，对其所生活的环境质量的要求越来越高。同时，经济的增长是以资源的消耗和环境的承载来实现，这些消耗和环境破坏在一定程度上抵消了经济增长带来的好处。更直接的是生态环境的污染对居民生活质量存在负面影响，而这个影响的大小和程度又是难以用客观指标进行定量测量。城市生态环境与居民生活相协调，关系到居民的各项生产生活活动的开展和身体健康，环境的破坏及恶化直接影响人的身体健康和生活的愉悦程度。因此，生态环境也是居民生活质量重要的一环，随着经济发展程度的深化，生态环境因素将受越来越多的重视。

人居环境是人们追求生活质量的必然结果。近年来宜居成为人们关注热点，宜是指经济、社会、文化、环境协调发展，人居环境优美，能够满足居民对于物质、精神、生态文明的需求，适合人类居住、工作、生活的地方。宜居环境的基本要求有如下几点：

（1）经济可持续发展。城市是经济要素密集聚集地区，拥有雄厚的经济基础，产业结构优化，带来发展潜力和可持续发展，能给城市居民提供充足就业，能保证居民生活的需要。因此，只有经济发展才能构成宜居的首要条件，贫困不是一个适宜居住的地方。

（2）生态环境优美。人们居住离不开优美的自然生态环境，生态良好和环境优美是构成宜居城市的自然基础。生态环境美好给人以舒适的感觉，宜人的环境是宜居最直观标志，钢铁水泥构成的城市缺乏人与自然的亲密接触，自然失去宜居城市色彩。因此，生态环境建设的水平是一个城市是否宜居的重要标准。

（3）基础设施完备。城市正常运行需要经济、社会、文化等物质实体支撑。基础设施是城市运转的物质载体。它包括交通、邮电、供水供电、商业服务、科研与技术服务、园林绿化、环境保护、文化教育、卫生事业等市政公用工程设施和公共生活服务设施等。在现代社会中，经济越发展，对基础设施要求越高。完善基础设施对加速社会经济发展，促进功能分区优化，社会经济合理布局有推动作用。

（4）历史文化底蕴丰厚。文化是城市的灵魂，历史文化遗迹是这个城市的根。缺乏文化品位的城市，所拥有的现代高楼大厦只给人留下瞬间记忆，无法产生文化认同和共鸣。独特城市文化与精神内涵反映一个城市的本质，能给人以精神力量，推动社会和经济发展，维护团结稳定，促进人与人之间交流。城市文化不仅是一种优秀文化传承，更在于它对一切文明的文化成果的吸纳、包容和尊重。文化不仅提升城市品位，也对居民产生认同感和归属感。

（5）社会和谐稳定。只有在政局稳定、治安良好、民族团结、各阶层融洽、社区亲和、城市城乡协调发展的城市，居民才能安居乐业，才能充分享受丰富多彩的现代城市生活，才能将城市视为自己物质的家园和精神的归宿。

（6）公共安全充分保障。公共安全是指城市抵御自然灾害如地震、洪水、瘟疫，处理人为灾害如恐怖袭击、突发公共事件等方面，确保居民生命和财产安全的能力。公共安全度是宜居城市建设的重要内容，有了安全感，居民才能安居乐业。

五、生活质量与文化的关系

文化是指人类群体创造并共同享有的物质实体、价值观念、意义体系和行为方式，是人类群体的整个生活状态。生活质量从根本上反映了个人对社会文化的理解、适应、发展和创造能力，也反映了个体在社会群体中的融合程度和对历史变迁的觉知水平。冯友兰先生说：“不同的人可能做相同的事，但是，各人的觉解程度不同，所做的事对于他们也就各有不同的意义”。人们的社会生活是以一定的历史文化和文化变迁为基础，以个体不断完善的认知水平、具有时代性特征的思维方式、价值体验、审美意识和生活方式为依据，不断丰富、完善和创造自己的主观世界和客观世界，人的生活与其所处的社会文化是相适应的相统一的，人的生活质量的觉解比较大的受社会文化制约。因此，一个人只有与自己所处时代的文化统一，他才能体验到高质量的生活状态，才有可能获得较高的生活质量。生活质量文化学视角，指出人类生活在不同的文化环境中，而不同的文化环境又直接影响人的生活质量，不同的文化形成了不同的文化生活，不同的文化生活又指出不同的生活要求，而这其中文化提供了生活质量的认识，使人在文化中体验生活质量，在文化环境中改变和提升自己的生活质量。可以说不同的民族文化，地域文化使人对生活的认识、理解和体验都不同，对生活质量的理解也不一样，生活质量就是在不断满足自己所处文化环境的要求。

不同的社会环境，不同的社会文化会打上特定的社会文化特质和文化观念的烙印，因而对生活质量的研究，也会因不同的文化背景而产生差异。西方文化强调自我价值，突出个人取向的文化，个体具有强烈的个人主义和主观体验，直接表达个人态度和内心感受的行为受到鼓励。中国的传统文化强调社会价值，突出集体主义和客观评价取向，个体必须和社会规则保持一致，个人的主要目的不是区分自己与他人，而是与他人保持和谐一致，个人理想往往是所属群体的理想，个人的感觉、情绪、思想不被看作行为的决定因素，直接表达个人态度和内心感受的行为不能受到鼓励。因此，不同文化背景下，中西方人感受到的生活质量并不相同，西方人以自身的文化背景去体会中国人的生活质量显然不合适。

1. 不同的文化中个体生活质量存在差异　1995 年世界卫生组织对生活质量作了如下定义：“an individual's perceptions of their position in life, in the context of the culture and value systems in which they live，and in relation to their goals，expectations，standards and concerns（WHOQOL Group 1995）。国内学术界对此定义较为公认的中文翻译是：”生活质量是指不同文化和价值体系中的个体对与他们的目标、期望、标准及所关心的事情有关的生存状况的体验。WHO 生活质量研究小组提出：这可能是第一个直接地、正式地把文化要素作为一个整体纳入到生活质量的定义中，而不是仅仅把文化的影响当作是一个外部变量。此定义强调了文化和价值在个体主观体验中的作用，即对生活质量的主观体验是由深深根植于自身文化的价值所形成的。生活质量的测评具有文化依赖性，在不同的国家、地区和种族之间具有差异性。在不同文化中的个体在诸如生活满意感、情感体验、社会取向、价值观、判断准则等方面存在差异。当个体遵从文化常模而行为时，就会产生幸福感与满足感。

众多学者的研究证明，不同国家之间的平均生活满意度与主观幸福感存在着稳定的差异。北美人在许多社会评价方面都有自我赞许的偏见，东亚人有较强的自我批评倾向。西方文化强调不同方面的自我是一致性的，东方文化则认为多样化的自我是存在的。不同国家的文化差异必然影响其国家人的心理生活方式和心理适应状况，不同民族的文化差距更加明显的显示出其生活状态的不同，心理感受存在巨大差异，生活质量的高低水平也不同。

2. 社会文化变迁影响人的生活质量　社会文化变迁包括在思想观念、社会家庭问题、社会变革与发展方面对社会个体心理产生强烈冲击，社会文化变迁必然会引起不同人在价值观、态度、人格以及认知等心理因素上的不同程度的变化，所以文化变迁下个体生活质量也随之发生变化。思想观念嬗变，如婚恋观念开放、拜金主义等；社会家庭问题，如社会腐败、社会不公、就业难等；社会变革与发展，如高校“扩招”、打破铁饭碗、股份制等。由于传统价值观念内化于人的人格与行为之中，坚持自己所习惯的心理倾向，而不愿接受那些新事物。由于内在的文化积累或外在的文化移人引起的急剧变迁对人的心理生活的冲击与震动使人们在前所未遇的社会压力面前张皇失措、无所适从，产生心理上的不安全感和焦虑。如能随着外界事物的变化重新调整自己，生活态度积极并能随时迎接新的挑战，生活质量也会随之提高；如仍始终坚信业已形成的价值观和思维方式，思想保守，具有怀旧心理，以不变应万变，生活质量也会降低。

3. 社会文化融合影响人的生活质量 文化融合是不同文化之间互相配合、互相适应的过程。能否适应和接受不同的文化是影响其生活质量的重要因素。如果能适应、接受不同的生活方式和文化价值观念，抛弃原有的社会文化传统和习惯，或者维持原有的文化价值，同时重新塑造其身份认同、价值观念，实现文化融合，才能达到心理满足，也会有较高的生活质量。如果对不同的生活方式和文化价值观念排斥，则可能在心理上有意识地保持距离，从而逐渐远离主流文化，生活质量也会降低。

目前，中国城市化进程中城市新移民社会适应过程中的社会文化融合就是显著的案例。城市与农村有着迥然不同的文化特质和生活方式，定居在城市与农村的个体与群体也各自具有独特的生活方式和价值观念。城市新移民需积极习惯城市环境，以具备现代性特征的城市和市民为参照群体，通过不断调整自己的身心状态，使个体或群体与社会环境相协调的状态。社会适应可以被理解为这样一种过程，个体或群体在与社会环境的适应与被适应的系统中，两者发生积极的相互影响。在这一过程中，个体采取积极主动的姿态，按照社会环境的要求来改变自己的行为，社会适应的最终结果是适应性，其程度可以通过适应性程度来衡量。社会适应过程通常经历若干个阶段，首先是保守阶段，在这一阶段个体初入新环境，产生不适应感并持有拒绝态度，保有原有生活习惯及价值观念不予放弃；其次是容忍阶段，在这一阶段个体对新环境仅持有一种容忍态度；然后是接纳阶段，这一阶段个体开始逐渐放弃原有价值系统，接纳新环境中的生活方式和价值系统；最后是同化阶段，个体完全适应了新环境，与其融为一体，适应性达至最佳状态。在城市化的适应过程中，城市与农村文化的融合影响着居民的生活质量。

视窗 11-4

文化环境影响生活质量要点

（1）生活质量的主观体验是由深深根植于自身文化的价值所形成的，生活质量的评价具有文化依赖性，不同的文化中个体生活质量存在差异。

（2）社会文化变迁会对个体心理产生强烈冲击，必然会引起不同人在价值观、态度、人格以及认知等心理因素上的不同程度的变化，个体生活质量也随之发生变化。

（3）文化融合是不同文化之间互相配合、互相适应的过程，能否适应和接受不同的文化是影响其生活质量的重要因素。

第二节　环境适应与生活质量

案例 11-2

天堂与地狱的距离

美国有一个故事，叫《天堂的位置》，讲一个神父在黑板中间划了一条线，让孩子们在线的两边分别写上天堂与地狱的内容，于是，在天堂的一面写着：花朵、欢笑、爱情、阳光、诗歌、春天、音乐。在地狱的一面，留下了这样的字眼：黑暗、肮脏、哭泣、残杀、仇恨、流血、丑陋。孩子们写完后，神父总结道，天堂是具备了一切美好事物和美好心灵的地方，地狱是充斥了一切丑恶事物和丑恶心灵的地方。然后，他问孩子们，有没有人知道，人间在哪里？孩子们说人间是介于天堂与地狱之间的地方，神父说错了，孩子们大惑不解，神父告诉孩子们："人间不是介于天堂与地狱之间。人间既是天堂，也是地狱。

孩子们不理解，神父给他们讲了各故事：有个人总在思考天堂和地狱到底有什么区别呢？某一天他做梦，梦中遇到一位天使，天使说："来，我带你到天堂和地狱看看。"那个人高高兴兴随着天使去了。

首先，来到地狱参观，正好到了吃饭时间，中间是一排长长的桌子，两边坐满了人，拿的筷子都有一公尺长，才喊一声开动，两边的人争先恐后的夹起菜想要往自己的嘴里送，然而由于筷子太长了，到了中间，筷子就打起架来，大家互不相让，打得头破血流，菜掉满了一地，结果是谁也吃不成，那个人看得兴味索然，对天使说："我们还是到天堂看看吧"。

于是跟着天使来到天堂，也是开饭时间，奇怪的是，桌子还是那些桌子，筷子还是那些筷子，两边还是坐满了人，结果喊一声开动，大家都夹起菜来往对方的口里送，有一个人缘好的，好几双筷子都夹到他的嘴边，他还在说，慢慢来、慢慢来。那个人醒来后恍然大悟，原来天堂与地狱在自己一念之间，一念为己，是地狱；为别人，是天堂。

当我们心里充满爱的时候，就是身处天堂，当我们心里怀着怨恨的时候，就是住在地狱！

思考：

如果你身边环境的人都是自私自利的人，你是否会觉得生活在地狱？如果你身边环境的人都是充满爱心互助感恩的朋友，你是否犹如活在天堂？而现实生活中的你是如何对待别人的呢？

自然界是先于人类而存在的，它不以人的意志为转移，人类是自然界长期发展的产物。自然环境是人类得以生存和发展的第一空间。自然界在人产生的前后是不同的，特别是在人产生之后，人生活于自然环境中并且通过人的实践活动能动地作用于自然界，就产生了人化自然。人类不断地繁衍生息，首要面对的问题就是生存。人需要利用自然资源，不断地满足新的需要，随着人的需要越来越丰富，人的主观能动性发挥得就越充分，人和人之间发生交往、联系，继而就产生了社会，人不单单要在自然环境中生存，更要在社会环境中生存。人从出生的那刻起，就已经处于一定的社会关系中，虽然社会是人的活动的产物，但是人还是需要在社会中存在和发展。（李艳平，2013）

一、环境决定人的生存与发展

人在社会中形成和满足人的需要，人的需要主要包括生存需要、发展需要和享受需要。生存需要和享受需要源于人的自然本能，而发展需要则更多地来源于社会，它是人类整个需要层次中最高级的需要，也是人区别于动物需要的根本所在，人的发展需要具有社会性。但是人要实现自己的发展需要也同样离不开环境。具体体现在以下几个方面：

一是环境给人的全面发展提供了物质基础。人类存在需要空气、水等各种自然资源，这些能源都是人必不可少的。因此，环境给人的发展提供了必要的生活资料和生产资料。社会的发展就是生产力发展的结果，生产力发展所创造出来的各种物质财富是人类存在和进步的另一物质基础。

二是环境给人的全面发展提供了文化资源。文化是人的主观世界外化的结果。不同时期，人类的文明进程都不同，文明进程通过一些经济、政治等各种制度和规范、文学、哲学等各方面不同的形式具体化到人的生活中、学习中。人类的文明是积累了人所创造的各种物质文明和精神文明的结果。因此，环境发展到不同程度所表现出的不同文明方式正好和人的文化发展进程是一致的。

三是环境为人的全面发展提供了主观条件。人的主观世界的依托是一定的社会风俗习惯和思想观念，并在这样的环境下不断地强化、丰富和发展。人的性格是由环境造成的，那么人要实现全面发展，就必须在社会中发展自己真正的主观世界，并以此作为支撑自己积极向上地发展的精神力量。正如马克思所说的那样，人的性格由环境造成，那就必须使环境成为合乎人性的环境。人天生就是社会的生物，人就只有在社会中才能发展自己的真正的天性。

二、人在认识与改造环境

人类社会的进步和自我发展都离不开环境，人在环境中通过不断地认识和改造环境来提高自己的认识和实践能力，人的发展和环境的变化也是一致的。主要体现在以下几个方面：

一是人通过对环境的认识从而形成自我理性，不断地增强自我认识世界的能力。环境是人存在和发展的前提和基础，人在环境面前也不是消极被动地去适应，而是不断地认识环境。在生产力比较低下的时候，人对环境的认识还很缺乏。人在认识与自然环境关系的过程中，产生了哲学，即把抽象思维作为认识人与自然关系的手段。而且可以从主观和客观两个方面来认识人与环境的关系。人的理性认识也随着社会的发展，不断地形成新的科学，这些都显示了人的本质力量。

二是人通过对环境的改造，改变生产力，发展生产力。人类在环境中，无论是自然环境还是社会环境，都不是被动地只去适应环境；适应环境的同时，还会发挥自己的主观能动性，不断地去改造环境。改造环境的手段是通过实践活动，实践的最主要方式是劳动。人们通过劳动，不断地去探索，发挥自身的主体地位，不断地革新生产方式。生产方式和生产力也是辩证统一的关系，不同历史时期，经济的不断发展，生产力的不断提高，必然会带来新的生产关系的革新，生产关系反过来又会对生产力产生反作用。人类认识和改造环境的过程，也是生产力不断提高的过程。

三是人通过变革社会关系，促进社会进步，丰富人的社会化。人在认识和改造自然的同时也在认识和变革人与人的关系。在原始时期，人也是群居动物，只能相互依赖才能克服种种困难维持生存。奴隶社会和封建社会，有着明显的阶级关系。在现代的资本主义社会，阶级关系被简化为利益关系。这些都是人不断地认识环境，改造环境的结果。同样的道理，大学生在步入社会之前，有亲情关系、同学关系、师生关系，在步入社会后将会面对更复杂的社会人际关系。如：领导和下属关系、同事关系等等。社会还在进一步发展，大学生在培养个人适应社会能力的过程中，不断地丰富自己的认识，不断地提高自身能力，就会进一步丰富自己作为人的社会化。

三、人与环境的相互影响

环境决定人，人反作用于环境。人与环境的关系是辩证统一的，主要表现在统一、矛盾、转化三种状态。

1. 人与环境是统一的关系　人与环境的统一主要表现为两者间的相互依赖关系。人通过环境获得人得以生存和发展的物质和社会条件，没有自然界也就不可能存在人，也就不可能出现人的发展。另外，现代社会中人通过自身活动对环境的影响日益显著。随着现代科技的不断发展，人们扩大了认识环境、利用环境的范围，可以更广泛而深刻地利用、开发各种环境中的资源。在社会的发展过程中，由于人们认识的局限性，出现了先开发后治理的思想，对环境造成了很大的危害。因为环境的良性发展也开始依赖人的活动，人的认识也进一步地丰富和提升。正如马克思所说的，历史的每个阶段都遇到一定的物质结果和一定的生产力的总和。人对自然以及个人之间历史地形成的关系，都遇到前一代传给后一代的大量的生产力、资金和环境，尽管这些生产力、资金、和环境为新的一代所改变，但它们也预先规定了新的一代本身的生活条件，使它得到一定的发展和具有特殊的性质。由此可见，人创造环境，同样，环境也创造人。随着生产力的发展，人类社会从最初的物物交换形成普遍的社会物质交换。人的生产能力得以发展，从自然经济发展到商品经济，现今社会以产品经济这种经济社会形态为主。与产品经济相对应的社会形态是个人全面发展的社会形态。在资本主义社会，资产阶级不直接从事劳动，却占有大量的财富，人与环境的关系通过人对财富占有方式的不同，对物的依赖性也不同，社会关系是对立的阶级关系，只有在社会主义社会，个人得到自由才能全面发展，人与环境的关系才能实现统一。

2. 人与环境是矛盾的关系　人与环境的关系表现为主观和客观。客观世界不依赖于人的主观世界而存在。从人的需要出发，人的需要具有多样性，而环境是客观的具有统一性。不同的人的需要是不同的，相同的环境未必能够满足所有人的需要。人的主观世界具有多变性，它与环境的相对稳定性之间易产生矛盾。一切事物都处于运动之中，但是，相对于环境的变化而言，人的主观世界变化要迅速得多。人的主观世界是环境在人的大脑中的反映，但是这些反映有真实的，也有虚假的，有符合环境变化规律的也有不符合的。一方面，人们所成长的家庭环境、受教育程度不同，所以人的世界观和价值观也不同，由此也产生了人的主观世界的多变性和环境的相对稳定性的矛盾。另一方面，人都有理想，也就是人通过目标、信念等方式把自己的主观世界指向未来，从而实现自己所想。当然环境、世界具有现实性，人的理想是对现实世界的超越，这是建立在对客观规律的认识上，这样才能实现理想，才能实现人的发展与环境变化的一致性。但是如果人的理想的实现得不到环境的支持，就会产生矛盾；或者人的理想不符合规律，超过环境承受力也易产生矛盾。

3. 人与环境是转化的关系　人与环境的关系是主观与客观、主体和客体的辩证统一的关系。人的主观世界通过实践外化为客观世界，而且人通过实践活动作用于环境，实现对环境的改造。客观世界向人的主观世界转化的过程就是人认识世界的过程、实践的过程。人在生产和生活中通过实践对这个世界产生感性认识，随着感性认识不断地积累，形成理性认识。人的主观世界向客观世界的转化就是人类改造世界的过程。环境在没有经过人的改造之前是自在世界，人类出现后，通过生产、生活等实践活动作用于环境，产生了人化自然和社会。

人与环境的转化关系也是主体和客体的转化。人类是主体，环境是客体。唯物主义认为环境决定人，但人不是被动地适应环境，人还可以认识和改造环境。环境正是由人来改变的，环境的改变和人的活动、自我改变是一致的。主体在实践活动中，运用物质力量作用于物质客体，改造客体，使主体力量对象化；同时，客体属性、规律也作用于主体，使主体得到改造、发展。那么，前者是主体客体化，后者是客体主体化，两者化为条件，相互转化。

视窗 11-5

环境适应的要点

（1）生活质环境给人的全面发展提供了物质基础、文化资源与主观条件。

（2）人通过对环境的认识中形成自我理性，在对环境的改造中发展生产力，变革社会关系，促进社会进步。

（3）环境决定人，人反作用于环境，人与环境的关系是主观与客观、主体和客体的辩证统一的关系。

第三节　社会适应与生活质量

生活在现实世界中的人总会不可避免地受到环境的影响和制约。面对复杂多变、竞争激烈的社会环境，只有具有较强适应能力的人才能获得更充分的生存与发展的条件，大学生作为社会成员的一员，必须学会做事、学会求知、学会与人共处、学会生存。现代社会是一个发展迅速、变化多样的社会，必然强化了环境对大学生的影响。但是有的人可以自觉地融入到周围的环境中，适应各种环境的变化，而有的人则不能适应各种变化。

一、变迁中的社会环境

当今时期，我国正处于社会发展的转型期，社会经济发展由劳动密集型社会向集约型发展，知识、科技的推崇，给大学生的自我发展带来了难得的机会，但是这也对大学生的全面发展提出了更高的要求，带来了严峻的考验。

首先，快速发展的社会给大学生提供了更广阔的发展空间。经济的发展促进社会的发展，经济发展需要有更多的劳动力出现，需要大量的人才参与经济建设、社会建设，同时也需要更多的知识分子参与政治生活。大学生是重要的人才资源，但是大学生如何更好地发展，是决定其潜能是否能很好发挥的因素。

其次，日益开放的社会环境拓宽了大学生的视野，丰富了人的思维，增强了人的创造、创新能力。地域间的打破、信息量的剧增，无论从知识科研方面，还是文娱生活方面，都使大学生更有广度和深度。他们可以从更广阔的空间、更丰富的信息中，获得了更多的交流空间，也可以更直接地接触到社会、国家和国际。

再次，日益激烈的竞争环境给大学生带来了新的压力，对其心理素质提出了更高的要求。现代社会，学业竞争、职业竞争、生活竞争等越来越突出，这些压力，对于正处于心理发展中的青年大学生而言，容易产生更多其他的问题，影响大学生的全面发展。

最后，不同意识形态、不同文化的碰撞，在这个开放的社会环境中，对大学生的主体意识提出了更高的要求。在不同文化背景下，人的世界观、人生观、价值观都会不同。如何判断和选择，在大学生全面发展的道路上，究竟什么是正确的文化导向，这是一个难题，需要大学生具有更强的自主意识和主体性。

二、变迁中的社会适应

适应（adaptation）源自拉丁文中的“adantare”，最早出现于生物学领域，被认为是生物所特有的普遍存在现象。达尔文在其进化论理论中指出：生物与环境之间的关系，是一种“物竞天择，适者生存”的关系。生物体的进化过程是优胜劣汰，不断适应环境的过程，也就是说生物进化的一个基本原则是适应，意指生物有机体调整自身生存形态以顺应已改变了的生存环境的活动形式。

“适应”原属于生物学命题，后不断有学者将其引入社会科学领域，其中心理学、社会学领域的成果尤为突出。著名瑞士儿童心理学家皮亚杰（J.P.Paget）从认知和智能的层次对适应作了系统的研究，认为“儿童心理（智力、思维）起源于主体的动作，这种动作的本质就是主体对客体的适应，主体通过动作对客体的适应，乃是心理发展的真正原因”。他认为“个体每一个心理的反映，不管指向于外部的动作，还是内化了的思维动作，都是一种适应。适应本质在于取得机体与环境的平衡，而达到这种平衡的形式包括同化和顺应。如果机体和环境失去了平衡，就需要改变行为以重建平衡。这种不断的平衡、不平衡、平衡……的过程，就是适应的过程，也就是心理发展的本质和原因。”后有学者对皮亚杰的适应过程理论作了进一步补充和展开，指出适应是当外部环境发生变化时，主体通过自我调节系统做出能动反应，使自己的心理活动和行为方式更加符合环境变化和自身发展的要求，使主体与环境达到新的平衡的过程。

心理学领域中的“适应”一般强调适应的心理机制和适应过程，并表现出研究对象上的层次性，而社会学领域的“社会适应”则更多地强调适应主体与社会环境在适应过程中的互动。著名心理学家、社会学家赫伯特·斯宾塞是最早使用“社会适应”这一名词的人，他认为“生活即是内在关系与外在关系的调适”。个体对外界环境的适应包括一系列自主的适应过程，表现为顺应、自制、遵从、服从、同化等具体的适应方式。

《社会学词典》中将“社会适应”解释为：个人和群体调整自己的行为使其适应所处社会环境的过程。并将“适应行为”理解为：“个人适应社会环境而产生的行为。个人通过社会化，明确自己的社会权利与义务，形成了与社会要求相适应的知识、技能、价值观和性格，就会在社会交往与社会行动中采取符合社会要求的行动。反之，如果不能很好地适应社会环境，就会陷入困惑之中。人的一生是不断地适应环境的过程。”（王康，1988）

国内心理学者陈会昌教授认为，社会适应是指“社会或文化倾向的转变，即人的认识、行为方式和价值观因为社会环境的变化而发生相应的变化””。因此，社会适应实际上是对人的社会适应能力的一种存在描述，它包括以下几个方面：① 对社会生活环境的适应，包括对不同生活条件与方式的适应；② 对各种社会角色的适应，包括各种角色意识的形成以及对不同角色行为规范的掌握；③ 对社会活动的适应，包括各种活动规则的掌握和活动能力的形成，如学习、交往、工作、休闲等能力的形成与发展。社会适应既可以表现为人与社会环境之间的和谐状态，又可以表现为实现人与社会环境之间和谐的过程。

三、大学生社会适应的内容

社会是人的组织化实存状态的总和，是人们以物质生产活动为基础的相互联系的总体。人生活的社会错综复杂，社会现象丰富多彩，社会关系盘根错节，社会问题形形色色。大学生要适应这样复杂的社会，必然涉及对社会方方面面的适应，必然需要具备适应社会方方面面的能力。当代大学生社会适应能力涉及的面非常广泛，包括的内容很多，但其主要的内容可概括为如下四个方面。（杨光平，2002）

1. 学习适应能力 学习是大学生的天职，也是大学生成才的基础。当代大学生在学习上不仅面临从中学到大学的学习环境变化和适应，而且面临大学毕业后继续学习的环境变化和适应。学习适应能力主要是指在学习环境如学习目的、学习内容、学习要求、学习方式、学习时间等发生变化的情况下，人们调节、控制自己作出正确恰当反映的能力。学习适应能力是大学生社会适应能力的基本能力。它主要包括获取信息和处理信息的能力、创造性学习能力、自学能力等。

获取信息和处理信息的能力主要是指个体的人依靠个体现有的知识结构和智能结构，运用现代化的方法和手段获取和处理知识信息时表现出来的能力。为什么有的人在获取知识信息和解决实际问题时总是事半功倍，而有的人却事倍功半呢？这种差异实际上来自于方法和手段的差异。因此，获取信息和处理信息的能力主要表现在获取和处理的方法和手段的正确与否、科学与否上。在知识社会里，获取信息和处理信息的能力越强，收获就越大，效益越高，作为人才取得的优势就越明显。所以，当代大学生要立志成才，要增强自己的学习适应能力就必须努力培养获取信息和处理信息的能力。

创造性学习能力是指学习者根据自己对自然、社会现象的认识，采取别具一格的学习方法，认真地吸收前人留下的知识，而又不受这些知识约束，在接受知识时像前人创造知识那样去思考、去探索，在解决问题的各种实践活动中提出有新意甚至是创新的见解和方法的能力。当代大学生要想作为人才在社会上立足、生存就必须要进行创造性劳动。而每一份创造性劳动就是一项创新工作，而创新总是要依托一定的知识和经验的，世界上几乎不存在无知识的所谓创新。创新实质上是知识的转化和重新组合。创造性学习能促使学习者更进一步解放思想，抛弃一切陈规陋习，破除对书本和权威的迷信，勇敢地向真理前进；能培养学生善于从已知发现未知的认识能力，养成创造性思维和工作习惯，为以后从事创造性工作打下扎实的基础。积极努力地培养创造性学习能力，既是高等教育与大学学习的特点和规律的要求，也是大学生培养学习适应能力的需要。

自学能力是指大学生以自觉主动的学习态度和行动，采取科学正确的学习方法，依靠自己独立的思考和认真的钻研，从而获得新的知识和信息的能力。自学能力的强弱是决定学习效果优劣以及今后能否适应社会的重要前提。如果缺乏应有的自学能力，那就摆脱不了老师，永远依靠老师，这必然对自己今后独立的接受新的知识和信息形成障碍。这不利于大学生在社会上的生存和发展。因此，学习能力也是大学生培养学习适应能力的重要内容。

2. 社会工作适应能力 大学生在大学期间学习的最终目的就是为了积极投身于社会

实践，参与社会工作，而在参与社会工作中必然面对各种可能的工作性质和工作环境，这些工作性质和工作环境又随着人生的发展而不断变化。较好地适应不断变化发展的工作性质和工作环境是对大学生提出的一项基本的要求。

工作适应能力是指在工作环境如工作岗位、工作性质、工作条件等发生变化时，人们调节、控制自己作出正确恰当反映的能力。大学生社会工作适应能力是大学生社会适应能力的主要方面。它主要包括实践能力、创新能力、组织和管理能力等。

创新能力是指人们在提出新问题、探索新领域的过程中，构建的新知识、新技术、新工艺、新方法，并产生新成就的能力。创新是创造能力最根本的特征之一。创新能力主要包括知识创新、技术创新、工艺创新和方法创新等几个方面。不少成功者的经验告诉我们，他们的创新关键在善于吸收和运用别人的经验，并结合自己的工作实际突破旧框框，探索新方法，开辟新途径。随着社会发展的要求，创新能力成为一项重要的工作能力。对于当代大学生，创新能力是培养社会工作适应能力必备的能力。

实践能力是人们用实际行动，亲自动手解决实际问题，从事实际创造活动的能力。创新总是伴随着解决问题而发展起来的，问题解决的达成离不开人的实践能力。如果创新思维是“想”的水平，那么实践能力就是“做”的本领。实践能力是使创新思维变成创新现实的中介，实践能力应是现代人才也是当代大学生必备的一项基本的工作能力。它是大学生培养社会适应能力的基础。

组织和管理能力是指一个人设计和维持一种体系，把这个体系中的一个人或若干个人的活动进行有计划、有规律的协调，以尽可能少的人力、物力、财力支出，去实现他们预期的目标的能力。一切组织和管理的能力都必须通过实践的锻炼刁能提高。一个组织和管理能力强的人往往表现为具有勇于开拓、敢于创新的精神，具有敏锐的超前意识和果断决策的战略家的胆识，具有把不同专业、不同类型的人才召集在一起进行合理安排和合理使用并让他们发挥最大限度作用的能力。作为要求全面发展的大学生，为培养社会适应能力还必须具备一定的组织和管理能力。

3. 社会交往适应能力　社会交往适应能力是指人们在通过各种手段进行的人与社会之间、人与人之间的联系和接触过程中，调节、控制自己作出正确恰当反映的能力。社会交往作为人类的一项基本的实践活动，存在于社会生活的各个领域，贯穿于人们的一生，具有沟通人际信息、交流人际情感、协调人际行为、提高人际知觉准确性的普遍作用。大学生作为社会的成员，参与各种社会实践活动是其人生的需要，而在各种社会实践活动中必然面对各种社会关系，进行各种社会交往。进行社会交往必须了解相应的道德规范、礼仪规范和习俗规范。对社会交往的适应是向大学生提出的一项重要要求。因此，大学生社会交往适应能力是当代大学生社会适应能力的重要方面。社会交往适应能力应当包括语言能力、为人处世能力等。

语言能力是指人们在社会交往过程中善于运用语言技巧和艺术进行交流，从而达到交往的预期效果的能力。语言是社会交往中必备的工具，它是开启交流大门的钥匙。没有语言，哪来交往？所以，语言能力是社会交往适应能力的必备的能力。

为人处世能力实际上就是人们在社会交往中对交往的道德规范、礼仪规范、习俗规范的理解、掌握和运用并能取得预期的交往效果的能力。为人处世能力强的人在社会交往中容易给别人留下好的印象，从而可以进行长期交往，最终成为知心朋友。为人处世能力差的人，不易进行社会交往，即使交往了也可能最终失去朋友。所以为人处世能力是社会交往适应能力的重要能力。

4. 社会生活适应能力 社会生活是人生的基本内容，它包括物质生活和精神生活两个方面。大学生不论是在校学习期间还是在毕业工作以后，总是面对社会生活的不断变化，总是需要不断地适应变化的社会生活。社会生活适应能力是指人们在面对各种物质生活和精神生活的变化发展过程中，调节和控制自己以适应变化的物质和精神生活从而达到满意舒适的能力。社会生活适应能力应当包括对物质生活和精神生活的创造、利用和享受能力，所以我把它分为创造生活的能力和享受生活的能力。

创造生活的能力主要是指人们为实现自己确立的生活目标而进行不懈努力的状况和达到的效果的一致性。人们的社会生活总是有一定的目的性。人们创造生活的进程是受到主、客观因素影响的。尽管从客观上讲，由于环境条件和机遇的不同，有的人虽努力创造生活却不一定能达到预期的效果。但我在这里主要是谈主观原因。为什么不同的人在同一条件下作出相同的努力却会有不同的效果呢？这实际上就是创造生活的能力差异导致的结果。在现代社会里，我们很难想象一个不会创造生活的人的社会生活状况。所以创造生活的能力是培养社会生活适应能力的重要内容。美好的生活是等不来的，它需要我们去努力创造。

享受生活的能力是指人们在亲身体验和感受社会生活的过程中得到满足的程度从而激发对社会生活向往、追求和热爱的状况的一致性。会享受生活的人，他能从中感受生活带来的愉悦和幸福，才会激发对更加美好生活的向往和追求，才会珍惜和热爱生活，从而珍惜自己的生命。因而他会更加努力地去适应社会，享受社会生活带来的乐趣，享受人生。由此可见，享受生活的能力也是培养社会适应能力的动力。

视窗 11-6

大学生社会适应能力的要点

（1）生活质获取信息和处理信息的能力、创造性学习能力、自学能力等学习能力也是大学生培养学习适应能力的重要内容。

（2）工作适应能力、创新能力、实践能力、组织和管理能力是大学生社会工作适应能力的必备元素。

（3）语言能力、为人处世能力是大学生社会交往适应能力的重要组成。

（4）创造生活的能力、享受生活的能力是大学生社会生活适应能力的动力。

四、大学生社会适应能力培养

现代社会信息更新速度不断加快，科学技术发展一日千里，社会变革愈加剧烈，竞争压力增大，因此，社会对大学生适应其运行发展的要求较以往社会更为急迫。只有社会适应能力较强的人，才能从容不迫地面对竞争日益加剧、纷繁而且莫测的社会环境，才能获得更大的生存空间和更充分的发展条件，所以社会适应能力不仅是国家和社会对大学生应该具备的基本素质的要求，也是人的一项基本的生存能力。大学生培养自身社会适应能力要从承受挫折能力、人际交往能力、社会实践能力、社会应变能力等方面入手。

1. 承受挫折能力 不论是在学校还是步入社会，每个人都会遇到一些挫折，如何应对挫折，应注意以下几个方面。首先，挫折和压力是普遍存在的，我们无法避免。一只蚕蛹在它羽化成蝶之前，必须经历挣扎破茧的苦痛，否则就不会有后来的美丽飞舞。一颗树苗如果始终处在温室中，不经历风吹雨打的磨炼，就不会长出坚挺茁壮的躯干，撑起一片枝繁叶茂的华盖。一个人只有经历挫折磨砺，冲破重重压力，才能提高克服困难、适应社会的能力。可见从自然界到人类社会，挫折和压力无处不在。其次，一个人经受挫折并不完全是坏事。有人做过一项实验：把一只青蛙冷不防扔进煮沸了水的锅里，青蛙能够迅速地一跃跳出，逃离危险境地。然后把同一只青蛙放进冷水的锅中，逐渐加热，青蛙感到舒服惬意，以至意识到危险来临时却逾越乏力，最终葬身锅底。此正所谓“生于忧患，死于安乐”。人们在挫折和压力面前，总会保持清醒的头脑，不断寻求战胜挫折克服压力的办法，从而使自己的阅历越来越丰富，意志越来越坚强，处事应变的能力就会得到极大提高其三，挫折和压力是一笔宝贵的财富。锐意进取的人不仅不会逃避挫折和压力，为了锻炼培养自己的心理承受力，总是会设定一个又一个目标并为之努力，这个努力的过程就是挑战挫折和压力的过程。古往今来成功者的事例不胜枚举，但没有任何一名成功者未经受挫折和压力的考验而取得成就的，在通往辉煌之巅的征程中没有人会随随便便成功。而那些闪耀在人们心头的伟大思想，正是攻克无数艰难挫折凝结而成的精华，给人类社会留下了宝贵财富，为世人所借鉴。

2. 人际交往能力　人际关系是我们生活中的一个重要组成部分。倘若搞不好人际关系，将对我们的工作、生活及心理健康有不良的影响。在现实社会中，由于各人的性格、秉赋、生活背景及目的等等的不同而产生的思想上的一定隔阂，这是正常的，也是可以理解的。倘若在工作或生活中和所有的人都合不来，那就不正常了，需要作自我调整并加以改变。人依据其年龄、性别、职业、职位、所处环境等情况而扮演着不同的社会角色。在与人接触时，不同的角色有着不同的行为规范，所以在和不同的人相处时，有不同的要求和技巧。首先，要处处替他人着想，切忌自我中心。要搞好人际关系，就要学会从其他的角度来考虑问题，善于作出适当的自我牺牲。要做好一项工作，经常要与别人合作，在取得成绩之后，要求共同分享，切忌处处表现自己，将大家的成果占为己有。提供给他人机会、帮助其实现生活目标，对于处理好人际关系是至关重要的。替他人着想还表现在当他人遭到困难、挫折时，伸出援助之手，给予帮助。良好的人际关系往往是双向互利的。您给别人的种种关心和帮助，当您自己遇到困难的时候也会得到回报。其次，要胸襟豁达、善于接受别人及自己。要不失时机的给别人以表扬。但须注意的是 要掌握分寸，不要一味夸张，从而使人产生一种虚伪的感觉，失去别人对您的信任。再次，要掌握与他人交谈的技巧。交谈时要注意倾听他的讲话，并给予适当的反馈。聚神聆听代表着理解和接受，是连接心灵的桥梁。在表达自己思想时，要讲究含蓄、幽默、简洁、生动。含蓄既表现了你的高雅和修养，同时也起到了避免分歧、说明观点、不伤关系的作用，提意见、指出别人的错误要注意场合，措词要平和，以免伤人自尊心，产生反抗心理。最后，要抽时间和同学、朋友打成一片。培养自己多方面的兴趣，以爱好结交朋友，互相交流信息、切磋自己的体会，融洽人际关系。

3. 社会实践能力　实践能力是指人们在有目的地探索和改造现实世界的一切社会性客观物质活动过程中所表现出来的能力和素质。大学阶段是从学生到社会过度的阶段，社会实践能力的培养就以后的社会适应有着重要的影响。大学生社会实践能力的培养首先是专业实习。专业实习是大学生运用所学专业知识在课堂之外，参与到高校实验、课题研究、社会相关工作中去，是大学生理论联系实际的过程。它也是大学生顺利毕业，步入社会必经的一个重要阶段。由于知识的不断更替，大学生所学的专业知识很可能在他们步入社会时就已经过时，专业实习则恰好帮助大学生更新和补充课堂知识。同时专业实习也使大学生加深对专业认识、专业发展趋势的认识，也使他们了解社会的需求。另外，大学生通过专业实习，把知识转化为个人能力。通过更新个人所学知识，还可以发现新问题，激发大学生的创造精神。大学生社会实践能力培养可积极参加社会志愿服务。在大学生将要毕业步入社会时，有部分学生会响应国家的号召到西部去，到祖国需要的地方去。到一些偏远地区，不以物质报酬为目的，只是为推动国家发展贡献自己的一份力量。在这个志愿团队中，大学生占重要的位置。大学生可以通过志愿服务提高自身适应社会的能力。志愿服务采取大学生自愿原则，因此这也是大学生一个进行自我选择、自我教育的机会。大学生参加志愿服务活动，在社会生产、生活中，可以学以致用，把自己所学的专业知识带到服务地区，为当地的发展注入新鲜的血液。同时，也培养了大学生的社会适应能力、提高了他们自主、创新的能力。大学生通过志愿服务，也肯定了个人的自我价值。

4. 社会应变能力 应变能力是当代人应当具有的基本能力之一。在当今社会中，我们每个人每天都要面对比过去成倍增长的信息，如何迅速地分析这些信息，是人们把握时代脉搏、跟上时代潮流的关键。大学生在平时的学习生活中，有时会遇到一些突如其来的变故，应对这些变故的能力就是应变能力。人的应变分为积极应变和消极应变。积极应变着眼于解决问题取向，在面对各种变故时善于从失败、挫折中吸取教训，总结经验。消极应变着眼于情绪取向，面对变故采取不满、逃避、发泄的方式，这是一种不健康的应变。面对变故首先要做到冷静自信，一个人的应变能力反映着他的机智和聪明，一旦碰到意外的变故，要能表现出高度的冷静和强烈的自信，甚至伴以适当的微笑，这是一种强者姿态。只有这样，才能使自己在冷静中产生急智，发挥自己敏捷的思维能力和语言应变能力。也只有这样，才能摆脱困境，化险为夷，化拙为巧，收到理想的意外的效果。如果情绪过分激动或紧张，只会抑制自己的思维活动，使自己陷入不利的境地。然后要学会诙谐幽默，应变的语言最好能诙谐幽默一些，因为这样的语言能使局促、尴尬的场面变得轻松、缓和，避免正面冲突，也能使自己和对方的紧张情绪得到缓解，甚至可以消除对方敌对情绪，相逢一笑泯恩仇。随着社会竞争的加剧，人们所面临的变化和压力与日俱增，每个人都可能面临择业，下岗等方面的困扰。努力提高自己的应变能力，对保持健康的心理状况，提升生活质量是很有帮助的。

视窗 11-7

大学生社会适应能力的培养

（1）挫折和压力是普遍存在的，一个人经受挫折并不完全是坏事，挫折和压力是一笔宝贵的财富。

（2）人际关系是生活的重要组成部分，交往中切忌自我中心、要胸襟豁达、善于接受别人及自己，掌握与他人交谈的技巧。

（3）积极参与专业实践与社会志愿服务，提升社会实践能力。

（4）面对变故学会冷静自信、诙谐幽默、积极应对，提升社会应变能力。

案例 11-3

幸福国度——不丹

1972 年，时任不丹国王的吉格梅·辛格·旺楚克提出“国民幸福总值”这样一个概念，以取代国民生产总值。他认为：政府施政应该以实现幸福为目标，注重物质和精神的平衡发展。据说“该国只有两架飞机，大部分人都吃素，基本物质条件不好”，然而其居民却被称作是“最幸福”的人。

人口不过 70 万的不丹是一个地处喜马拉雅山南麓的佛国，经济不很发达，却因国民拥有很高的幸福指数而蜚声全球。2006 年之后，不丹引起了世人的广泛关注，因为它被评为全世界“幸福指数最高的国家”之一：幸福指数亚洲排名第一，世界排名第十三。农民占全国人口 80%的不丹人过着自给自足的生活。不丹绝大多数人口都是农民，他们收入不多，刚刚解决温饱问题，但他们都很满足、都很快乐。这是为什么？难道中国古代圣人所讲的“安贫乐道”真有其事？不丹告诉我们：佛国佛心，笑中有道。

不丹的国民幸福总值体现了以人为本、以民为贵的理念。“国民幸福总值”以 9 个大类来衡量生活，包括教育、心理幸福感、健康、时间支配、文化多样性和恢复力、善治、社区活力、生态多样性和恢复力、生活水平，每个大类里有 8 个子项，共 72 项，这些数据每三年修订一次。值得注意的是，GDP 只是幸福的 1/72。不丹提出的国民幸福指数＝生产总值指数×a%+社会健康指数×b%+社会福利指数×c%+社会文明指数×d%+生态环境指数×e%，其中 a、b、c、d、e 分别表示生产总值指数、社会健康指数、社会福利指数、社会文明指数和生态环境指数所占的权数，具体权重的大小取决于各政府所要实现的经济和社会目标。从中可见，不丹国民幸福指数高的秘诀是坚持生态效益、人文效益和社会效益高于经济效益，这是不丹一以贯之的平衡、有序、有机的幸福发展观所包含的核心价值。生态效益是指优良的生态环境、美好的居住环境、和谐的工作环境所带来的效益；人文效益是人作为文化的生物，需要“家根文化”的滋养，人类在一方文化的哺育下找到归属感和幸福感，所以促进心灵成长的人文传统应该被尊崇；社会效益是指提高国民的健康程度、就业水平、生活满意度和文明程度所体现的社会进步；经济效益则是指在其他条件的限定下追求国内生产总值的提高。

没有心灵的满足和宁静，不可能有真正的幸福。不丹的“幸福指数”标准包括了精神上的幸福、健康、教育、时间的使用和平衡、文化的多样性和弹性、生态的多样性和弹性等 290 多个问题，反映影响个人和社会幸福感的各个方面，覆盖人类生活的最广泛领域。有人这么描述所看到的不丹：不丹就像一个不食人间烟火的孩子，纯净清澈，质朴天然，有信仰，有自由，复杂和世俗顿时能在不丹的空气里净化为简单，最后回归平静。不丹坚持了正确的发展之道，所以成就了一个幸福的“伊甸园”：生态自然，心态满足，物质简单，精神幸福，天地人物，和谐共生。

思考：如何能构建属于自己的幸福国度呢？

学 习 思 考

1. 环境是如何影响人类的生活质量?
2. 生活环境的社会影响因素有哪些?
3. 结合教材，对照自己的实际情况，你觉得如何培养和提升自己社会适应能力?
4. 如何改善自己所处的环境，从而提高生活质量?

（谭健烽）

参 考 文 献

陈冰洋，2013. 体育锻炼对培养学生健康心理的作用[M].黑河教育，4：80

陈鹏，王海江，朱琳，等. 2007.胃肠道恶性肿瘤患者生命质量影响因素的 FLIC 问卷评估[J].新疆医科大学学报.30（8）：840-845

陈万泓. 2013.针刺“消渴组穴”改善 2 型糖尿病特异性生命质量的临床观察研究[D].北京，北京中医药大学

陈先达. 2004. 马克思主义哲学原理[M] .北京：中国人民大学出版社：227

陈莹，于磊，万崇华，等. 2015.基于健康状况调查问卷的慢性胃炎患者生命质量评价及其影响因素研究[J].中国全科医学.18（10）：1153-1156

陈宇婧，李星明，袁晓青，等.2015.艾滋病感染者及患者生命质量的现况及其相关因素分析[J].中国预防医学杂志.16（5）：333-338

程金湘. 2013.胶质瘤患者健康相关生命质量研究[D].西安，第四军医大学

董博. 2010.D 型人格对冠心病冠脉支架置入术患者生命质量影响的研究[D]，沈阳，中国医科大学

方飞，王晓峰，陈燕，等. 2015.口腔癌患者手术前后生存质量的比较[J].临床口腔医学杂志. 31（6）：360-363

方开泰．1989.实用多元统计分析[M].上海：华东师范大学出版社：132-136

甘媛源，余嘉元. 2011.中国青少年心理韧性量表的概化理论研究[J]. 湖北大学学报：哲学社会科学版，38（6）：125-128

高丽. 2006. 慢性胃炎及消化性溃疡患者生命质量测定量表的研制与考评[D] .昆明医学院硕士论文

巩存涛. 2014.维吾尔族、哈萨克族农村老年人生命质量及其影响因素研究[D].新疆，石河子大学

顾海根. 2008.心理与教育测量[M].北京：北京大学出版社

郭茜.2004.我国生活质量影响因素分析[D].首都经贸大学硕士学位论文

郝元涛，方积乾，Power M J，等. 2006. WHO 生存质量评估简表的等价性评价[J]. 中国心理卫生杂志，2：71-75

郝元涛，孙希凤，方积乾，等．2004. 量表条目筛选的统计学方法研究[J]．中国卫生统计，21（4）：209-211

何立国，周爱保. 2006.青少年学生生活满意度量表“的概化理论研究[J]. 心理科学，29（5）：1199-1202

何雪.2012.当代人的精神生活物化问题研究[D] .吉林师范大学硕士论文

洪立基．1994. 卫生统计学[M]．南京：东南大学出版社：38-39

胡海燕，谌卫，贾猛，等. 2012. 中文版欧洲五维健康量表在慢性肾脏病患者中的信效度研究[J]. 中国中西医结合肾病杂志，8：690-693

胡洁，姬天舒，冯凤莲.2002.父母教养方式与大学生总体幸福感的相关研究[J].健康心理学，10（1）：16-17

黄新萍. 2012. 慢性病患者生命质量测定量表体系之慢性肾衰竭量表 QLICD-CRF 的研制与应用[D].昆明医科大学硕士论文

黄聿明. 2012. 良性前列腺炎与前列腺增生患者生命质测定量表的研制与比较[D].昆明医科大学硕士论文

姜傲. 2012.大肠癌结肠造口患者生命质量及影响因素的研究[D]，吉林，吉林大学

焦岚.2012.心理生活质量研究——基于大学生心理生活质量的调差分析[D].吉林大学博士学位论文

金泉.2009.好心态成就非凡人生[J].中国华侨出版社：45-48

金新政，厉岩.2001.优序图和层次分析法在确定权重时的比较研究和应用[J].中国卫生统计，18（2）：119-120

郎颖，刘银贤. 2012.宁夏地区胃癌患者生命质量及其影响因素研究[J].卫生经济研究.12（307）：48-52

李鹤展，万崇华主编.2012.当代大学生心理健康教育[M].长春：东北师范大学出版社，87-88

李净海. 2009.丹东市贫困人群生命质量及其影响因素的研究[D].沈阳，中国医科大学

李明晖，罗 南.2009.欧洲五维健康量表（EQ-5D）中文版应用介绍[J].中国药物经济学杂志，1：49-57

李艳平.2013.人的全面发展理论指导下的大学生社会适应能力的培养[D]. 河南农业大学硕士毕业论文

梁明明，李晔，鲁铱. 2012.患者信任医生与焦虑、健康相关生命质量的关系［J］. 中国健康心理学杂志，20（11）：1645-1647

刘朝荣．1990. 试验的设计与分析[M]．武汉：湖北科学技术出版社：81-83

刘锋.2010.现阶段中国人的精神文化需求研究[D].中共中央党校博士学位论文：29-34

刘忠厚，马述士.1992.骨质疏松[M].北京：化学工业出版社：228-235

刘姿含.2012.像国王一样吃早餐——不吃早餐危害多[J].医食参考，4：8

陆家仕，林饶，2012，常见慢性病与不良晚餐习惯“共舞”[J].药物与人，10：38

罗健，孙燕，周生余. 1997. 中国癌症患者化学生物治疗生活质量量表的编制[J].中华肿瘤杂志，19（6）：437-441

罗娜. 2009. 糖尿病患者生命质量测定量表的研制与考评及糖尿病患者生命质量影响因素研究[D] .昆明医学院硕士论文

罗雪婷，李风雷，刘健，等. 2011.运动干预对大一新生生命质量的影响[J].东华理工大学学报（社会科学版）.30（4）：383-386.

米热古.祖农，吐尔逊古.斯木提拉.2010.中老年人的晚餐与健康[J]，按摩与康复医学，1（32）：52-53

倪宗瓒. 2003. 医学统计学[M]. 北京：高等教育出版社：237.

牛迪. 2013.探讨了湿热体质与平和体质血清 ICAM-1、IL-4 检测和 MOS SF-36 生命质量研究[D].广州中医药大学

潘宝骏．1995. 科研通用电脑软件[J]．福建科学技术出版社：86-92

彭双运. 2009.乳腺癌术后化疗患者生命质量的现状调查及影响因素分析[D]，沈阳，中国医科大学
漆书青，戴海琦，丁树良. 2002.现代教育与心理测量学原理[M].北京：高等教育出版社：172
琴佳. 2013. 晚餐五忌[J]，驾驶园，3：93
冉祥华. 2008. 美育的当代发展[M] .北京：新华出版社；111
任俊. 2006. 积极心理学[M].上海：上海教育出版社：67
申荷永. 1999. 社会心理学原理与应用[M].广州：暨南大学出版社：235-236
宋维真. 1991. 心理测验[M]. 北京：科学出版社：1-21
泰勒. 本-沙哈尔，2009，幸福的方法[M].北京：当代中国出版社：139
汤旦林，王松柏. 1994. 生命质量测定及其在临床试验中的应用[J]. 中华医学杂志，74（3）：175-179
万崇华，方积乾，沈杰，等. 1998. 海洛因依赖者戒毒期生存质量的变化规律及影响因素分析[J]，中国公共卫生，14（4）：244-246
万崇华，江文富. 2013.中华医学统计百科全书健康测量分册[M].北京：中国统计出版社：58
万崇华，罗家洪，杨铮，等. 2007. 癌症患者生命质量测定与应用[M].北京：科学出版社：108
万崇华，罗家洪，张灿珍，等. 2003. 癌症患者生命质量测定量表体系研究[J].中国行为医学科学，12（3）：341-342
万崇华，孟琼，罗家洪，等. 2007. 癌症患者生命质量测定量表体系共性模块研制方法（一）：条目筛选及共性模块的形成[J]. 癌症 26（2）：113-117
万崇华，孟琼，杨铮，等. 2004. 云南省农村四种民族的生活状况及生存质量分析[J]. 中国农村卫生事业管理. 24（6）：25-27
万崇华，史明丽，方积乾. 1995. 生命质量量表制定中的指标筛选方法[J].数理医药学杂志 8（增刊）：5-7
万崇华. 1999. 生命质量测定与评价方法 [M].昆明：云南大学出版社
万俊人.2003 .人为什么要有道德[J] .现代哲学，1：65-75
王超秀. 2011.漫性肝炎患者生命质量测定量表的研制与考评[D] .昆明医学院硕士论文
王国辉. 2007.慢性肺源性心脏病患者生命质量测定量表的研制与考评[D].昆明医学院硕士论文
王极盛，丁新华. 2003.初中生主观幸福感与应对方式的关系研究[J].中国临床心理学杂志，11（2）：96-98
王康.1 998. 社会学词典[M].山东人民出版社：6
王瑞. 2011.慢性丙型肝炎患者生命质量及影响因素的研究[D].延边大学硕士论文
王彤，苏征社.2002 .论贫富差距对社会心理的影响[J].石油化工管理干部学院学报，2：29
王秀丽. 2014.音乐疗法对改善癌症患者身心症状和睡眠质量的疗效研究[D]，辽宁医学院硕士论文
王玉霞.2008.人的精神需求的理论探讨，北京交通大学硕士学位论文[D]
王煜. 2010.中国居民健康相关生命质量及其对卫生服务利用影响的研究[D]，中国医学科学院硕士论文
王重鸣. 2001. 心理学研究方法[M]. 2 版. 北京：人民教育出版社：125-215
魏咏兰，贾勇，王琼，等. 2006.健康促进对社区老年人生命质量的影响[J].中国慢性病预防与控制.14（2）：119-121
吴明霞. 2000.30 年来西方关于主观幸福感的理论发展[J].心理学动态，（4）：23-28
席勒[德]. 1985. 审美教育书简[M]. 冯至，范大灿，译. 北京：北京大学出版社：116
徐代红，樊小兵. 2007. 浅谈体育锻炼和科学运动时间的研究[J].体育世界（学术版），3：16
许传志，董宇，万崇华，等. 2009. 云南省玉龙县纳西族居民生命质量及影响因素分析[J]. 昆明医学院学报，30（8）：104- 107
严东. 2011. 坚持体育锻炼，保持阳光心态——论健康情感的发展与体育锻炼[J]，考试周刊，73：39-40
杨光平. 2002. 当代大学生社会适应能力的调查及培养研究[D].西南师范大学硕士毕业论文
杨瑞雪. 2005. 心血管疾病患者生命质量测定量表的研制和考评[D].昆明医学院硕士论文
杨铮，万崇华，许传志，等. 2004. 云南壮族居民生命质量的影响因素分析[J]. 中国全科医学.7（7）：967-968
杨志明，张雷. 2005.测评的概化理论及其应用[M].北京：教育科学出版社：24，35-39
姚从军.2007.论马克思主义信仰与宗教信仰的区别[J] .湖南科技学院学报，（5）：25
姚薇，邹晓莹，曹军丽，等. 2014.头颈部癌症病人心理护理模式及效果研究[J].护理研究.28（9）：3367-3368
叶旭军，李鲁. 2002. 老年人生命质量研究现状［J］.国外医学·老年医学分册. 23（3）：128 -130
于康. 2012. 晚餐吃太饱易生 7 种病[J]，美食，7：55
余小芳，雷良忻. 2004. 民办高校学生主观幸福感与人格、家庭功能关系研究[J].中国学校卫生，25（3）：269-270
禹玉兰，谭健烽，万崇华，等. 2015. 幸福感溯源及与生命质量的关系[J]. 医学与哲学，36（3A）：44-46
张海娇. 2011. 慢性病患者生命质量测定量表体系之支气管哮喘量表 OL1CO-BA 研制与考评[D].昆明医学院硕士论文
张厚粲，龚耀先.2012.心理测量学[M]，杭州：浙江教育出版社，256，269
张静，乌区宇芬，袁妹华，等. 2012.气象环境预警预报技术对哮喘儿童生命质量干预的研究[A].中华医学会第十三届全国儿科呼吸学术会议论文集[C]
张静文，杨扬，唐宏亮. 2011.太极拳干预社区中老年人亚健康状态的临床随机对照试验[J].南京体育学院学报（自然科学版）. 10（6）：18-20

张燕. 2011.泰山市警察群体生命质量及影响因素研究[D].泰山医学院硕士论文

赵长太.2005.需要与人的发展[J]. 理论月刊，9：52

中国营养学会. 2007. 中国居民膳食指南及平衡膳食宝塔（标准本）

周辅成. 1987. 西方伦理学名著选辑 6（上卷）[M]. 商务印书馆：13

朱翠英，凌宇，银小兰. 2011. 幸福与幸福感——积极心理学之维[M].北京：人民出版社：3-4

朱闻慧. 2010. 莫让家庭晚餐变了“味”[J].药物与人，8：66-67

Aaronson NK，Ahmedzai S，Bergman B，et al. 1993.The European Organization for Research and Treatment of Cancer QLQ-C30：a quality of life instrument for use in international clinical trials in oncology [J]. J Natl Cancer Inst，85：365-376

Aaronson NK，Cull A，Kaasa S，et al. 1994.The EORTC modular approach to quality of life assessment in oncology [J]. Int J Ment Health，23：75-96

Anderson TW. 1958. An introduction to multivariate statistical analysis[M]. New YORK：Join Wiley & Son Inc

Bonomi AE，Cella DF. 1995. A cross-cultural adaptation of the functional assessment of cancer therapy（FACT）quality of life measurement system for use in European oncology clinical trials[J]. Quality of Life Newsletter. （12）：5-7

Brook RH，Ware JE Jr，et al. 1984. Effect of coinsurance on the health of adults. Santa Monica，Calif：The Rand Corporation（R-3055-HHS）

Brovold T，Skelton DA，Bergland A. 2013. Older adults recently discharged from the hospital：effect of aerobic interval exercise on health-related quality of life，physical fitness，and physical activity [J]. J Am Geriatr Soc. 61（9）：1580-1585

Brown B. 1987. A method by Used for the Elicitation of Opinions of Expercn[J]. The Rand Corporation，9：3925-3942

Campbell DT，Fiske DW. 1979. Convergent and discriminant validation by the multitrait-multimethod matrix[J]. Psychological Bullitin，76：81-107

Carter EM，Khatri CG，Srivastava MS. 1979. The effect of inequality of variances on t-test [J]. Sankhya，Ser. B41：216-225

Cella DF，Tulsky DS，Gray G. 1993. The functional assessment of cancer therapy scale：Development and validation of the general measure[J]. J Clin Oncol，11（3）：570-579

Coates A，Porzsolt F，Osoba D. 1997. Quality of life in oncology practice：prognostic value of EORTC QLQ-C30 scores in patients with advanced malignancy[J]. Eur J Cancer. 33（7）：1025-1030

Cole BF，Gelber RD，Anderson KM. 1994. Parametric approaches to quality-adjusted survival analysis[J]. Biometrics 50（3）：621.

Cole BF，Gelber RD，Goldhirsch A. 1993. Cox regression models for quality adjusted survival analysis[J]. Statistics in Medicine，12：975-987

Cox DR，Fitzpatrick R，Fletcher AE et al. 1992. Quality-of-life assessment：can we keep it simple? [J]. J R Statist. Soc. A.155：353-393

Cox DR. 1972. Regression models and life-tables（with discussion）[J]. J R Statist Soc，B，34：187

Cronbach LJ. 1971. Co-efficient alpha in the internal structure of tests[J]. Psychometrica，16：297-334

de Haes JCJM，van Knippenberg FCE，Neijt JP. 1990. Measuring psychological and physical distress in patients：structure and application of the Rotterdam Symptom Checklist[J]. Br J Cancer；62：1034-1038

de Vet HC，Ostelo RW，Terwee CB，et al. 2007. Minimally important change determined by a visual method integrating an anchor-based and a distribution-based approach[J]. Qual Life Res.，16（1）：131-142

Deyo RA，Centor RM. 1986. Assessing the responsiveness of functional scales to clinical change：an analogy to diagnostic test performance[J]. J Chron Dis，39，（11）：897-906

Diener E，Biswas-Diener R.2002. Will money increase subjective well-being? [J]. Social Indicators Research，57：119-169

Diener E，Lucas R.2000. Explaining differences in societal levels of happiness：relative standards need fulfillment，culture，and evaluation theory [J]. Journal of Happiness Studies，1：41-78

Diener E，Oishi S，Richard E，Lucas R.2003. Personality，culture，and subjective well-being：Emotional and cognitive evaluations of life [R]. Annual Reviews Psychology，54：403-425

Donovan K，Sanson-Fisher RW，Redman S. 1989. Measuring quality of life in cancer patients[J]. Journal of Clinical Oncology，7（7）：979-968

Drummond MF. 1987.Resource allocation decisions in health care：A role for quality of life assessments? [J]. J Chron Dis，40（6）：605-616

Ernst E. 1998，Exercise for female osteoporosis[J]. Sports Med，25：359-368

Everitt BS. 1995. The analysis of repeated measures：a practical review with examples[J]. The Statistician，44（1）：113-135

Fayers P，Hays R. 2005. Assessing Quality Of Life In Clinical Trials. 2nd ed [M]. Oxford University Press

Feeny D，Furlong W，Torrance GW. 2002. Multi-attribute and single attribute utility functions for the Health Utilities Index Mark 3 system[J]. Med Care，40（2）：113-128

Feeny D. 2000. A Utility Approach to the Assessment of Health-Related Quality of Life[J]. Medcial Care，38（9）：151-154

Fleiss JL. 1999. Reliability of measurement，the design and analysis of clinical experiments[M]. John Wiley and Sons Press

Francis G，Claire B，et al. 1993. Cross-cultural adaptation of health-related quality of life measures：literature review and proposed guidelines[J]. J Clin Epidemiol 46（12）：1417-1432

Fujita F.1991.An investigation of the relation between extraversion，neuroticism，positive affect，and negative affect[J].Unpublished masters thesis，University of Illinois at Urbana-Champign，114-192

Gandek B，Ware JE，Aaronson NK，et al. 1998.Cross-Validation of Item Selection and Scoring for the SF-12 Health Survey in Nine Countries：Results from the IQOLA Project[J]. J Clin Epidemiol，51（11）：1171-1178

Glasziou PP，Simes RJ，Gelber RD. 1990. Quality adjusted survival analysis[J]. Statisitcs in Medicine，9：1259-1276

Goldhirsch A，Gelber RD，Simes RJ et al. 1989. Costs and benefits of adjusted therapy in breast cancer：a quality-adjusted survival analysis[J]. Journal of Clinical Oncology，7（1）：36-44

Greenhouse SW，Geisser S. 1959. On methods in the analysis of profile data[J]. Psychometrika，32：95-112

Guilferd JP. 1977. Fundamental statistics in psychology and education[M]. 6 edn. Mcgraw-Hill College，438-442

Gurin G，Veroff L，Feld S. 1960. Americans view their mental health[M]. New York：Basic Books

Guttman L. 1950. The basis for scalogram analysis. In Stouffer SA. et al.（Eds）. Measurement and prediction[M]. Princeton，NJ：Preceton University Press

Guyatt G，Walter S，Norman G. 1987. Measuring change over time：assessing the usefulness of evaluative instruments[J]. J Chron Dis，40（2）：171-178

Guyatt GH. 1993. The philosophy of health-related quality of life translation[J]. Quality of Life Research 2：461-465

Hays R，Hadorn D. 1992. Responsiveness to change：an aspect of validity，not a separate dimension. Quality of life research. 1：73-77

Hays RD，Hayashi T.1990. Beyond internal consistency reliability：Rationale and use's guide for multi-trait analysis program on the microcomputer[J]. Behav Res Methods Instrum Compu，22：167-175

Heine S，Kitayama S，Lehman D，et al.2001. Divergent consequences of success and failure in Japan and North America：an investigation of self-improving motivations and malleable selves [J]. Journal of Personality and Social Psychology，81：599-615

Hendricson WD，Russel IJ，et al. 1989. An approach to developing a valid Spanish language translation of a health status questionnaire[J]. Med Care 27：959-966

Herdman M，Fox-Rushby J，Badia X. 1997. Equivalence and the translation and adaptation of health-related quality of life questionnaires[J]. Qual Life Res. 6（3）：237-47

Hermann BP，Vickrey B，Hays RD，et al. 1996. A comparison of health-related quality of life in patients with epilepsy，diabetes and multiple sclerosis[J]. Epilepsy Res.25（2）：113-118

Husted JA，Cook RJ，Farewell VT，et al. 2000. Methods for assessing responsiveness：a critical review and recommendations[J]. J Clin Epidem，53（5）：459-468

Huynh H and Feldt LS. 1970. Conditions under which mean square ratios in repeated measurements designs have exact F-distributions[J]. JASA，65：1582-158

Jardim R，Barreto SM，Assunção AA. 2007.Work conditions，quality of life，and voice disorders in teachers[J].Cad Saude Publica. 23（10）：2439-2461

Joar Vitters.2004.Subjective Well-Being Versus Self-Actualization：Using The Flow-Simplex To Promote A Conceptual Clarification Of Subjective Quality Of Life[J]. Social Indicators Research，（65）：299

Katz S，Branch LG，Branson MH，et al. 1983. Active life expectancy. N Engl J Med.309（20）：1218-1224

Kilian R，Matschinger H，Angermeyer MC. 2001. The impact of chronic illness on subjective quality of life：a comparison between general population and hospital inpatients with somatic and psychiatric diseases[J]. Clinical Psychology & Psychotherapy. 8（3）：206-213

Kirshner B，Guyatt G. 1987. A methodological framework for assessing health indices[J]. J Chron Dis 38（1）：27-36

Lane DA. 1987. utility，decision and quality of life[J]. J Chron Dis. 40（6）：585-591

Li L，Wang H，Shen Y. 2003. Chinese SF-36 Health Survey：translation，culture adaptation，validation，and normalization[J]. J Epidemiol Community Health，57（4）：259-263

Liszniańskl P，Pudło J，Lelakowska-Pieła M，et al. 2015. Analysis of RF ablation treatment on quality of life in patients with cardiac arrhythmias[J]. Przegl Lek. 72（1）：1-5

Longabaugh R，Mattson ME，Connors G，et al. 1994. Quality of life as an outcome variable in alcoholism treatment research[J]. J Stud Alcohol Suppl.12：119-129

Louise B. Russell. 1992. Opportunity Costs in Modern Medicine［J］. Health Affairs. 11（2）：162-69

Marks，H. R. Kitayama，S. Heiman.1996.Culture and basic psychological principles [M]. Handbook of Basic principles. New York：Guiford，857-913

Marta Pelayo-Alvarez，Santiago Perez-Hoyos，and Yolanda Agra-Varela. 2013. Reliability and Concurrent Validity of the Palliative Outcome Scale，the Rotterdam Symptom Checklist，and the Brief Pain Inventory[J]. Journal of Palliative Medicine，16(8)：867-874

Meenan RF，Anderson JJ，Kazis LE et al. 1984.Outcome assessment in clinical trials：evidence for the sensitivity of a health status measure[J]. Arth Rheum，27：1344-1372

Mesbah M，Cole BF，Lee ML. 2002. Statistical Methods for Quality of Life Studies：Design，Measurements and Analysis[J]. Springer US，63-85

Miller RG. 1981. Simultaneous statistical inference[M]. NewYork：Springer-Verlag

Mosteller F. 1987. Implications of measures of quality of life for policy development[J]. J Chron Dis，40（6）：645-650

Na D，Wei H，Rui L，et al. 2015. Assessment of the quality of life of oral cancer patients after reconstruction with free anterolateral thigh perforator flaps[J]. Hua Xi Kou Qiang Yi Xue Za Zhi. 33（2）：197-200

Nunes MF，Freire MC，Leles CR. 2008. Quality of life of public health service dental hygienists in Goiânia，Brazil[J].Int J Dent Hyg. 6（1）：19-24

O'Brien KK，Schuttke A，Alhakeem A，et al. 2015. Health，perceived quality of life and health services use among homeless illicit drug users[J].Drug Alcohol Depend，pii. S0376-8716（15）00332-4

O'Brien P. C. 1985. Procedures for comparing samples with multiple endpoints[J]. Biometrics，40：1079

Osgood CE，Suci GH. 1957. Tannenbaum PH. The measurement of meaning[M]. Urbana，IL：University of Illinois Press

Park Y，Shin JA，Yang SW，et al. 2015. The Relationship between Visual Impairment and Health-Related Quality of Life in Korean Adults：The Korea National Health and Nutrition Examination Survey（2008-2012）[J].PLoS One. 20，10（7）

Pearlman RA. 1987. Development of functional assessment questionnaire for general patients：the comprehensive older person's evaluation（COPE）[J]. J Chron Dis，40（suppl 1）：855-945

Pichon-Riviere A，Irazola V，Beratarrechea A，et al. 2015. Quality of life in type 2 diabetes mellitus patients requiring insulin treatment in Buenos Aires，Argentina：a cross-sectional study[J].Int J Health Policy Manag. 4（7）：475-480

Pittman JO，Goldsmith AA，Lemmer JA，et al. 2012. Post-traumatic stress disorder，depression，and health-related quality of life in OEF/OIF veterans[J]. Qual Life Res. 21（1）：99-103

Pocock S.J.，Geller N. L. and Tsiatis A.A. 1987. The analysis of multiple endpoints in clinical trials[J]. Biometrics，43：487-498

Prentice Rl，Williams BJ，Peterson AV. 1981. On the regression analysis of multivariate failure time data[J]. Biometrika，68：373-379

Puhan MA，Frey M，Büchi S，et al. 2008. The minimal important difference of the hospital anxiety and depression scale in patients with chronic obstructive pulmonary disease[J]. Health and Quality of Life Outcomes，6：46

Resić H，Vavra-Hadžiahmetović N，Čelik D，et al. 2014. The effect of intradialytic exercise program on the quality of life and physical performance in hemodialysis patients[J].Acta Med Croatica. 68（2）：79-84

Schag CAC，Ganz PA，Heinrich RL. 1991. Cancer rehabilitation evaluation system—short form（CARES-SF）[J]. Cancer，68：1406-1413

Schag CAC，Heinrich RL. 1990. Development of a comprehensive quality of life measurement tool：CARES[J]. Oncology，4：135-138

Schipper H，Clinch J，McMurray A，et al. 1984. Measuring the quality of life of cancer patients：the functional living index-cancer：development and validation[J]. Journal of Clinical Oncology，2（5）：472-483

Schumacher M.，Olschewski M and Schulgen G. 1991. Assessment of quality of life in clinical trails[J]. Statistics in Medicine，10：1915-1930

Sheldon M，King L. 2001，Why Positive Psychology Is Necessary [J]. American Psychologist，56（3），216-217

Simes J. 1986. Application of statistical decision theory to treatment choices：implications for the design and analysis of clinical trials[J]. Statistics in Medicine，5：411-420

Smith ML，Cho J，Salazar CI，et al. 2013. Changes in quality of life indicators among Chronic Disease Self-Management Program participants：an examination by race and ethnicity[J]. Ethn Dis. 23（2）：182-188

Spitzer WO. 1987. State of science 1986：quality of life and functional status as target variables for research[J]. J Chron Dis 40；（6）：467-471

Sprangers MA，Moinpour CM，Moynihan TJ，et al. 2002. Assessing meaningful change in quality of life over time：a users' guide for clinicians[J]. Mayo Clin Proc. 77（6）：561-571

Stargardt T，Gonder-Frederick L，Krobot KJ，et al. 2009. Fear of hypoglycaemia：defining a minimum clinically important difference in patients with type 2 diabetes[J]. Health and Quality of Life Outcomes，7：91

Sugarbaker P, Barofsky I, Rosenberg SA. 1982. Quality of life assessment of patients in extremity sarcoma clinical trials[J]. Surgery. 9: 117-123

Sun S, Irestig R, Burström B, et al. 2012. Health-related quality of life (EQ-5D) among homeless persons compared to a general population sample in Stockholm County[J]. 2006. Scand J Public Health. 40 (2): 115-125

Terwee CB, Dekker FW, Wiersinga WM, et al. 2003. On assessing responsiveness of health-related quality of life instruments: Guidelines for instrument evaluation[J]. Qual Life Res, 12 (4): 349-363

Tripp DA, Nickel JC, Shoskes D, et al. 2013. A 2-year follow-up of quality of life, pain, and psychosocial factors in patients with chronic prostatitis/chronic pelvic pain syndrome and their spouses[J].World J Urol. 31 (4): 733-739

Van der Steeg AF, De Vries J, Roukema JA. 2004. Quality of life and health status in breast carcinoma[J]. Eur J Surg Oncol, 30(10): 1051-1057

Wang H, Kindig DA, Mullahy J. 2005.Variation in Chinese population health related quality of life: Results from a EuroQol study in Beijing, China[J]. Qual Life Res, 14: 119–132

Ware J Jr, Kosinski M, Keller SD. 1996. A 12-Item Short-Form Health Survey: Construction of Scales and Preliminary Tests of Reliability and Validity[J], Med Care, 34 (3): 220-33

Weinstein MC and Stason WB. 1977. Foundations of cost-effective analysis for health and medical practices[J]. New England Journal of Medicine, 296: 716-721

Welke KF, Stevens JP, Schults WC, et al. 2003. Patient characteristics can predict improvement in functional health after elective coronary artery bypass grafting[J]. Ann Thorac Surg 75 (6): 1849-1855

WHO. 1993. The development of the WHO quality of life assessment instrument. Geneva, WHO

Wilks SS. 1946. Sample criteria for testing equality of means, equality of variance and equality of covariance in normal multivariate distribution[J]. Ann Math Statist, 17: 257

Willians NS. 1983. The quality of life after rectal excision for low rectal cancer[J]. Br J Surgery, 70: 460-462

Winterstein BP, willse JT, kwapil TR, et al. 2010.Assessment of score dependability of the wisconsin schizotypy scales using generalizability analysis [J]. J Psychopathol Behav Assess, 32 (4): 575-585

Worsley K.J. 1982. An improved Bonferroni inequality and applications[J]. Biometrika, 69: 297-302

Wyrwich KW, Bullinger M, Aaronson N, et al. 2005. Estimating clinically significant differences in quality of life outcomes[J]. Qual Life Res. 14 (2): 285-295

Yao Y. 1965.An approximate degrees of freedom solution to the multivariate Behrens-Fisher problem[J]. Biometrika, 52: 139-147

附录1　常见的生命质量测定量表

附录 1-1

健康状况调查问卷 SF-36

填表指导：该表问题是询问您对自己健康状况的看法及您做日常生活活动的能力。请您根据您的情况选择一个答案，在相应的数字上画个圈即可。如选择 1，①。

1. 总体来讲，您的健康状况是：

非常好	很好	好	一般	差	以下方框由审核员填
1	2	3	4	5	□

2. 跟一年前相比，您觉得您现在的健康状况是：

好多了	好一些	差不多	差一些	差多了	
1	2	3	4	5	□

健康和日常活动

3. 以下这些问题都与日常生活活动有关.请您想一想，您的健康状况是否限制了这些活动？如果有限制，程度如何？

活动	限制很大	有些限制	毫无限制	
a 重体力活动（如跑步、举重物等）	1	2	3	□
b 适度活动（如移桌子、扫地等）	1	2	3	□
c 手提日杂用品（如买菜、购物等）	1	2	3	□
d 上几层楼梯	1	2	3	□
e 上一层楼梯	1	2	3	□
f 弯腰、曲膝、下蹲	1	2	3	□
g 步行 1600 米以上的路程	1	2	3	□
h 步行 800 米以上的路程	1	2	3	□
i 步行约 100 米的路程	1	2	3	□
j 自己洗澡、穿衣	1	2	3	□

4. 在过去四个星期里，您的工作和日常活动是否因为身体健康的原因而出现以下这些问题？

	是	否	
a 减少了工作或其他活动的时间	1	2	□
b 本来想要做的事情只能完成一部分	1	2	□
c 想要干的工作和活动的种类受到限制	1	2	□
d 完成工作或其他活动困难增多，（比如需要额外的努力）	1	2	□

5. 在过去四个星期里，您的工作和日常活动有无因为情绪的原因（如压抑或者忧虑）而出现以下问题？

	是	否	
a 减少了工作或活动的时间	1	2	□
b 本来想要做的事情只能完成一部分	1	2	□
c 干事情不如平时仔细	1	2	□

6. 在过去的四个星期里，您的健康或情绪不好在多大程度上影响了您与家人、朋友、邻居或集体的正常社会交往？

完全没影响	有一点影响	中等影响	影响较大	影响极大	
1	2	3	4	5	□

7. 过去四个星期里，您有身体疼痛吗？

没有疼痛	很轻微疼痛	轻微疼痛	中度疼痛	严重疼痛	极严重疼痛	
1	2	3	4	5	6	□

8. 过去四个星期里，身体上的疼痛影响你的工作和家务事吗？

完全没有	有一点影响	中等影响	影响较大	影响极大	
1	2	3	4	5	□

您的感觉

9. 以下这些问题有关过去一个月里您自己的感觉，对每一条问题所说的事情，请圈出最接近您情况的那个答案。

持续的时间	所有的时间	大部分时间	比较多时间	一部分时间	小部分时间	没有此感觉	
a 您觉得生活充实	1	2	3	4	5	6	□
b 您是一个精神紧张的人	1	2	3	4	5	6	□
c 您情绪非常不好，什么事都不能使您高兴	1	2	3	4	5	6	□
d 您心里很平静	1	2	3	4	5	6	□
e 您做事精力充沛	1	2	3	4	5	6	□
f 您的情绪低落	1	2	3	4	5	6	□
g 您觉得精疲力尽	1	2	3	4	5	6	□
h 您是个快乐的人	1	2	3	4	5	6	□
i 您感觉累	1	2	3	4	5	6	□
j 不健康影响了您的社会活动（如走亲访友）	1	2	3	4	5	6	□

总体健康情况

10. 请看下列的每一个问题，请圈出最符合您情况的答案。

	绝对正确	大部分正确	不能肯定	大部分错误	绝对错误	
a 我好像比别人容易生病	1	2	3	4	5	□
b 我跟周围人一样健康	1	2	3	4	5	□

续表

	绝对正确	大部分正确	不能肯定	大部分错误	绝对错误	
c 我认为我的健康状况在变坏	1	2	3	4	5	□
d 我的健康状况非常好	1	2	3	4	5	□

如果您有要补充或解释的，请写在下面。

附录 1-2

健康状况调查问卷 SF-12

以下问题是关于您健康的评价，请选择最佳答案并在方框中打“√”。

1. 总体而言，你认为你现在的健康状况如何？

□ 极好　□ 非常好　□好　□一般　□差

下列项目是你在日常生活中可能进行的活动。以你目前的健康状况，您在进行这些活动的时候是否受到限制?如果有的话，程度如何?

2. 适度活动诸如搬桌子，打扫卫生，打保龄球或打太极拳。这些活动你受到限制吗?

□限制很多　□限制一点点　□一点也没有限制

3. 爬几段楼梯，受到限制吗?

□限制很多　□限制一点点　□一点也没有限制

以下问题是关于您的身体健康状况和日常生活的关系。

4. 在过去四个星期，您是否会由于身体原因而不能完成你想做的工作?

□会　□不会

5. 在过去四个星期，您是否会由于身体原因而令你的工作或日常活动限制?

□会　□不会

6. 在过去四个星期，您是否会由于一些情感问题如感觉郁闷或焦虑而不能完成你想做的工作?

□会　□不会

7. 在过去四个星期,您是否由于一些情感问题如感觉郁闷或焦虑而令你的工作或日常活动限制?

□是　□不是

8. 在过去四个星期，疼痛在多大程度上妨碍你的正常工作（包括上班和家务劳动）?

□一点也不　□有一点　□轻度　□中度　□严重影响

这些问题是关于在过去四周对你身边的一些事情的感觉。对每一个问题，请给出一个接近你感觉的回答。

9. 在过去四个星期，你感觉有多长时间是内心平静的?

□所有时间　□大部分时间　□很多时间

□有些时间　□偶尔一两次　□从来没有

10. 在过去四个星期，你有多长时间感到精力充沛?

□所有时间　□大部分时间　□很多时间

□有些时间　　□偶尔一两次　　□从来没有

11. 在过去四个星期，你有多长时间感觉心情不好，闷闷不乐或沮丧?

□所有时间　　□大部分时间　　□很多时间

□有些时间　　□偶尔一两次　　□从来没有

12. 在过去四个星期，你的健康状况或情感问题有多长时间影响到你的社交活动（像访友，亲戚等）?

□所有时间　　□大部分时间　　□有时有　　□偶尔一两次　　□完全没有

附录 1-3

健康状况调查问卷 SF-8

1. 总的来说，您认为自己在过去四个星期内的健康状况如何?

□极好　　□很好　□好　　□一般　　□差　　□很差

2. 在过去四个星期内，您的身体健康问题对您进行日常的体力活动（如步行、上楼梯）有多大影响?

□毫无限制　　□限制很小　　□有一定限制

□很大程度被限制　　□完全受限，不能活动

3. 在最近四个星期内，你的健康状况是否影响了你的日常生活，比如工作或者做家务?如果影响了，程度如何?

□完全没有影响　　□有一点影响　　□中等影响

□影响很大　　□影响非常大，不能工作

4. 在过去四个星期内，您的身体上有多大的疼痛?

□完全没有疼痛　　□有一点疼痛　　□中等疼痛　　□严重疼痛　　□非常严重疼痛

5. 在过去四个星期内，您感到自己有多大的精力?

□很充沛　　□比较充沛　　□一般　　□有一点　　□完全没有

6. 在过去四个星期内，您的身体健康或情绪问题在多大程度上妨碍了您与家人或朋友之间的日常社交活动?

□完全没有妨碍　　□有很小的妨碍　　□有一些妨碍

□有很大的妨碍　　□完全不能进行任何社交活动

7. 在过去四个星期内，您的情绪问题（如焦虑、压抑或烦躁）对您有多大的影响?

□完全没有影响　　□有很小的影响　　□有一些影响

□有很大的影响　　□有极大的影响

8. 在过去四个星期内，您个人的情绪问题在多大程度上妨碍了您从事正常工作、学习或其他日常活动?

□完全没有妨碍　　□有很小的妨碍　　□有一些妨碍

□有很大的妨碍　　□完全不能从事任何日常活动

附录 1-4

欧洲五维健康量表 EQ-5D

请在下列各组选项中，指出哪一项最能反映您今天的健康状况，并在空格内打√

行动

我可以四处走动，没有任何困难。　□

我行动有些不方便。　□

我不能下床活动。　□

自己照顾自己

我能照顾自己，没有任何困难。　□

我在洗脸、刷牙、洗澡或穿衣服方面有些困难。　□

我无法自己洗脸、刷牙、洗澡或穿衣服。　□

日常活动（如工作、学习、家务事、家庭或休闲活动）

我能进行日常活动，没有任何困难。　□

我在进行日常活动方面有些困难。　□

我无法进行日常活动。　□

疼痛/不舒服

我没有任何疼痛或不舒服。　□

我觉得中度疼痛或不舒服。　□

我觉得极度疼痛或不舒服。　□

焦虑（如紧张、担心、不安等）**/抑郁**（如做事情缺乏兴趣、没乐趣、提不起精神等）

我不觉得焦虑或抑郁。　□

我觉得中度焦虑或抑郁。　□

我觉得极度焦虑或抑郁。　□

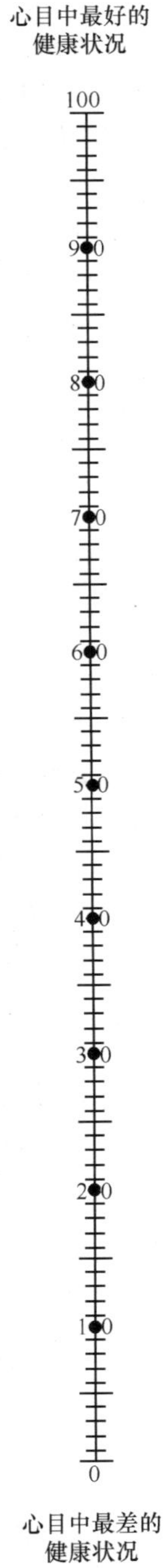

为了帮助您反映健康状况的好坏，我们画了一个刻度尺（有点像温度计），在这刻度尺上，100 代表您心目中最好的状况，0 代表您心目中最差的状况。请在右边的刻度尺上标出您今天的健康状况。请从下面方格中划出一条线，连到刻度尺上最能代表您今天健康状况好坏的那一点。

附录 1-5

生存质量测定量表（QOL-100）

填表说明：

这份问卷是要了解您对自己的生存质量、健康情况以及日常活动的感觉如何，请您一定回答所有问题。如果某个问题您不能肯定如何回答，就选择最接近您自己真实感觉的那个答案。

所有问题都请您按照自己的标准、愿望，或者自己的感觉来回答。注意所有问题都只是您最近两星期内的情况。

例如：您对自己的健康状况担心吗?

根本不担心	很少担心	担心（一般）	比较担心	极担心
1	2	3	4	5

请您根据您对健康状况担心的程度在最适合的数字处打一个√，如果您比较担心您的

健康状况，就在比较担心下“4”处打一个√，如果根本不担心自己的健康，就在根本不担心下“1”处打一个√。

谢谢您的合作！

下列问题是问前两星期中的某些事情，诸如快乐或满足之类积极的感觉。如果您极大程度上经历过这些事情，就在对应于“极”的数字“5”处打一个√；如果您根本没有经历过这些，就在对应于“根本不”或“根本无”的数字“1”处打√；如果您的答案介于“根本无”和“极”之间，就在数字“2”、“3”、“4”中挑选一个最适合您的情况打√。问题均涉及前两个星期。

F1.2 您对自己的疼痛或不舒服担心吗？

根本不担心	很少担心	担心（一般）	比较担心	极担心
1	2	3	4	5

F1.3 您在对付疼痛或不舒服时有困难吗？

根本没困难	很少有困难	有困难（一般）	比较困难	极困难
1	2	3	4	5

F1.4 您觉得疼痛妨碍您去做自己需要做的事情吗？

根本不妨碍	很少妨碍	有妨碍（一般）	比较妨碍	极妨碍
1	2	3	4	5

F2.2 您容易累吗？

根本不容易累	很少容易累	容易累（一般）	比较容易累	极容易累
1	2	3	4	5

F2.4 疲乏使您烦恼吗？

根本不烦恼	很少烦恼	烦恼（一般）	比较烦恼	极烦恼
1	2	3	4	5

F3.2 您睡眠有困难吗？

根本没困难	很少有困难	有困难（一般）	比较困难	极困难
1	2	3	4	5

F3.4 睡眠问题使您担心吗？

根本不担心	很少担心	担心（一般）	比较担心	极担心
1	2	3	4	5

F4.1 您觉得生活有乐趣吗？

根本没乐趣	很少有乐趣	有乐趣（一般）	比较有乐趣	极有乐趣
1	2	3	4	5

F4.3 您觉得未来会好吗？

根本不会好	很少会好	会好（一般）	会比较好	会极好
1	2	3	4	5

F4.4 在您生活中有好的体验吗？

根本没有	很少有	有（一般）	比较多	极多
1	2	3	4	5

F5.3 您能集中注意力吗？

根本不能	很少能	能（一般）	比较能	极能
1	2	3	4	5

F6.1 您怎样评价自己？

根本没价值	很少有价值	有价值（一般）	比较有价值	极有价值
1	2	3	4	5

F6.2 您对自己有信心吗？

根本没信心	很少有信心	有信心（一般）	比较有信心	极有信心
1	2	3	4	5

F7.2 您的外貌使您感到压抑吗？

根本没压抑	很少有压抑	有压抑（一般）	比较压抑	极压抑
1	2	3	4	5

F7.3 您外貌上有无使您感到不自在的部分？

根本没有	很少有	有（一般）	比较多	极多
1	2	3	4	5

F8.2 您感到忧虑吗？

根本没忧虑	很少有忧虑	有忧虑（一般）	比较忧虑	极忧虑
1	2	3	4	5

F8.3 悲伤或忧郁等感觉对您每天的活动有妨碍吗？

根本没妨碍	很少有妨碍	有妨碍（一般）	比较妨碍	极妨碍
1	2	3	4	5

F8.4 忧郁的感觉使您烦恼吗？

根本不烦恼	很少烦恼	烦恼（一般）	比较烦恼	极烦恼
1	2	3	4	5

F10.2 您从事日常活动时有困难吗？

根本没困难	很少有困难	有困难（一般）	比较困难	极困难
1	2	3	4	5

F10.4 日常活动受限制使您烦恼吗？

根本不烦恼	很少烦恼	烦恼（一般）	比较烦恼	极烦恼
1	2	3	4	5

F11.2 您需要依靠药物的帮助进行日常生活吗？

根本不需要	很少需要	需要（一般）	比较需要	极需要
1	2	3	4	5

F11.3 您需要依靠医疗的帮助进行日常生活吗？

根本不需要	很少需要	需要（一般）	比较需要	极需要
1	2	3	4	5

F11.4 您的生存质量依赖于药物或医疗辅助吗？

根本不依赖	很少依赖	依赖（一般）	比较依赖	极依赖
1	2	3	4	5

F13.1 生活中，您觉得孤独吗？

根本不孤独	很少孤独	孤独（一般）	比较孤独	极孤独
1	2	3	4	5

F15.2 您性方面的需求得到满足吗？

根本不满足	很少满足	满足（一般）	多数满足	完全满足
1	2	3	4	5

F15.4 您有性生活困难的烦恼吗？

根本没烦恼	很少有烦恼	有烦恼（一般）	比较烦恼	极烦恼
1	2	3	4	5

F16.1 日常生活中您感觉安全吗？

根本不安全	很少安全	安全（一般）	比较安全	极安全
1	2	3	4	5

F16.2 您觉得自己居住在一个安全和有保障的环境里吗？

根本没安全保障	很少有安全保障	有安全保障（一般）	比较有安全保障	极有安全保障
1	2	3	4	5

F16.3 您担心自己的安全和保障吗?

根本不担心	很少担心	担心（一般）	比较担心	极担心
1	2	3	4	5

F17.1 您住的地方舒适吗?

根本不舒适	很少舒适	舒适（一般）	比较舒适	极舒适
1	2	3	4	5

F17.4 您喜欢自己住的地方吗?

根本不喜欢	很少喜欢	喜欢（一般）	比较喜欢	极喜欢
1	2	3	4	5

F18.2 您有经济困难吗?

根本不困难	很少困难	困难（一般）	比较困难	极困难
1	2	3	4	5

F18.4 您为钱财担心吗?

根本不担心	很少担心	担心（一般）	比较担心	极担心
1	2	3	4	5

F19.1 您容易得到好的医疗服务吗?

根本不容易得到	很少容易得到	容易得到（一般）	比较容易得到	极容易得到
1	2	3	4	5

F21.3 您空闲时间享受到乐趣吗?

根本没乐趣	很少有乐趣	有乐趣（一般）	比较有乐趣	极有乐趣
1	2	3	4	5

F22.1 您的生活环境对健康好吗?

根本不好	很少好	好（一般）	比较好	极好
1	2	3	4	5

F22.2 居住地的噪声问题使您担心吗?

根本不担心	很少担心	担心（一般）	比较担心	极担心
1	2	3	4	5

F23.2 您有交通上的困难吗?

根本没困难	很少有困难	有困难（一般）	比较困难	极困难
1	2	3	4	5

F23.4 交通上的困难限制您的生活吗？

根本没限制	很少有限制	有限制（一般）	比较限制	极限制
1	2	3	4	5

下列问题是问过去两星期内您做某些事情的能力是否“完全、十足”.例如洗衣服、穿衣服、吃饭等动作。如果您完全能够做到这些事情，则在“完全”所对应的数字“5”处打√，如果您根本不能做到这些事情，就在与“根本不”对应的数字“1”处打√，如果您认为是介于“完全”和“根本不”之间，就在数字“2”、“3”或“4”处打√。问题均涉及前两个星期。

F2.1 您有充沛的精力去应付日常生活吗？

根本没精力	很少有精力	有精力（一般）	多数有精力	完全有精力
1	2	3	4	5

F7.1 您认为自己的外形过得去吗？

根本过不去	很少过得去	过得去（一般）	多数过得去	完全过得去
1	2	3	4	5

F10.1 您能做自己日常生活的事情吗？

根本不能	很少能	能（一般）	多数能	完全能
1	2	3	4	5

F11.1 您依赖药物吗？

根本不依赖	很少依赖	依赖（一般）	多数依赖	完全依赖
1	2	3	4	5

F14.1 您能从他人那里得到您所需要的支持吗？

根本不能	很少能	能（一般）	多数能	完全能
1	2	3	4	5

F14.2 当需要时您的朋友能依靠吗？

根本不能依靠	很少能依靠	能依靠（一般）	多数能依靠	完全能依靠
1	2	3	4	5

F17.2 您住所的质量符合您的需要吗？

根本不符合	很少符合	符合（一般）	多数符合	完全符合
1	2	3	4	5

F18.1 您的钱够用吗？

根本不够用	很少够用	够用（一般）	多数够用	完全够用

1	2	3	4	5

F20.1 在日常生活中您需要的信息都齐备吗？

根本不齐备	很少齐备	齐备（一般）	多数齐备	完全齐备
1	2	3	4	5

F20.2 您有机会得到自己所需要的信息吗？

根本没机会	很少有机会	有机会（一般）	多数有机会	完全有机会
1	2	3	4	5

F21.1 您有机会进行休闲活动吗？

根本没机会	很少有机会	有机会（一般）	多数有机会	完全有机会
1	2	3	4	5

F21.2 您能自我放松和自找乐趣吗？

根本不能	很少能	能（一般）	多数能	完全能
1	2	3	4	5

F23.1 您有充分的交通工具吗？

根本没有	很少有	有（一般）	多数有	完全有
1	2	3	4	5

下列问题要求您对前两个星期生活的各个方面说说感觉是如何的“满意、高兴 或好”，例如关于您的家庭生活或您的精力。想一想对您生活的各个方面是如何的满意或不满意，在最符合您的感觉的数字上打 √ 。问题均涉及前两个星期。

G2 您对自己的生存质量满意吗？

很不满意	不满意	既非满意也非不满意	满意	很满意
1	2	3	4	5

G3 总的来讲，您对自己的生活满意吗？

很不满意	不满意	既非满意也非不满意	满意	很满意
1	2	3	4	5

G4 您对自己的健康状况满意吗？

很不满意	不满意	既非满意也非不满意	满意	很满意
1	2	3	4	5

F2.3 您对自己的精力满意吗？

很不满意	不满意	既非满意也非不满意	满意	很满意
1	2	3	4	5

F3.3 您对自己的睡眠情况满意吗?

很不满意	不满意	既非满意也非不满意	满意	很满意
1	2	3	4	5

F5.2 您对自己学习新事物的能力满意吗?

很不满意	不满意	既非满意也非不满意	满意	很满意
1	2	3	4	5

F5.4 您对自己作决定的能力满意吗?

很不满意	不满意	既非满意也非不满意	满意	很满意
1	2	3	4	5

F6.3 您对自己满意吗?

很不满意	不满意	既非满意也非不满意	满意	很满意
1	2	3	4	5

F6.4 您对自己的能力满意吗?

很不满意	不满意	既非满意也非不满意	满意	很满意
1	2	3	4	5

F7.4 您对自己的外形满意吗?

很不满意	不满意	既非满意也非不满意	满意	很满意
1	2	3	4	5

F10.3 您对自己做日常生活事情的能力满意吗?

很不满意	不满意	既非满意也非不满意	满意	很满意
1	2	3	4	5

F13.3 您对自己的人际关系满意吗?

很不满意	不满意	既非满意也非不满意	满意	很满意
1	2	3	4	5

F15.3 您对自己的性生活满意吗?

很不满意	不满意	既非满意也非不满意	满意	很满意
1	2	3	4	5

F14.3 您对自己从家庭得到的支持满意吗?

很不满意	不满意	既非满意也非不满意	满意	很满意
1	2	3	4	5

F14.4 您对自己从朋友那里得到的支持满意吗？

很不满意	不满意	既非满意也非不满意	满意	很满意
1	2	3	4	5

F13.4 您对自己供养或支持他人的能力满意吗？

很不满意	不满意	既非满意也非不满意	满意	很满意
1	2	3	4	5

F16.4 您对自己的人身安全和保障满意吗？

很不满意	不满意	既非满意也非不满意	满意	很满意
1	2	3	4	5

F17.3 您对自己居住地的条件满意吗?

很不满意	不满意	既非满意也非不满意	满意	很满意
1	2	3	4	5

F18.3 您对自己的经济状况满意吗？

很不满意	不满意	既非满意也非不满意	满意	很满意
1	2	3	4	5

F19.3 您对得到卫生保健服务的方便程度满意吗?

很不满意	不满意	既非满意也非不满意	满意	很满意
1	2	3	4	5

F19.4 您对社会福利服务满意吗?

很不满意	不满意	既非满意也非不满意	满意	很满意
1	2	3	4	5

F20.3 您对自己学习新技能的机会满意吗？

很不满意	不满意	既非满意也非不满意	满意	很满意
1	2	3	4	5

F20.4 您对自己获得新信息的机会满意吗？

很不满意	不满意	既非满意也非不满意	满意	很满意
1	2	3	4	5

F21.4 您对自己使用空闲时间的方式满意吗？

很不满意	不满意	既非满意也非不满意	满意	很满意
1	2	3	4	5

F22.3 您对周围的自然环境（比如：污染、气候、噪声、景色等）满意吗？

很不满意	不满意	既非满意也非不满意	满意	很满意
1	2	3	4	5

F22.4 您对自己居住地的气候满意吗？

很不满意	不满意	既非满意也非不满意	满意	很满意
1	2	3	4	5

F23.3 您对自己的交通情况满意吗？

很不满意	不满意	既非满意也非不满意	满意	很满意
1	2	3	4	5

F13.2 您与家人的关系愉快吗？

很不愉快	不愉快	既非愉快也非不愉快	愉快	很愉快
1	2	3	4	5

G1　您怎样评价您的生存质量？

很差	差	不好也不差	好	很好
1	2	3	4	5

F15.1 您怎样评价您的性生活？

很差	差	不好也不差	好	很好
1	2	3	4	5

F3.1 您睡眠好吗？

很差	差	不好也不差	好	很好
1	2	3	4	5

F5.1 您怎样评价自己的记忆力？

很差	差	不好也不差	好	很好
1	2	3	4	5

F19.2 您怎样评价自己可以得到的社会服务的质量？

很差	差	不好也不差	好	很好
1	2	3	4	5

下列问题有关您感觉或经历某些事情的“频繁程度”。例如，关于您亲友支持或觉得不安全之类的消极感受。如果您在前两个星期里根本没有这些感受，就在“没有”的数字处打 √；如果您经历过这些，想一想频繁的程度，在最接近您的情形的数字处打 √ 。例如：如果您时时刻刻都有疼痛的感觉，就在“总是有”下数字 5 处打√，问题涉及前两个星期。

F1.1 您有疼痛吗?

没有疼痛	偶尔有疼痛	时有时无	经常有疼痛	总是有疼痛
1	2	3	4	5

F4.2 您通常有满足感吗?

没有满足感	偶尔有满足感	时有时无	经常有满足感	总是有满足感
1	2	3	4	5

F8.1 您有消极感受吗?（如情绪低落、绝望、焦虑、忧郁）

没有消极感受	偶尔有消极感受	时有时无	经常有消极感受	总是有消极感受
1	2	3	4	5

以下问题有关您的工作，这里工作是指您所进行的主要活动。包括志愿性工作、全日性学习、家务、照顾孩子、有收入的工作和无收入的工作等。所以，这里所说的工作，是指用去您大部分时间和精力的活动.问题涉及前两个星期。

F12.1 您能工作吗?

根本不能	很少能	能（一般）	多数能	完全能
1	2	3	4	5

F12.2 您觉得您能完成自己的职责吗?

根本不能	很少能	能（一般）	多数能	完全能
1	2	3	4	5

F12.4　您对自己的工作能力满意吗?

很不满意	不满意	既非满意也非不满意	满意	很满意
1	2	3	4	5

F12.3　您如何评价自己的工作能力?

很差	差	不好也不差	好	很好
1	2	3	4	5

以下问题问的是您在前两个星期中“行动的能力”如何。这里指当您想做事情或需要做事情的时候移动身体的能力。

F9.1 您行动的能力如何?

很差	差	不好也不差	好	很好
1	2	3	4	5

F9.3 行动困难使您烦恼吗？

根本不烦恼	很少烦恼	烦恼（一般）	比较烦恼	极烦恼
1	2	3	4	5

F9.4 行动困难影响您的生活方式吗？

根本不影响	很少影响	影响（一般）	比较影响	极影响
1	2	3	4	5

F9.2　您对自己的行动能力满意吗？

很不满意	不满意	既非满意也非不满意	满意	很满意
1	2	3	4	5

以下问题有关您个人的信仰，以及这些如何影响您的生存质量。这些问题有关宗教、神灵和其他信仰。这些问题也涉及前两个星期。

F24.1 您的个人信仰增添您生活的意义吗？

根本没增添	很少有增添	有增添（一般）	有比较大增添	有极大增添
1	2	3	4	5

F24.2 您觉得自己的生活有意义吗？

根本没意义	很少有意义	有意义（一般）	比较有意义	极有意义
1	2	3	4	5

F24.3 您的个人信仰给您力量去对待困难吗？

根本没力量	很少有力量	有力量（一般）	有比较大力量	有极大力量
1	2	3	4	5

F24.4 您的个人信仰帮助您理解生活中的困难吗？

根本没帮助	很少有帮助	有帮助（一般）	有比较大帮助	有极大帮助
1	2	3	4	5

如果让您综合以上各方面（例如，生理健康、心理健康、社会关系和周围环境等方面）给自己的生存质量打一个总分，您打多少分？（满分为 100 分）分

附录 1-6

世界卫生组织生存质量测定量表简表（WHOQOL-BREF）

填表说明：

下列问题是要了解您对自己的生存质量、健康状况以及日常活动的感觉如何，请您一定回答所有问题。如果某个问题您不能肯定如何回答，就选择最接近您自己真实感觉得那

个答案。

所有问题都请您按照自己的标准、愿望或者自己的感觉来回答。

例如：得到您所需要的支持吗?

根本不能	很少能	能（一般）	多数能	完全能
1	2	3	4	5

请您根据最近两个星期您从他人处获得所需要的支持的程度在最适合的数字处打一个×，如果您多数时候能得到所需要的支持，就在数字“4”处打一个×，如果根本得不到所需要的帮助，就在数字“1”处打一个×。请阅读每一个问题，根据您的感觉，选择最适合您情况的答案。

1.（G1）您怎样评价您的生存质量?

很差	差	不好也不差	好	很好
1	2	3	4	5

2.（G4）您对自己的健康状况满意吗?

很不满意	不满意	不好也不差	既非满意 也非不满意	很满意
1	2	3	4	5

下面的问题是关于最近两星期内您经历某些事情的感觉。请阅读每一个问题，根据您的感觉，选择最适合您情况的答案。

3.（F1.4）您觉得疼痛妨碍您去做自己需要做的事情吗?

根本不妨碍	有点妨碍	有妨碍（一般）	比较妨碍	极妨碍
1	2	3	4	5

4.（F11.）您需要依靠医疗的帮助进行日常生活吗?

根本不需要	很少需要	需要（一般）	比较需要	极需要
1	2	3	4	5

5.（F4.1）您觉得生活有乐趣吗?

根本没乐趣	很少有乐趣	有乐趣（一般）	比较有乐趣	极有乐趣
1	2	3	4	5

6.（F24.2）您觉得自己的生活有意义吗?

根本没意义	很少有意义	有意义（一般）	比较有意义	极有意义
1	2	3	4	5

7.（F5.3）您能集中注意力吗?

根本不能	很少能	能（一般）	比较能	极能
1	2	3	4	5

8. （F16.1）日常生活中您感觉安全吗？

根本不安全	很少安全	安全（一般）	比较安全	极安全
1	2	3	4	5

9. （F22.1）您的生活环境对健康好吗？

根本不好	很少好	好（一般）	比较好	极好
1	2	3	4	5

下面的问题是关于最近两个星期您做某些事情的能力。请阅读每一个问题，根据您的感觉，选择最适合您情况的答案。

10. （F2.1）您有充沛的精力去应付日常生活吗？

根本没精力	很少有精力	有精力（一般）	多数有精力	完全有精力
1	2	3	4	5

11. （F7.1）您认为自己的外形过得去吗？

根本过不去	很少过得去	过得去（一般）	多数过得去	完全过得去
1	2	3	4	5

12. （F18.1）您的钱够用吗？

根本不够用	很少够用力	够用（一般）	多数够用	完全够用
1	2	3	4	5

13. （F20.1）在日常生活中您需要的信息都齐备吗？

根本不齐备	很少齐备	齐备（一般）	多数齐备	完全齐备
1	2	3	4	5

14. （F21.1）您有机会进行休闲活动吗？

根本没机会	很少有机会	有机会（一般）	多数有机会	完全有机会
1	2	3	4	5

15. （F9.1）您行动的能力如何？

很差	差	不好也不差	好	很好
1	2	3	4	5

下面的问题是关于最近两个星期您对自己日常生活各个方面的满意程度。请阅读每一个问题，根据您的感觉，选择最适合您情况的答案。

16. （F3.3）您对自己的睡眠情况满意吗？

很不满意	不满意	既非满意也非不满意	满意	很满意
1	2	3	4	5

17.（F10.3）您对自己做日常生活事情的能力满意吗?

很不满意	不满意	既非满意也非不满意	满意	很满意
1	2	3	4	5

18.（F12.4）您对自己的工作能力满意吗?

很不满意	不满意	既非满意也非不满意	满意	很满意
1	2	3	4	5

19.（F6.3）您对自己满意吗?

很不满意	不满意	既非满意也非不满意	满意	很满意
1	2	3	4	5

20.（F13.3）您对自己的人际关系满意吗?

很不满意	不满意	既非满意也非不满意	满意	很满意
1	2	3	4	5

21.（F15.3）您对自己的性生活满意吗?

很不满意	不满意	既非满意也非不满意	满意	很满意
1	2	3	4	5

22.（F14.4）您对自己从朋友那里得到的支持满意吗?

很不满意	不满意	既非满意也非不满意	满意	很满意
1	2	3	4	5

23.（F17.3）您对自己居住地的条件满意吗?

很不满意	不满意	既非满意也非不满意	满意	很满意
1	2	3	4	5

24.（IU9.3）您对得到卫生保健服务的方便程度满意吗?

很不满意	不满意	既非满意也非不满意	满意	很满意
1	2	3	4	5

25. （F23.3）您对自己的交通情况满意吗?

很不满意	不满意	既非满意也非不满意	满意	很满意
1	2	3	4	5

下面的问题是关于最近两个星期来您经历某些事情的频繁程度。

26. （F8.1）您有消极感受吗?（如情绪低落、绝望、焦虑、忧郁）

没有消极感受	偶尔有消极感受	时有时无	经常有消极感受	总是有消极感受
1	2	3	4	5

附录 1-7

EORTC 癌症生命质量核心量表 QLQ-C30（V3.0）中文版*

我们想了解有关你及你的健康的上些情况。请你亲自回答下面所有问题，这里的答案没有“对”或“不对”之分只要求在最能反映你情况那个数字上画圈。你所提供的资料我们将会严格保密。

病人编号：__________

您的生日：____年____月____日

今天的日期：____年____月____日

	没有	有点	相当	非常
1. 你从事一些费力的活动有困难吗，比如说提很重的购物袋或手提箱?	1	2	3	4
2. 长距离行走对你来说有困难吗?	1	2	3	4
3. 户外短距离行走对你来说有困难吗?	1	2	3	4
4. 你白天需要呆在凳上或椅子上吗?	1	2	3	4
5. 你在吃饭、穿衣、洗澡或上厕所时需要他人帮忙吗?	1	2	3	4
在过去的一星期内：	没有	有点	相当	非常
6. 你在工作和日常活动中是否受到限制?	1	2	3	4
7. 你在从事你的爱好或休闲活动时是否受到限制?	1	2	3	4
8. 你呼吸会喘吗?	1	2	3	4
9. 你有疼痛吗?	1	2	3	4
10. 你需要休息吗?	1	2	3	4
11. 你睡眠有困难吗?	1	2	3	4
12. 你觉得虚弱吗?	1	2	3	4
13. 你食欲不振吗?	1	2	3	4
14. 你觉得恶心吗?	1	2	3	4
15. 你有呕吐吗?	1	2	3	4
16. 你有便秘吗?	1	2	3	4
在过去的一星期内：	没有	有点	相当	非常
17. 你有腹泻吗?	1	2	3	4

续表

	没有	有点	相当	非常
18. 你觉得累吗?	1	2	3	4
19. 疼痛影响你的日常活动吗?	1	2	3	4
20. 你集中精力做事有困难吗? 如读报纸或看电视?	1	2	3	4
21. 你觉得紧张吗?	1	2	3	4
22. 你觉得忧虑吗?	1	2	3	4
23. 你觉得脾气急燥吗?	1	2	3	4
24. 你觉得情绪低落吗?	1	2	3	4
25. 你会感到记忆困难吗?	1	2	3	4
26. 你的身体状况或治疗影响你的家庭生活吗?	1	2	3	4
27. 你的身体状况或治疗影响你的社交活动吗?	1	2	3	4
28. 你的身体状况或治疗使你陷入经济困难吗?	1	2	3	4

对下列问题，请你在 1 ~ 7 之间选择一个最适合你的数字并画圈

29. 你如何评价在过去一星期内你总的健康情况?

1	2	3	4	5	6	7
很差						很好

30. 你如何评价在过去一星期内你总的生活质量?

1	2	3	4	5	6	7
很差						很好

附录 1-8

癌症治疗功能评价系统共性模块 FACT-G（V4.0）中文版*

生理状况

		一点也不	有一点	有些	相当	非常
GP1	我精力不济--					
GP2	我感到恶心--	0	1	2	3	4
GP3	因为我身体不好，我满足不了家庭的需要----------	0	1	2	3	4
GP4	我感到疼痛--	0	1	2	3	4
GP5	治疗的副作用让我觉得不舒服-------------------------	0	1	2	3	4
GP6	我觉得病了--	0	1	2	3	4
GP7	我不得不卧床--	0	1	2	3	4

社会/家庭状况

		一点也不	有一点	有些	相当	非常
GS1	我和朋友们很亲近--					
GS2	我在感情上得到家人的支持----------------------------	0	1	2	3	4

GS3	我得到朋友的支持--	0	1	2	3	4
GS4	我的家人已能正视我患病这一事实--------------------	0	1	2	3	4
GS5	我高兴和家里人谈论我的病情--------------------------	0	1	2	3	4
GS6	我与自己的配偶（或给我主要支持的人）很亲近---	0	1	2	3	4
Q1	不管你近期的性生活的程度，请回答下面的问题如果你不愿回答，请在这里注明					
GS7	我对自己的性生活感到满意--------------------------	0	1	2	3	4

情感状况

GE1	我感到悲伤--	一点也不	有一点	有些	相当	非常
GE2	我为自己这样对待疾病感到自豪-----------------------	0	1	2	3	4
GE3	在与疾病的抗争中，我越来越感到失望--------------	0	1	2	3	4
GE4	我感到紧张--	0	1	2	3	4
GE5	我担心我可能会去世--------------------------------------	0	1	2	3	4
GE6	我担心自己的病情会更糟--------------------------------	0	1	2	3	4

功能状况

GF1	我能够工作（包括在家里工作）-----------------------	一点也不	有一点	有些	相当	非常
GF2	我的工作（包括在家的工作）令我有成就感---------	0	1	2	3	4
GF3	我能够享受生活---	0	1	2	3	4
GF4	我已能面对自己的疾病-----------------------------------	0	1	2	3	4
GF5	我睡得很好--	0	1	2	3	4
GF6	我在享受我过去常做的娱乐活动-----------------------	0	1	2	3	4
GF7	我对现在的生活质量感到满意----------------------------					

附录 1-9

癌症患者生命质量测定量表体系共性模块 QLICP-GM（V1.0）

【指导语】我们很想了解有关过去一个星期您和您的身体状况的一些情况，这将有助于您疾病的治疗。请仔细阅读以下所有问题，并在每一问题后圈出一个最适合您的情况的数字。这些答案并无“对”与“错”之分，圈出适合您自己的即可。您所提供的资料将绝对保密。

躯体功能

		一点也不	有一点	有些	相当	非常
GPH1	您食欲好吗?--	1	2	3	4	5
GPH2	您睡眠好吗?--	1	2	3	4	5
GPH3	患病或治疗影响您的性生活吗？-------------------------	1	2	3	4	5
GPH4	您能象患病前一样参加娱乐活动和安排业余生活吗?	1	2	3	4	5
GPH5	您能做家务吗？--	1	2	3	4	5
GPH6	您能料理自己的日常生活吗?--- ----------------------------	1	2	3	4	5
GPH7	您能自己行走吗（如在医院中散步）？-----------------	1	2	3	4	5

心理功能

		一点也不	有一点	有些	相当	非常
GPS1	您感到忧虑或者压抑吗？--------------------------------	1	2	3	4	5
GPS2	疾病使您在精神上感到痛苦吗？----------------------	1	2	3	4	5
GPS3	您感到烦躁和易发脾气吗？----------------------------	1	2	3	4	5
GPS4	悲伤和压抑等不良情绪对您的生活干扰大吗？-----	1	2	3	4	5
GPS5	您担心自己的健康状况变糟吗？----------------------	1	2	3	4	5
GPS6	您感到自卑吗？--	1	2	3	4	5
GPS7	您感到孤独吗？--	1	2	3	4	5
GPS8	您对您的疾病感到恐惧吗？----------------------------	1	2	3	4	5
GPS9	您能集中注意力做某一件事情吗？-------------------	1	2	3	4	5
GPS10	您的记忆力下降了吗？----------------------------------	1	2	3	4	5
GPS11	您担心被家人视为家庭负担吗？----------------------	1	2	3	4	5
GPS12	您相信您的病能治好吗？-------------------------------	1	2	3	4	5

社会功能

		一点也不	有一点	有些	相当	非常
GSO1	您能得到家庭的关心或支持吗？------------------------	1	2	3	4	5
GSO2	您能得到亲戚朋友、同事、邻居的关心或帮助吗？	1	2	3	4	5
GSO3	您能承担相应的家庭角色（如父、母、子、女等）吗?	1	2	3	4	5
GSO4	您能得到医疗保障吗？-------------------------------------	1	2	3	4	5
GSO5	患病及治疗造成您家庭经济困难了吗？---------------	1	2	3	4	5
GSO6	患病及治疗影响您工作或劳动中的地位和作用了吗?	1	2	3	4	5

共性症状及副作用

		一点也不	有一点	有些	相当	非常
GSS1	您有恶心、呕吐吗？------------------------------------	1	2	3	4	5
GSS2	您有脱发吗？--	1	2	3	4	5
GSS3	您有口腔溃疡吗？--------------------------------------	1	2	3	4	5
GSS4	您有疼痛吗？--	1	2	3	4	5
GSS5	您的体重有变化吗？------------------------------------	1	2	3	4	5
GSS6	您有腹泻吗？--	1	2	3	4	5
GSS7	您容易疲乏吗?-- -	1	2	3	4	5

附录 1-10

慢性病患者生命质量测定量表体系共性模块 QLICD-GM（V2.0）

【指导语】：

这份问卷是从整体上了解您最近一个星期内对自己健康状况的感受,从而方便医生有针对性地采取治疗和康复措施。请认真阅读以下每一个问题，并按照您自己的感觉或判断圈出最适合您情况的数字。答案无所谓对错，只要是您的真实感受即可，您所提供的资料将绝对保密。谢谢您的支持与配合！

例如：　您觉得生活有乐趣吗？

如果您觉得生活比较有乐趣，就在“4”处打一个圈，如下。

一点也没有	有一点	一般	比较	非常
1	2	3	④	5

	过去一个星期	非常差	比较差	一般	比较好	非常好
GPH1	您胃口好吗？	1	2	3	4	5
GPH2	您睡眠好吗？	1	2	3	4	5
GPH4	您的大便正常吗？	1	2	3	4	5
GSO2	您和家人的关系好吗？	1	2	3	4	5
GS03	您和朋友的关系好吗？	1	2	3	4	5

	过去一个星期	一点也没有	有一点	一般	比较	非常
GPH3	您觉得生病或治疗影响您的性功能了吗？	1	2	3	4	5
GPH5	您有疼痛或其他不舒服的感觉吗？	1	2	3	4	5
GPH9	您感到容易疲乏吗？	1	2	3	4	5
GPS2	疾病使您的记忆力下降了吗？	1	2	3	4	5
GPS3	您觉得生活有乐趣吗？	1	2	3	4	5

	过去一个星期	一点也没有	有一点	一般	比较	非常
GPS4	您感到烦躁或易怒吗?	1	2	3	4	5
GPS5	您担心被家人视为家庭负担吗?	1	2	3	4	5
GPS6	您担心自己的健康状况变糟吗?	1	2	3	4	5
GPS7	您感到情绪低落或忧伤吗?	1	2	3	4	5
GPS8	您感到悲观失望吗?	1	2	3	4	5
GPS9	您对自己的疾病感到恐惧吗?	1	2	3	4	5
GPS11	疾病使您的脾气(性格)变坏了吗?	1	2	3	4	5
GSO6	患病及治疗造成您家庭经济困难了吗?	1	2	3	4	5
GSO7	生病及治疗影响您工作或劳动中的地位或作用了吗?	1	2	3	4	5

	过去一个星期	完全不能	有一点能	一般能	多数能	完全能
GPH6	您能料理自己的日常生活(如吃饭、穿衣、洗漱、上厕所)吗?	1	2	3	4	5
GPH7	您能劳动(如做家务、上班或务农等)吗?	1	2	3	4	5
GPH8	您能独立行走吗?	1	2	3	4	5
GPS1	您做事情时能集中注意力吗?	1	2	3	4	5
GPS10	您能够积极乐观地看待自己的疾病吗?	1	2	3	4	5
GSO1	您能像生病前一样与别人来往吗?	1	2	3	4	5
GSO4	您能得到家庭的关心或支持吗?	1	2	3	4	5
GSO5	您能得到家人以外的其他人的关心或支持吗?	1	2	3	4	5
GSO8	您能承担相应的家庭角色(如父母、子女、夫妻)吗?	1	2	3	4	5

附录 2　幸福感测定与评价概况

2.1　幸福感研究的历史与现状

关于幸福（感）的问题，早在几千年前中国古代、古希腊和古罗马时期的一些先哲们就对幸福做过各种描述，其研究方法基本是采用哲学思辨的方法。从心理学的角度，以心理科学的研究方法对幸福进行研究，还是在科学心理学诞生之后。1879 年德国的冯特在莱比锡大学创建了第一个心理学实验室，标志着科学心理学的诞生。从心理学诞生之初至 20 世纪 50 年代初，这是幸福（感）研究的孕育阶段。这个阶段的特点是对幸福（感）的研究蕴含在其他心理研究之中，缺乏专门的和系统的幸福（感）研究。在心理学诞生不久，出现了学派林立、百家争鸣的局面，著名的学派有构造主义学派、机能主义学派、精神分析学派、格式塔学派、行为主义学派等等。在这些学派的创立者或代表人物中虽然没有人专门探讨幸福（感）的问题，但在有些心理学家的理论与研究中涉及幸福与快乐的问题，有一些有关幸福心理的重要思想。如弗洛伊德的快乐论、行为主义的强化论等。

真正的幸福感的系统科学的研究大致从 20 世纪 50 年代在美国兴起。第一是源于人们生活质量的不断提高，第二是源于健康心理学对于人类自身生存与发展的关注，第三则是得益于积极心理学的崛起。自从 1967 年 Wanner Wilson 的《自称幸福的相关因素》公开发表之后，有关幸福感的研究以惊人的速度增加。

幸福感研究兴起的第一个因素，源于生活质量的提高——生活质量意义上的幸福感。

第二次世界大战后，以美国为代表的西方发达国家的经济得到了迅猛的发展，社会物质生活水平从整体上看在迅速提高，人类曾梦寐以求的物质丰盛的社会正成为现实。然而，与此同时人们对生活的心理体验问题逐渐显现出来。为此，经济学家提出了“生活质量（quality of life）”的概念。这一概念强调无形的精神生活水平对人的生存与社会发展的意义，向传统经济学仅仅以收入水平等客观要素作为衡量社会发展程度和国民生活水平指标的做法发起了挑战。从 20 世纪 50 年代中后期开始，生活质量（quality of life）的研究开始同社会指标运动结合在一起，一些社会学和心理学研究者在尝试建构生活质量的主观指标体系过程中，发展了生活质量意义上的主观幸福感测量。生活质量上的主观幸福感测量研究，一般将主观幸福感界定为人们对自身生活满意程度的认知评价。研究者们选取的主观幸福感维度主要包括总体生活满意感和具体领域满意感（包括经济状况、家庭生活、健康状况、社会交往、工作状况、休闲活动、居住环境等方面）。此时的幸福感与社会学领域的主观生活质量都关注生活满意度（包括总体生活满意度和各个方面的满意度）和情绪（情感）状态，在这个意义上，它们基本上是相同的。

幸福感研究兴起的第二个因素，源于健康心理学对于人类自身生存与发展的关注——心理健康意义上的幸福感。

心理学家对幸福问题的关注最初是与心理健康和心理治疗联系在一起的，人们的幸福感状况主要取决于积极情感和消极情感的权衡。如果人们较多体验到愉快的情感，而较少体验不愉快的情感，便可推定他们是幸福的，否则就不幸福。

幸福感研究兴起的第三个因素，得益于积极心理学的崛起——心理发展意义上的幸福感。

积极心理学把目光定位在对最理想的人类机能进行科学的研究，其目标是发掘个体、团体和社会良好发展的因素，并运用这些因素来增进人类的健康、幸福，促进社会的繁荣。所以心理发展意义上的幸福感将人们对自身是否得到充分发展、自我实现需要是否得到满足的评价、对社会是否有价值，作为判断人们是否幸福的依据。

幸福感的研究主要存在三种思路，即主观幸福感（subjective well-being，SWB）、心理幸福感（psychological well-being，PWB）和社会幸福感（social well-being，SWB）。主观幸福感是幸福感研究的主流范式。主观幸福感是指评价者根据自定的标准对生活质量的整体性评估，它是衡量个人生活质量的重要综合性心理指标，包括生活满意感、积极情感与消极情感等因素。心理幸福感是指一个人的全部心理潜能的实现。Carol Ryff 是这个研究领域的领军人物，他提出了心理幸福感理论模型，并据此建构了多维心理幸福感问卷，包括自主性、环境控制、个人成长、与他人的积极关系、生活目标和自我悦纳。社会幸福感是指由于个人能乐观自信地实现与社会关系网络和人际沟通的功能而表现出的积极状态。Keyes 提出社会幸福感的 5 个维度：社会整合、社会贡献、社会一致、社会真实和社会接受。主观幸福感与心理幸福感都以个体为中心，而社会幸福感更关心个体对社会的贡献和融合。

主观幸福感立足于快乐论，注重人的感性，强调个体的幸福即是快乐；心理幸福感根植于实现论，侧重于人的理性，认为幸福是人完美潜力的实现；社会幸福感从人的社会存在考察人的良好存在，关注公共领域。目前幸福感的理论众多，各个理论都能对一部分现象进行解释，不同幸福感取向的研究增进了对幸福感的实质理解，体现了幸福感是快乐与意义、享受与发展、主观与客观、个人与社会的统一，显然现代幸福感的研究必须整合这三种幸福感理论模型。

2.2　幸福感的概念与构成

国外，与幸福感相对应的英文有 Happiness，Joy，Well-Being，Subjective Well-being（SWB），Psychological Well-being（PWB），Social Well-being（SWB），Sense of Well-being，Perceived Well-being，Enjoyment，Satisfaction，Life Satisfaction，Quality of Life 等词。前面几个词最常见，比如：

Happiness，源自形容词 Happy，其意为：1、愉快、满意、满足；2、快乐的；3、幸运的；4、恰如其分的、令人满意的。

Joy，意为快乐、愉快、喜悦或令人快乐的人或事。

Well-being，这个词直译过来就是“良好存在”，是指指健康、快乐的状态，新英汉词典释义为健康、幸福、福利。

Well-being 的涵义与 Happy 不同，指的是一种生存状态，而 Happy 是指一种心理状态。

在心理学研究中幸福感标准的术语是 Subjective Well-being（SWB），后来又出现了 Psychological Well-being（PWB），Social Well-being（SWB）。SWB 是指主观良好状态，指的是心理感受，在心理学研究中译为主观幸福感。PWB 是指心理良好状态，在心理学研究中译为心理幸福感。SWB 是指社会良好状态，在心理学研究中译为社会幸福感。虽然幸福感的研究文献极多，但却没有很好的定义（刘仁刚等，1998）。

Bradburn（1969）：幸福感是正性情感与负性情感之间的平衡。如果个体较少体验负性情感，较多体验正性情感就会感到幸福。

Diene（1984）：主观幸福感是评价者根据自定的标准对其生活质量的整体性评估。幸福感包括生活满意度、积极情感和消极情感三个基本因素。

Ryff（1989）：心理幸福感是指一个人的全部心理潜能的实现。心理幸福感由自我接受、个人成长、生活目标、积极关系、环境控制、独立自主构成。

杜小陆（2000）：幸福感是主体与现实生活中的情境及自我到达完满统一，并对这种完满统一自我认同及欣赏的感觉

Keyes（2004）：社会幸福感是指由于个人能乐观自信地实现与社会关系网络和人际沟通的功能而表现出的积极状态。社会幸福感由社会整合、社会贡献、社会和谐、社会认同、社会实现构成。

邢占军（2003）：幸福是人们对现实生活的主观反映，它既同人们生活的客观条件密切相关，又体现了人们的需求和价值。主观幸福感正是由这些因素共同作用而产生的个体对自身存在与发展状况的一种积极的心理体验。主观幸福感由充裕感、公平感、安定感、自主感、宁静感、和融感、舒适感、愉悦感、充实感和现代感构成。

苗元江（2003）：综合幸福感就是人们以社会经济、文化背景和价值取向为基础，对自我存在状态（自我身体状况、心理功能、社会能力以及个人综合状态）的主观心理体验，是由动机、目标、认知、情感、人格等心理因素与外部因素交互作用而形成的一种心理功能状态。综合幸福感由生活满意度、积极情感、消极情感、利他行为、友好关系、健康关注、生命活力、自我价值、人格成长构成。

严标宾（2004）：幸福感是人类个体认识到自身需要得以满足以及理想得以实现时产生的一种情绪状态，是内外因交互作用、有机融合形成的一种复杂的、多层次的心理感受。

以前面对幸福感概念的回顾可知，幸福感的代名词很多且混乱，英文有多个，中文也有多个，并且中英文之间的翻译大都夹带着翻译者的主观意图在里面，各词之间相近、相似但不相同。幸福感概念的发展遵循一种层次或脉络，它由最初认为的是正负性情感的平衡、生活满意度发展到后来认为是自我实现，这一过程类似于需求层次发展过程。人本主义的马斯洛认为人类的基本需要由低到高分为生理需要、安全需要、爱与归属需要、尊重的需要和自我实现的需要。当较低层次的需要都获得全部或部分满足后，个体就会追求自我潜力实现，进而体验到一种短暂的狂喜、入迷、出神的心灵最佳状态，这就是“高峰体验”，也是人生的至高境界——自我实现需要获得满足时的极大幸福状态（郑雪，2004）。

幸福感的构成争议很大，很多研究者都在探讨这个问题，都是基于自己对幸福感的理解在研究，缺少权威的结果。但有一个趋势，那就是研究者们认为幸福感也是一个多维度的需要整合的，它不是单一的情感，也不是单一的认知，也不只是情感加上认知，它还涉及更深入的心理层面，比如自我实现、社会关系、社会责任和义务等。

综合前面的探讨和目前幸福感的发展趋势，笔者认为幸福感也可以从三个方面来理解（见表附 2-1）。首先是满意感：人们的基本需要是否得到了满足，衣食无忧。第二是体验到较多的愉悦情感：许多事情都能带来快乐和愉悦。第三是自我实现和价值感：是在满足感和愉悦感的同时，自身得到充分发展、自我实现、对社会有价值。

表附 2-1　幸福感的三个层次

	低层	中层	高层
	生活质量上的幸福感	心理健康意义上的幸福感	心理发展意义上的幸福感
强调	认知	情感	自我实现、社会价值
对象	一般人群	一般人群	一般人群
内涵	人们对自身生活满意程度的认知评价	积极情感和消极情感的权衡	自身是否得到充分发展、自我实现需要是否得到满足的评价、对社会是否有价值
评估指标	认知	情感	自我实现、社会责任和价值
测评内容	总体生活满意感和具体领域满意感（包括经济状况、家庭生活、健康状况、社会交往、工作状况、休闲活动、居住环境等方面）	积极情感和消极情感的权衡。人们较多体验到愉快的情感，而较少体验不愉快的情感，便可推定他们是幸福的，否则就不幸福。	自身是否得到充分发展、自我实现需要是否得到满足的评价、对社会是否有价值
主要应用领域	社会学	心理学	心理学

2.3　幸福感测定与评价

在过去几十年的发展过程中，幸福感的测量得到了极大的发展，以主观测量法为主体（其中又主要以自陈量表法为主），并结合客观测量技术建构起了幸福感的测量体系。

2.3.1　自陈量表法

自 20 世纪 50 年代以来，对主观幸福感的测量主要采用的是自陈量表法。在 20 世纪 80 年代以前，大多数研究采用单条目自陈量表法，量表中的问题通常要求被测者用一个整体印象来回答。代表性的量表有：Andrews 和 Withey 编制的七点量表、脸形量表，Cantril 编制的梯形量表和山形量表以及 Gurin、Verof 和 Feld 编制的 Gurin 量表（万崇华等，2012）。单条目自陈量表的最大优点就是操作简单、方便，在研究早期得到了广泛应用。但这种方法很容易受到随机误差的影响，为此发展了多条目自陈量表。自 20 世纪 60 年代以来，社会学家和社会心理学家编制和发展了许多多条目自陈量表和问卷，常用的量表见表附 2-2。该方法具有良好的测量特性，但是自陈量表所测得的幸福感得分易受社会赞许、记忆偏差等因素的影响，也可能会随所使用的不同量表、项目顺序、当时心境及其他一些因素的变化而变化。

表附 2-2　幸福感测量工具及内容

1	量表名称（开发者，发表年代）	Satisfaction with Life Scale，SWLS　生活满意度量表（Diener et al，1985）
	量表简介（组成与特性评价）	测量总体满意度量表，由 5 个条目组成，每个条目采用 7 等级记分法，分值越高幸福感越强。适用于不同年龄段的群体，其信度、效度指标良好，应用十分广泛。

续表

	文献来源	Diener R. Emmons R.A. Larsen R.J. et al. The satisfaction with life scale. Journal of personality assessment，1985：49（1）71-75.
2	量表名称 （开发者，发表年代）	Index of Well-Being，Index of General Affect，幸福感指数、总体情感指数 （Campbell et al，1976）
	量表简介 （组成与特性评价）	幸福感指数量表用于测查受试者目前所体验到的幸福程度。此量表包括两个部分：即总体情感指数量表和生活满意度问卷。前者由 8 个项目组成，它们从不同的角度描述了情感的内涵；而后者仅有一项。计算总分时将总体情感指数量表之平均得分与生活满意度问卷的得分（权重为 1.1）相加。其范围在 2.1（最不幸福）和 14.7（最幸福）之间。 信效度：总体情感指数与生活满意度的一致性为 0.55。285 名受试在时隔 8 个月两次测试中本量表得分的一致性为 0.43，其中总体幸福感指数的一致性为 0.56。本量表与有关恐惧和担心之量表的相关性在 0.22～0.26，它与个人竞争力量表的相关更高（0.35）。总体情感指数与另一种幸福感测查的相关性为 0.52。幸福感数与 Crowne - Marlowe 社会期望量表（Crowne-Marlowe Social Desirability Scale）之抵制坏事分量表（Deny Bad Subscale）相关性（0.29）优于坚持好事分量表（Assert Good Subscale）（0.12）。根据姚春生（1995）等人的资料，本量表的重测一致性为 0.849（$p < 0.001$）。
	文献来源	1.汪向东，王希林，马弘.心理卫生评定量表手册（增订版）.中国心理卫生杂志社，1993：76 2.姚春生，何衬灵，沈琪.老年大学学员主观幸福感及有关因素分析.中国心理卫生杂志，1995，9（6）：256-257
3	量表名称 （开发者，发表年代）	Affect Scales：Positive Affect，Negative Affect，Affect Balance，情感量表：正性情感、负性情感、情感平衡 （Bradburn，1969）
	量表简介 （组成与特性评价）	包括积极情感、消极情感及两者的平衡，10 个条目。积极情感和消极情感项目各半，对正性情感项目回答"是"记 1 分，对负性情感项目回答"否"也记 1 分，正性情感分减负性情感分，再加一个系数 5，为情感平衡的分。 信效度：正性情感项的项目间相关在 0.19 和 0.75 之间，负性情感项的项目间相关为 0.38～0.72，负性项目与正性项目的总相关小于 0.10。间隔 3 天后再次测查的重测一致性为 0.76。其中正性情感项目重测一致性为 0.83；而负性情感项目的重测一致性为 0.81。如间隔更长的时间，则两次测查的一致性下降。没有区分效度方面的资料。
	文献来源	Bradburn NM，Caplovitz D. Reports on happiness. Chicago：Aldine，1965. Bradburn NM. The structure of psychological well-being. Chicago：Aldine，1969.
4	量表名称 （开发者，发表年代）	General Well-Being Schedule，GWB，总体幸福感量表 （Fazio，1977）
	量表简介 （组成与特性评价）	总体幸福感量表（GWB）是为美国国立卫生统计中心制订的一种定式型测查工具，用来评价受试对幸福的陈述。本量表共有 33 项。得分越高，幸福度越高。国内段建华（1996）对本量表进行了修订，包括总体幸福感和六个因子：对健康的担心、精力、对生活的满足和兴趣、忧郁或愉快的心境、对情感和行为的控制以及松弛与紧张，33 个条目 信效度：本量表单个项目得分与总分的相关在 0.48～0.78，分量表与总表的相关为 0.56～0.88，内部一致性系数在男性为 0.91、在女性为 0.95。间隔 3 个月后重新测查，重测一致性为 0.85。
	文献来源	1.汪向东，王希林，马弘.心理卫生评定量表手册（增订版）.中国心理卫生杂志社，1993：77 2.段建华.总体幸福感量表在我国大学生中的试用结果与分析.中国临床心理学杂志，1996，4（1）：56-57
5	量表名称 （开发者，发表年代）	Memorial University of Newfoudland Scale of Happiness， MUNSH 纽芬兰纪念大学幸福度量表 （Kozma&Stones，1980）

续表

	量表简介（组成与特性评价）	MUNSH的理论结构是情感平衡理论，这一理论把幸福理解为两种对立而同样重要的，彼此独立的情感之间的平衡，即正性情感与负性情感之间的平衡，正性情感增加一个人幸福度，负性情感降低一个人的幸福度，总的幸福度是两者之间平衡的结果。MUNSH由24个条目组成，10个条目反映正性和负性情感，其中5个条目反映正性情感（PA），5个条目反映负性情感（NA），14个条目反映正性和负性体验，其中7个条目反映正性体验（PE），另7个条目反映负性体验（NE）。总的幸福度 =PA－NA＋PE–NE，得分范围–24至+24。为了便于计算，加上常数24，记分范围0～48。PA：正性情感：NA：负性情感，PE：一般正性体验；NE：一般负性体验。 1980年，该量表在纽芬兰首次应用于城市、农村、老人公寓的65～95岁的老人，通过计算MUNSH与老人自评幸福度之间的相关性反映MUNSH对老人幸福度的预测效度，测试结果表明，MUNSH对城市、农村、老人公寓的老人幸福度的效度分别为0.58，0.735，0.703，经过6个月的间隔，在同一样本中的再测信度为0.70，其效度和信度及量表的内部一致性均高于以前使用的幸福度量表。由于MUNSH对幸福度测定的效度和信度较高，具有较好的内部一致性和最大的时间稳定性，MUNSH作为老人精神卫生状况的恒定的间接指标已为许多国家广泛应用。
	文献来源	1. Kozma A，Stones MJ. The measurement of happiness：development of the Memorial University of Newfoundland Scale of Happiness（MUNSH）. Journal of Gerontology，1980，35：906-912. 2. Kozma A，Stones MJ. Predictors of happiness. Journal of Geronology，1983，38：626-628.
6	量表名称（开发者，发表年代）	Philadelphia Geriatric Center Morale Scale，PGCMS，费城老年中心信心量表（Lawton，1975）
	量表简介（组成与特性评价）	该量表由23项同意-不同意式条目，主观幸福感是一个多维的概念，它至少包含了三个因子：不满足-孤独、激越以及对自己年龄的态度。此量表得分从0（缺乏信心）～23（充满信心）。 本量表与其他9种满意度量表的平均相关为0.73。另外，据姚春生（1995）等人的资料，本量表的重测信度为0.804（$P<0.001$）。
	文献来源	1. Lawton MP. The Philadelphia Geriatric Center Morale Scale：A revision. Journal of Gerontology，1975，30：85-89. 2. Liang J，Bollen K A. The structure of the PGC. Journal of Gerontology，1983，38：181-189.
7	量表名称（开发者，发表年代）	Psychological Well-being，PWB心理幸福感量表（Ryff，1995）
	量表简介（组成与特性评价）	该量表为美国学者Carol Ryff设计，包括自我接受、良好关系、独立自主、环境控制、生活目标和个人成长，有84、54、18项的三个版本，该量表采用六点记分的方法：1很不同意，2不同意，3有点不同意，4有点同意，5同意，6非常同意。该量表在美国已经被广泛地应用，其信效度检验结果都比较好。国内王欣教授及在美国学习中文的美国留学生等人共同完成了该量表的中文翻译和逆翻译过程。崔春华、王秀希等考察Ryff心理幸福感量表在中国的试用情况，该量表的内部一致性比较好，但需进一步修订。
	文献来源	1. Carol D.Ryff. Psychological Well-being in Adult Life.Current Directions in Psychological Science，1995，8（4）：99-104 2. 崔春华，李春晖，王欣，杨海荣.Ryff的心理幸福感量表在河北师范大学生中的试用[J].中国心理卫生杂志，2005，19（2）：128-130 3. 王秀希，张丽娟，王冰等.Ryff的心理幸福感量表在中学教师中的试用研究.教育与教学研究，2009，23（12）：26-31
8	量表名称（开发者，发表年代）	社会幸福感量表（Keyes，1998）

续表

量表简介 （组成与特性评价）	20 世纪末期，Keyes（1998）研究与发展了社会幸福感的多个维度，反映了人们所面临的挑战，并在美国中年人调查（the Midlife in the United States，MIDUS）率先使用了主观幸福感、心理幸福感和社会幸福感量表对美国中年人的健康与幸福进行了全面的实证调查，检验了社会幸福感的理论模型，从而拉开了社会幸福感研究的序幕。社会幸福感包括社会认同、社会实现、社会贡献、社会和谐、社会整合，15 个条目。苗元江等引进与修订 Keyes 社会幸福感量表，考察其在中国人群的适应性，我国大学生群体的社会幸福感结构与 Keyes 构想一致，但量表仍需进一步完善与本土化。
文献来源	1. Keyes，Corey L.M. & Adam Shapiro. Social Well-being in the United States：A Descriptive Epidemiology How Healthy Are We? A National Study of Well-being at Midlife[M]. Chicago：University of Chicago Press，2004：350-372 2. 苗元江，王青华.大学生社会幸福感调查研究.赣南师范学院学报，2009，4：76-81

在国内，关于幸福感的量表开发的也比较多。LuLuo（2000）编制了中国人幸福感量表（CHI），该量表包含 48 个项目，另外还有两种包含 20 个项目的简本形式，测量表维度包括积极情感、消极情感、生活满意感，同时该量表还结合了一些与中国文化有关的因素。

苗元江（2003）编制《综合幸福感问卷》（Multiple Happiness Questionnaire，MHQ，），对主观幸福感和心理幸福感理论框架和测评指标加以整合编制而成，包括一个指数（幸福指数）、2 个模块（主观幸福感与心理幸福感）、9 个维度 50 个项目，9 个维度分别是生活满意、正性情感、负性情感、生命活力、健康关注、利他行为、自我价值、友好关系、人格成长，该量表广泛应用于各种人群。

针对特定的人群，邢占军（2003）编制中国城市居民主观幸福感量表，该量表由 54 个项目组成，含 10 个分量表，从知足充裕体验、心理健康体验、社会信心体验、成长进步体验、目标价值体验、自我接受体验、身体健康体验、心态平衡体验、人际适应体验、家庭氛围体验等方面考察了我国城市居民主观幸福感状况。张兴贵（2004）等编制了青少年学生生活满意度量表，该量表包括 37 个题目，6 个基本维度，分别为友谊满意度、家庭满意度、学校满意度、自由满意度和环境满意度。6 个基本维度组成两个高阶因子：第一个因子包括友谊、家庭、学业和自由满意度，命名为自我满意度；第二个因子包括学校和环境，命名为生活环境满意度。孙琳等（2011）编制了由 43 个项目 10 个维度组成的农村居民主观幸福感量表。田丽丽（2008）编制了青少年学校幸福感量表。在中国青少年学生学校生活背景下，学校幸福感由学校满意度、在校积极情感和在校消极情感三种成分组成；学校满意度是一个由成就感、学校管理、师生关系、同学关系、教学和课业学习组成的六维结构，在校积极和消极情感均为单维结构。吉楠等（2006）编制了大学生幸福感量表，李建伟等（2007）编制了研究生主观幸福感量表等。

通过对幸福感测定量表的梳理可以知道，很多的研究者们已经开发了许多不同的幸福感量表。特别是越来越多的研究者针对具体的特定人群开发独立的测定量表，比如教师、大学生、研究生、中学生、老年人、医生、公务员等，这样不仅浪费了大量的研究工作，而且开发出来的量表没有系统性和连贯性，也无法反映各种人群之间共同的幸福感。此外，一些量表的开发各自为政，缺乏系统性，没有一个统一的量表研制方法，一个研究者只是用其自己的方法开发研制一个量表，量表的适用性与适用性都较小，不利于横向比较和研究，不利于推广应用。因此，要在正确的理论指导下系统地开发测量工具。同时目前在量表的开发上，大部分研究者是在经典测量理论的指导下进行的，而较少或未充分应用现代测量理论，但经典测量理论存在测验结果拓广的有效性、统计量的样本依赖性、误差含糊和信度估计的不精确性、能力与难度量尺的不一致性等问题。鉴于此，一些现代测量理论如概化理论，项目反应理论应运而生，这些理论在量表开发领域能够很好地弥补经典测量理论的不足，但是其现在其应用仍十分有限。

2.3.2 体验抽样法

Csikszentmihalyi M &Larson R（1987）提出用ESM对主观幸福进行测量。其具体操作法是：在调查期间，被测者要随身携带便携式电脑或传呼机，在某个随机的时刻被提示后，被测者就要停下正在进行的活动，短时间内填好幸福感问卷。问卷的内容包括目前所在地点、从事的活动、和谁在一起，更重要的是要填写生气、高兴、疲劳、不耐烦等一些情绪是否存在及存在的程度。该法通过及时传递当前活动状况，提供了大量关于被测者生活片断的信息，因而可避免回顾性判断和评价所产生的偏倚，被认为可以提供比自陈量表更为精确的测量结果。但是该法所需成本较高，同时被测者需要时常中断正常工作和生活，因此不适用于大规模样本，用该方法时也很难采集到短暂或不常发生的生活事件。

2.3.3 昨日重现法

由Kahneman等（2004）提出，该方法将时间使用及即时感受结合起来。采用该法调查时，要求被测者将前一日从事的活动写出，通过这些活动将昨天重现，以唤醒记忆，然后回答对每个活动的内心感受，目的是准确再现每个事件及其相关的环境和感受。DRM通过重现昨日的活动唤起被测者前一天的语境，引导出近期的记忆，减少了回忆偏倚；同时该法不需要被测者中断正常工作和生活，可以提供对全天各事件的评价，比ESM更为有效。

2.3.4 生理和行为测量法

除了以上的测量方法之外，Vitaliano等还提供了一个用生理指标进行幸福感研究的非常好的范例，他们研究了生活满意度与心率和恢复之间的关系（万崇华等，2012）。Seidlitz等（1993）发现，对快乐和不快乐事件的记忆进行测量，可以提供个体主观幸福感的有意义的信息，而且受自我表征方式等白陈量表的误差的影响较小，并认为记忆、启动和注意范式等都可以用于幸福感的测量。唾液中的皮质醇水平测试也被实验心理学家用于幸福感状况的评估（Diener，2000）。Csikszentmihalyi等所倡导的行为取样技术可以用于对情绪的即时评估（万崇华等，2012）。